湿式プロセス

溶液・溶媒・廃水処理

佐藤 修彰・早稲田 嘉夫 編

内田老鶴圃

執筆者一覧

編　者

佐藤　修彰（東北大学多元物質科学研究所）
早稲田嘉夫（東北大学多元物質科学研究所）

執筆者（五十音順）

井上　千弘（東北大学大学院環境科学研究科）　（2.4 節，6.3 節）
宇田　哲也（京都大学大学院工学研究科）　（1.2 節）
打越　雅仁（東北大学多元物質科学研究所）　（3.1 節，4.1 節，4.2 節，5.1 節）
桐島　　陽（東北大学多元物質科学研究所）　（3.2 節，6.2 節）
佐藤　修彰（東北大学多元物質科学研究所）　（2.3 節，5.2 節）
柴田　悦郎（東北大学多元物質科学研究所）　（1.3 節）
篠田　弘造（東北大学多元物質科学研究所）　（1.4 節）
鈴木　　茂（東北大学多元物質科学研究所）　（1.4 節）
関本　英弘（岩手大学理工学部）　（2.1 節，2.2 節）
竹田　　修（東北大学大学院工学研究科）　（4.3 節）
中澤　　廣（岩手大学理工学部）　（2.1 節，2.2 節，6.1 節）
早稲田嘉夫（東北大学多元物質科学研究所）　（1.1 節）

まえがき

わが国の少子高齢化の進行速度は，先進国の中でも早いと言われている．事実60～70歳で働く意欲のある人達の活用の整備も進みつつあるが，わが国の健全な発展を維持するためにも，科学技術イノベーションで世界との競争を勝ち抜き，先手をとることにより成長戦略を確保することが模索されている．成長戦略というと，どうしても人工知能(AI: Artificial Intelligence)，IoT(Internet of Things)，車の自動運転，半導体を含む各種機能材料，新規の医薬品などがあげられがちである．この分野が大事なことはもちろんであるが，例えば人の生活により密接にかかわるという意味では，水や環境・エネルギー，そして利用済み資源を最大限利活用するリサイクルなども，成長戦略かつ他の分野との相乗効果を狙うべき重要分野である．

やや古典的な分野とされてはいるが，水を用いて特定の化学種を分離する湿式プロセスは，例えば，必要な金属元素を含む精鉱からの浸出，あるいは水溶液中での沈殿で利用される．また廃水処理では，沈殿を利用して水溶液から不要な有害物質等が除去され，一方で浸出プロセスでは固相粒子から金属元素等を溶出させることなどに利用されている．これらの分野の基本を十分理解しておくことは，わが国の成長戦略の維持には欠かせない．ところが，この分野に関する基礎および応用のポイントを知るための書物は，残念ながら年ごとに減少傾向にあることは否めない．例えば，1975年に発刊された矢沢彬先生・江口元徳先生による「湿式製錬と廃水処理(共立出版)」は，間違いなく名著である．しかし，科学・技術分野で使用する単位を国際単位系(SI単位)に統一する移行が望ましいとなった1990年代を基準としても，約四半世紀も過ぎて，改訂が望まれている．また，「あってはならないこと」という一般論が正しいとしても，実際に想定外で起こってしまったと考えられる，2011年3月11日におきた東日本大震災に伴う福島第一原子力発電所事故の後処理に係わる重要事項が，今後も山積みである．例えば，放射性物質の分離・除去や放射性廃棄物の処理などに関する基本的事項をカバーする適切な書物が望まれている．

このような現状を踏まえ，かつ矢沢彬先生および江口元徳先生の生前の活動拠点である東北大学選鉱製錬研究所(現：多元物質科学研究所)および東北大学金属工学科，資源工学科等に何らかの関連性をもつ有志によって，2016年4月頃に本書の企画が動きはじめ，約1年をかけてこの企画の具体化が図られた．2004年4月に行われた国立大学の法人化以後，以前に比べ時間的余裕がない状態におかれている大学教員にとって，本の執筆は必ずしも容易なことではなかった．しかし，今回は12人の執筆者と編集担当者のチームワークで乗り切ったと言える．本書が，放射性物質の分離・除去あるいは放射性廃棄物の処理を含む，湿式プロセス，溶液・溶媒・廃水処理等の分野に関心をもっておられる方々に少しでもお役に立てば幸いである．とくに将来の活躍が期待されている大学生・大学院生，若手技術者の方々に，本書を読破し，関連分野の基礎知識を習得いただくことを期待する．

最後に，付録の「Chestaを使用する電位-pH図の作成」を提供いただいた京都大学工学研究科の畑田直行先生に，本書の出版に数々のご配慮を頂戴した内田老鶴圃の内田学社長ならび編集部の方々に厚く御礼申し上げる．

2018年2月

編集者
佐藤修彰・早稲田嘉夫

目　次

第1章

水溶液中の平衡・反応・分離

1.1　水溶液中の平衡と熱力学の基礎

本書の主要対象の一つである「湿式製錬」で扱われる溶媒は「水」であり，水溶液の物理化学に基礎をおいている．水，あるいは水溶液の物理化学に関する書物は，筆者が学部生時代に教科書として使用した，篠田耕三著：溶液と溶解度，丸善(1966)をはじめ，多数ある．しかし，ここでは，目的の金属を効率的に採取する，水溶液から特定の金属微粒子を効率的に得る，あるいは水溶液中の金属元素の酸化還元反応などを扱う，「実用」という視点から課題を扱う場合に必要と考えられる事項を，矢沢彬・江口元徳著：湿式製錬と廃水処理，共立出版(1975) [1]のまとめを参考に，要点を以下に述べる．

A.　水および水溶液の構造

水は，人間はもちろん，生物の生命・生活に欠かせないものであるが，例えば蛋白質や核酸などのように，生命現象そのものに関わるものではない．しかも，水は分子量が18で，2個の水素原子と1個の酸素原子からなる，ある意味では極めて簡単な分子化合物である．しかし，酸素-水素[O-H]間が共有結合的に結ばれて安定構造になる際に，相互の原子位置はH-O-Hのような直線型にはならず，少し折れ曲がった形となり，かつ酸素原子と水素原子の電気陰性度の差によって，共有結合の2対の電子が，少しばかり酸素原子側に位置することが知られている．その結果，酸素は若干マイナスに，水素は若干プラスに帯電している．すなわち水分子は若干のイオン結合性を示す．このような分子内で，マイナス電荷の重心とプラス電荷の重心が一致しない場合を，有極性(polar)であるという．この水分子が有極性の溶媒であることが，水和(hydration)現象と深く関係する．なお，溶質(solute)が溶媒(solvent)中に加えられた場合に，両者が一定の結び付きをもつ現象を溶媒和(salvation)と呼び，溶媒が水の場合を水和という．溶媒和現象の理解の一助として，模式図を**図1.1**に示す．なお，溶媒中に溶解させた場合に，陽イオンと陰イオンに電離する物質を「電解質(electrolyte)」，溶媒中に溶解しても電離しない物質，例えばシアン化水素(HCN)やエタノール(C_2H_5OH)などを「非電

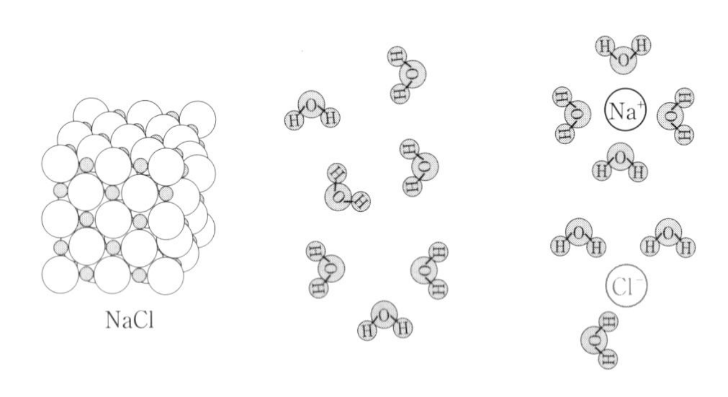

$$(Na^+Cl^-)\downarrow + (p+q)H_2O \rightleftarrows Na^+ \cdot pH_2O + Cl^- \cdot qH_2O$$

図 1.1　食塩の溶解および水和イオンに関する模式図.

解質(nonelectrolyte)」という.

食塩(NaCl)は，Na^+ と Cl^- が静電引力によって引き合うことで互いの位置関係を保持して結晶を構成する典型的なイオン結合の物質である．食塩が水に溶解すると，水分子の有極性に伴って，Na^+ と Cl^- は水分子とも引き合うようになり，その結果として図 1.1 のように，食塩水中には，$Na^+ \cdot pH_2O$ および $Cl^- \cdot qH_2O$ で記述できるような帯電化合物が生成され，それらが溶媒である水分子により分散した新たな平衡状態を生む．この現象が溶媒和(solvation)であり，溶媒が水の場合を水和という．水の誘電率(dielectric constant)が非常に大きいため，水の中ではイオン同士(ここでは Na^+ と Cl^-)が引き合う力を圧倒して，水和が生じる．その結果として，水の中でイオンが容易に存在できることになる．すなわち，溶媒和に基づく水和エネルギーが非常に大きいからである．この溶媒和現象に伴う反応は，「$(Na^+Cl^-)(s) + (p+q)H_2O = Na^+ \cdot pH_2O + Cl^- \cdot qH_2O$」で表現できるが，溶媒和した水分子を省略して，食塩の溶解反応は「$NaCl(s) = Na^+ + Cl^-$」で表すことが一般的である．しかしながら，水溶液を扱う場合に注意すべきことは，溶液中の溶質は，常に溶媒和している，すなわち水溶液中の溶質は水和していることを念頭に置いて考えることが求められる．

一方，水の性質は，**図 1.2** に示すとおり温度に依存する．例えば，温度が上昇すると，反応の進行などに関係すると思われる粘度，表面張力，あるいは水和現象などに関わる誘電率は，急激に下がる．また，水素，酸素，窒素ガスの溶解度は，常温付近では水温を上げると一度減少傾向を示すが，100℃を越えて温度が上昇すると，溶解度が急激に増加することも，水の示す一般的特性として把握しておくことが望ましい．

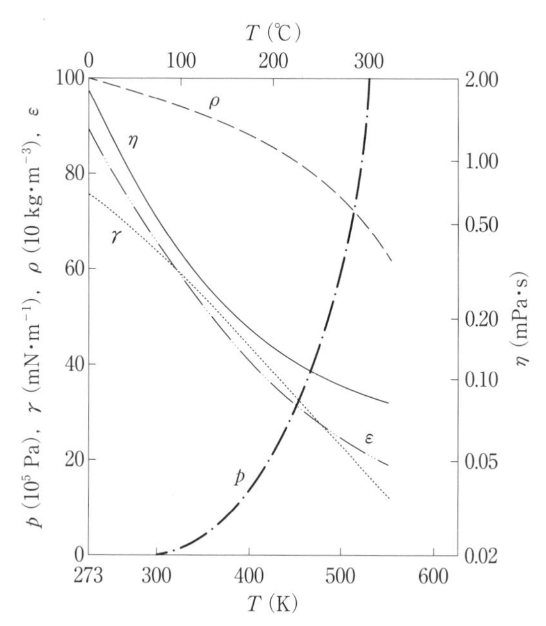

図 1.2　純水の物性値の温度依存性.
p：蒸気圧，ρ：密度，η：粘度，γ：表面張力，
ε：比誘電率.

B.　溶液の濃度表示法

水溶液における濃度表示には，「モル分率」，「重量モル濃度」，「容量モル濃度」および「重量パーセント」が用いられている．ここでは，分子量 M_A の溶媒 A が n_A モル存在し，これに分子量 M_B の溶質 B が n_B モル溶解して，ρ なる密度を有する溶液を構成している場合を例とする．

溶液全モル数に対する溶質 B のモル数を表すモル分率(mole fraction : N_B)，

$$N_B = \frac{n_B}{n_A + n_B} \tag{1.1}$$

1000 g 溶液中の溶質 B のモル数を表す重量モル濃度(molality : m_B)，

$$m_B = \frac{1000 n_B}{n_A M_A} \tag{1.2}$$

1リットルの溶液中の溶質Bのモル数を表す容量モル濃度(molarity : c_{B}),

$$c_{\mathrm{B}}=\frac{n_{\mathrm{B}}}{1\,\mathrm{L}\text{ 中の溶媒 A}} \tag{1.3}$$

100 g の溶液中の溶質Bのグラム数を表す重量パーセント(weight percent : w_{B}),

$$w_{\mathrm{B}}=\frac{100n_{\mathrm{B}}M_{\mathrm{B}}}{n_{\mathrm{A}}M_{\mathrm{A}}+n_{\mathrm{B}}M_{\mathrm{B}}} \tag{1.4}$$

これらの濃度表示の中で，容量モル濃度は，実用上便利である．しかし，大きくはないが溶液の容積は温度あるいは濃度によって変化することが知られているので，厳密性に欠ける．その意味では，重量モル濃度を使う方が好ましい．また，これら異なる濃度表示の相互関係をまとめると以下のとおりである．

$$N_{\mathrm{B}}=\frac{m_{\mathrm{B}}M_{\mathrm{A}}}{1000+m_{\mathrm{B}}M_{\mathrm{A}}}\text{ ; 希薄溶液では，}N_{\mathrm{B}}\fallingdotseq\frac{m_{\mathrm{B}}M_{\mathrm{A}}}{1000} \tag{1.5}$$

$$w_{\mathrm{B}}=\frac{100n_{\mathrm{B}}M_{\mathrm{B}}}{n_{\mathrm{B}}M_{\mathrm{B}}+n_{\mathrm{A}}M_{\mathrm{A}}}\text{ ; 希薄領域では，}w_{\mathrm{B}}\fallingdotseq\frac{100n_{\mathrm{B}}M_{\mathrm{B}}}{n_{\mathrm{A}}M_{\mathrm{A}}} \tag{1.6}$$

$$N_{\mathrm{B}}=\frac{m_{\mathrm{B}}M_{\mathrm{A}}}{w_{\mathrm{B}}/M_{\mathrm{B}}+w_{\mathrm{A}}/M_{\mathrm{A}}}\text{ ; 希薄溶液では，}N_{\mathrm{B}}\fallingdotseq\frac{w_{\mathrm{B}}M_{\mathrm{A}}}{100M_{\mathrm{B}}} \tag{1.7}$$

$$N_{\mathrm{B}}=\frac{c_{\mathrm{B}}M_{\mathrm{A}}}{1000\rho+c_{\mathrm{B}}(M_{\mathrm{A}}-M_{\mathrm{B}})}\text{ ; 希薄溶液では，}N_{\mathrm{B}}\fallingdotseq\frac{c_{\mathrm{B}}M_{\mathrm{A}}}{1000\rho} \tag{1.8}$$

これらの関係式から明らかなように，希薄領域において，すべての溶質Bの濃度表示 N_{B}，m_{B}，c_{B}，および w_{B} はすべて比例関係にある．とくに希薄水溶液，すなわち溶媒の分子量は $M_{\mathrm{A}}=18.0$ なので，m_{B} と c_{B} は近似的に一致し，次式が成立する．

$$N_{\mathrm{B}}\fallingdotseq 0.018m_{\mathrm{B}}\fallingdotseq 0.018c_{\mathrm{B}}\fallingdotseq\frac{0.18w_{\mathrm{B}}}{M_{\mathrm{B}}} \tag{1.9}$$

このような理由から，水溶液の理論的扱いでは主として重量モル濃度 m，希薄な場合には容量モル濃度 c を用いることが多い．また，工業的には重量パーセントを用いる以外に，便宜上溶質量を単位溶液量(1リッター当たり)に表示する g/L を使用する場合もある．

一方，湿式製錬の浄液あるいは環境的課題などでは，ごく微量の含有物質を扱うことが多い．このような場合，ppm あるいは ppb という濃度単位が使われる．

ppm(parts per million)：重量100万分率で，溶液1 kg 中の質量 mg，すなわち mg/kg＝g/ton に相当する．水溶液の場合，近似として mg/L を ppm として用いることもある．また，気相中の微量ガス濃度を表示する場合に用いられ，0.1% が 1000 ppm に相当する．

ppb (parts per billion)：重量10億分率で，溶液1 ton中の溶質mg数，すなわちmg/ton，あるいはμg/kgに相当し，水溶液ではほぼμg/Lに相当する．これ以外には，例えば高分子溶液あるいは懸濁液などの空間的配置を理論的に扱う場合には，容積分率(volume fraction)が用いられる．

C.　自由エネルギーと化学平衡

（1）　自由エネルギーと反応の進行

ここでは，次式で表されるaモルのAおよびbモルのBが，cモルのCおよびdモルのDを生成する反応が進行するか，否かの判断について，例示する．

$$aA + bB = cC + dD \tag{1.10}$$

一定の圧力下における式(1.10)の反応の自由エネルギー変化(ギブズエネルギー変化ともいう)，すなわち右辺と左辺の自由エネルギーの差ΔGは，次式で与えられる．

$$\Delta G = \Delta G^\circ + RT \ln Q \tag{1.11}$$

ここで，ΔG°は式(1.10)の各構成成分が単位濃度の場合の自由エネルギーの差に相当し，標準生成自由エネルギー変化と呼ぶ．また，Rは気体定数，Tは絶対温度である．この標準生成自由エネルギー変化は，熱力学データ集等から求めることが可能である[2,3]．

式(1.11)の質量作用項Qは，X成分の活量をa_Xのように表すと，式(1.9)の反応について次式で表される．

$$RT \ln Q = RT \ln \frac{a_{C^c} \cdot a_{D^d}}{a_{A^a} \cdot a_{B^b}} \tag{1.12}$$

一方，熱力学第二法則に従って，「平衡状態における原系と生成系の自由エネルギーは等しく$\Delta G = 0$である」ことを考慮すれば，次式の関係を得る．

$$\Delta G^\circ = -RT \ln Q = -RT \ln K = -2.3026\,RT \log K \tag{1.13}$$

すなわち，標準生成自由エネルギー変化ΔG°は一定温度において一定値を示すので，任意の状態に関する質量作用項Qと区別するため，平衡定数(equilibrium constant)Kを用いる．水溶液反応では，多くの場合常温付近25℃ (298 K)の課題を扱うことが多い．この場合，気体定数R=8.3144 joules/degree·molの値および$\ln_e N = 2.3026 \log_{10} N$の関係を利用すれば，$\Delta G^\circ_{298} = -2478 \ln K = -5705 \log K$となる．式(1.13)から理解できるように，標準生成自由エネルギー変化ΔG°の値がわかれば平衡定数Kを求めることができるので，この情報に基づいて平衡状態を議論することが可能となる．

熱力学的平衡に到達していない系では，$\Delta G=0$ に向かう方向に反応が進行する．すなわち $\Delta G>0$ ならば式(1.10)の反応は左方向に，$\Delta G<0$ なら式(1.10)の反応は右方向に進む．このような検討に必要な標準生成自由エネルギー変化 ΔG° の値は，標準生成エンタルピー変化 ΔH°，標準エントロピー S° などの値とともに，主要物質についてデータ集としてまとめられている．本書でも，読者の利用の便宜を考慮して巻末に付録として，水溶液反応に関わる主要物質の熱力学データを与えてある．

一例として鉄により水溶液中に含まれる銅イオンの沈殿反応を考え，巻末のデータ集にある熱力学的情報を利用すると，以下の関係式を得る．

$$\mathrm{Cu^{2+}+Fe=Cu+Fe^{2+}} \tag{1.14}$$

$$\begin{aligned}\Delta G^\circ_{298}&=\Delta G^\circ_{\mathrm{Cu}}+\Delta G^\circ_{\mathrm{Fe^{2+}}}-\Delta G^\circ_{\mathrm{Cu^{2+}}}-\Delta G^\circ_{\mathrm{Fe}}\\&=0-78.87-65.52-0=-144.39\ \mathrm{kJ\cdot mol^{-1}}\end{aligned} \tag{1.15}$$

さらに式(1.13)の $\Delta G^\circ=-RT\ln K$ を利用して平衡定数を求めると，

$$\ln K_{298}=\frac{-\Delta G^\circ_{298}}{RT}\quad\Rightarrow\quad K_{298}=\frac{a_{\mathrm{Cu}}\cdot a_{\mathrm{Fe^{2+}}}}{a_{\mathrm{Cu^{2+}}}\cdot a_{\mathrm{Fe}}}=\frac{a_{\mathrm{Fe^{2+}}}}{a_{\mathrm{Cu^{2+}}}}=2.04\times10^{25} \tag{1.16}$$

この結果より，式(1.14)の反応は，圧倒的に右(銅イオンが沈殿する)方向へ進むことを知ることができる．

(2)　ΔG° の温度依存性の推定法

湿式製錬では，300℃(573 K)程度の溶液を対象とすることもあるので，298 K のみではなく当該温度の標準生成自由エネルギー変化 ΔG° の値が必要になる．そこで，ΔG° の温度変化の求め方について，要点を以下に述べる．

ΔG° の温度変化は，標準生成エンタルピー変化 ΔH° ならびに標準エントロピー変化 ΔS° を用いれば，次式で表される．

$$\Delta G^\circ_T=\Delta H^\circ_T-T\Delta S^\circ_T \tag{1.17}$$

ΔH°_T および ΔS°_T の値は，それぞれ標準物質の比熱の変化 $\Delta C^\circ_{\mathrm{p}}$ および $\Delta C^\circ_{\mathrm{p}}/T$ の積分により求められるので，式(1.17)は以下のとおり書き換えられる．

$$\Delta G^\circ_T=\Delta H^\circ_{298}-TS^\circ_{298}+\int_{298}^{T}\Delta C^\circ_{\mathrm{p}}dT-T\int_{298}^{T}\frac{\Delta C^\circ_{\mathrm{p}}}{T}dT \tag{1.18}$$

したがって，比熱の変化 $\Delta C^\circ_{\mathrm{p}}$ が，温度の関数として求まってさえいれば，温度 T における ΔG°_T を正確に算出可能である．ただし，イオンなどの水溶液中の平衡反応を議論する対象物質に関する比熱の変化 $\Delta C^\circ_{\mathrm{p}}$ については，その温度依存性の測定例はほとんどないので，近似計算で対応する．

もっとも単純な方法は，式(1.18)の積分項について$\Delta C_\mathrm{p}^\circ=0$と仮定し，温度に対する変化を直線式で近似する方法である．その場合，ΔG_T°温度依存性は次式となる．

$$\Delta G_T^\circ=\Delta H_{298}^\circ-T\Delta S_{298}^\circ=\Delta G_{298}^\circ-\Delta S_{298}^\circ(T-298) \tag{1.19}$$

式(1.18)の積分項について$\Delta C_\mathrm{p}^\circ=$ 一定 と仮定すると，ΔG_T°温度依存性の近似式は，次式で与えられる．

$$\Delta G_T^\circ=\Delta H_{298}^\circ-T\Delta S_{298}^\circ+\Delta C_\mathrm{p}^\circ\left[\left(1-\ln\frac{T}{298}\right)T-298\right] \tag{1.20}$$

また，この近似式は，もし標準生成エンタルピー変化ΔH°の実測値が298 K以外の温度で与えられている場合は，以下の手順を応用する方法もある．すなわち，ΔH_T°が一つの温度でも与えられれば，$[\Delta H_T^\circ-\Delta H_{298}^\circ]=\Delta C_\mathrm{p}^\circ[T-298]$の関係を用いて$\Delta C_\mathrm{p}^\circ$の値を求めることができる．したがって，その$\Delta C_\mathrm{p}^\circ$の値を式(1.20)に適用する．比較例は限られているが，ΔH°の実測値を使用しても，しなくても，298-423 K(25-150℃)程度の温度範囲で$\Delta C_\mathrm{p}^\circ$の値に大きな違いは認められないようである．ただし，さらに高温になると，このような近似法に基づいて算出したΔG_T°の値を使用する議論には限界があることに十分留意すべきである．基礎となるΔG_T°の値に含まれる誤差を忘れて，$\Delta C_\mathrm{p}^\circ$の値から派生して得た平衡定数あるいは解離定数(後述)などの詳細な解析・議論に陥ることは避けることが重要である．また，比熱の変化$\Delta C_\mathrm{p}^\circ$の温度依存性の算出に関する近似法としては，矢沢・江口の著書[1]に紹介されているCobble, Criss, MitchelおよびJekelら[4]の方法もある．

水溶液中の平衡反応を議論する際に必要な熱力学データは，298 Kに限れば，熱力学関連書物の多くに収録されている[2,3,5]．しかし，室温以外の温度を含む水溶液中の平衡反応を議論するためのデータは，まだ不十分な現状である．この点では，矢沢・江口の著書に提供されている，298-573 Kにおける標準生成自由エネルギー変化ΔG°の系統的なデータが参考になる[1]．SI単位に換算して直したデータ集を巻末の付表に付けたので，これらを利用願いたい．

D.　活量と電解質溶液

(1)　活量と活量係数

実在の溶液は，理想溶液ではないが，ある種の補正を加えれば理想溶液について成立する関係式を利用できる．この目的のために熱力学的な濃度に相当する活量(activity)なる量が導入され役立っている．混合系における特定成分iの活量a_iは，次式で定義される．

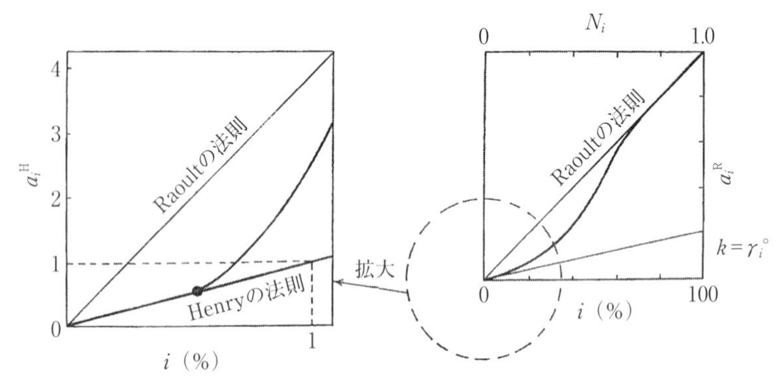

図 1.3　活量に関する Raoult 基準および Henry 基準の対比.

$$\Delta\overline{G_i} = \overline{G_i} - G_i^\circ = RT\ln a_i \tag{1.21}$$

理想溶液では成分 i の活量 a_i は，モル分率 N_i あるいは重量モル濃度 m_i に等しいが(Raoult の法則)，実在の溶液では全濃度範囲で $a_i = N_i$ は，あるいは $a_i = m_i$ は成立しない．そのような領域における活量は，補正濃度としての意味をもつので(**図 1.3** 参照)，そのずれ(偏倚)の程度を示す値として，次式で与えられる活量係数(activity coefficient)γ_i あるいは f_i が用いられている．

$$a_i = \gamma_i N_i\,;\, a_i = f_i m_i \tag{1.22}$$

しかし活量は，ある基準に対してどのくらいの働きをするか，あるいは濃度のずれを示すかという尺度でもあるので，基準の取り方により異なる値となる．金属製錬分野の熱力学においては，Raoult 基準，Henry 基準および質量 % を使用した Henry 基準(1 wt% 基準と呼ぶことも多い)などが利用されている．それぞれの基準の要点などについて，以下に述べる．

・ラウール(Raoult)基準

$N_i = 1$ に近い濃厚組成で，活量は近似値に $a_i = N_i(\gamma_i = 1)$ となる．このような純物質で $a_i = 1$ 状態を標準状態とする場合を Raoult 基準という．

$$\lim_{xi\to 1} a_i^{\mathrm{R}} = N_i = 1,\quad \lim_{xi\to 1} \gamma_i = 1 \tag{1.23}$$

・ヘンリー(Henry)基準

$N_i = 0$ に近い希薄組成で，活量はモル分率の一次関数 $a_i^{\mathrm{H}} = k_i N_i$ で表される(Henry の法則)場合も多い．このような無限希薄領域で $a_i = 1$ の状態を標準状態とする場合を Henry 基準という．

表 1.1　活量の表示法のまとめ.

物質の形	濃度表示	標準状態(a=1)	活量表示
固体	モル分率	純結晶固体	a_s
液体	モル分率	純液体	a_l
気体	気圧(atm)	1 atm(hyp)*	a_p
溶質	モル分率 N_i	N=1(hyp)*	a_N
溶質	重要モル濃度 m_i	1 m(hyp)*	a_m
溶質	容量モル濃度 c_i	1 c(hyp)*	a_c

(hyp)*：無限希薄における理想溶液的な挙動が1単位濃度まで保持されたと仮定

$$\lim_{xi \to 0} a_i^{H} = N_i = 1, \quad \lim_{xi \to 1} k_i = \gamma_i^{\circ} \tag{1.24}$$

ここでは γ_i° は Henry の法則が成立している領域の直線を $N_i=1$ に外挿することで実験的に定まる量で，Raoult 基準の無限希薄溶液における活量係数に相当する．

・1 wt% 基準

Henry の法則は希薄領域において，活量が濃度に対して直線的変化する部分を対象としており，濃度単位を問わず近似的に成立する．溶鉄中の不純物元素を扱う鉄鋼製錬プロセスの場合などは，質量 % の [%i] を用いることが多いので，それに合わせて Henry 基準を採用し，かつ濃度表示を質量 % で表す場合を，1 wt% 基準という．

$$\lim_{[\%] \to 0} \overline{a_i^{H}} = [\%i], \quad \lim_{[\%_i] \to 0} f_i = 1 \tag{1.25}$$

1 wt% 基準では $\overline{a_i^{H}} = 1$ となる．

湿式製錬，廃水処理分野などに関与する諸物質の活量表示法を**表 1.1** にまとめて示す．また，式(1.9)で述べているように，希薄領域において，全ての溶質の濃度表示，モル分率 N_i，重量モル濃度 m_i，容量モル濃度 c_i，および重量パーセント w_i は比例関係にある．さらに水溶液の熱力学で溶質の活量を対象にする場合の多くは，1 モルでもモル分率の値として 0.02 以下の希薄溶液ということになる．このような希薄領域では Henry 基準が好都合であり，次式で与えられる Henry 基準の活量および活量係数の，重量モル濃度 m_i 表示ならびに容量モル濃度 c_i 表示が利用されている．

$$a_m = f_m m \,;\, a_c = f_c c \tag{1.26}$$

一例として，水溶液中におけるいくつかの溶質の活量と濃度との関係[6]を，**図 1.4** に示す．この濃度領域の範囲で，非電解質あるいは弱電解質と考えられるシアン化水素(HCN)およびショ糖の活量は，ショ糖のような分子量の大きな溶質でも，ほぼ Henry の法則に従っており偏倚は小さい．一般に，無機非電解質あるいは弱電解質の活量係数

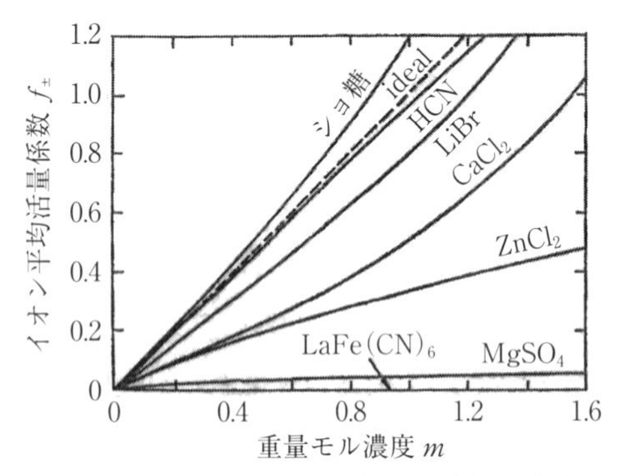

図 1.4　水溶液中におけるいくつかの溶質の活量と濃度との関係[1,6].

は，1モルのところで0.95から1.05程度であることが確認できており，これらの溶質の水溶液における活量は，濃度で近似しても大きな誤りはない．一方，図1.4のとおり，$ZnCl_2$ および $MgSO_4$ のような強電解質では偏倚が大きくなる．強電解質については，次に述べる考慮が必要となる．

（2）　電解質の濃度，活量および活量係数の表示

電解質が水に溶けて溶液中に陽イオンおよび陰イオンが存在する状態になった場合に，各イオンの活量を求めることは原理的には可能に思える．しかし，電気的にプラス・マイナスが中和する対イオンが必ず存在するので，それぞれ単独イオンの活量を測定することは困難である．したがって，電解質溶液の場合には，陽イオンと陰イオンとを同時に考える方法を取ることが一般的である．例えば，水に溶質として加えた場合にほとんど完全に電離するNaClのようなI-I型強電解質ABを溶解させた場合は，以下の反応式で表すことができる．

$$AB = A^+ + B^- \tag{1.27}$$

この場合の，活量，濃度および活量係数との関係は，前述の表し方と同様に，陽イオンの活量を a_+，濃度を m_+ および活量係数を f_+ とすれば，$a_+ = f_+ m_+$ となり，陰イオンについては $a_- = f_- m_-$ となる．希薄水溶液中で電解質が完全解離している場合には，この化合物ABの活量 a は，次式のように2種類のイオンの活量の積で表される．

$$a = a_+ \cdot a_- = a_\pm^2 \tag{1.28}$$

この $a_\pm$ をイオン平均活量(mean activity of ions)と呼び，イオン平均活量係数 $f_\pm$ は次式の関係で与えられる．

$$a_{\pm} = f_{\pm} m_{\pm} \tag{1.29}$$

NaClのようなI-I型でない，例えば，$A_{\nu+}B_{\nu-}$ で表される電解質1モルが水に溶解して，$\nu = \nu_{+} + \nu_{-}$ モルになる場合，この化合物 $A_{\nu+}B_{\nu-}$ の活量 a は，次式の関係で表される．

$$a = a_{+}^{\nu+} \cdot a_{-}^{\nu-}\ ;\ a_{\pm} = a^{1/\nu} \tag{1.30}$$

イオン平均モル濃度およびイオン平均活量係数は，次式で与えられる．

$$m_{\pm} = m\,(\upsilon_{+}^{\nu+} \cdot \upsilon_{-}^{\nu-})^{1/\nu}\ ;\ f_{\pm} = (f_{+}^{\nu+} \cdot f_{-}^{\nu-})^{1/\nu} \tag{1.31}$$

例えばNaClおよび$ZnCl_2$の活量係数は，以下のように表すことができる．

$$\left.\begin{aligned} f_{\mathrm{NaCl}} &= f_{\mathrm{Na}} \cdot f_{\mathrm{Cl}} = f_{\pm}^{2} \\ f_{\mathrm{ZnCl_2}} &= f_{\mathrm{Zn}} \cdot f_{\mathrm{Cl}} = f_{\pm}^{3} \end{aligned}\right\} \tag{1.32}$$

水溶液中における数種類の溶質の活量と重量モル濃度との関係を，イオン平均活量を用いて検討すると，以下の事実が確認できる．溶液中でほとんど完全に電離する塩化亜鉛($ZnCl_2$)あるいは硫酸マグネシウム($MgSO_4$)などの強電解質は，図1.4のとおりいずれの場合も大きく負に偏倚している．また，例えば同じI-II型の電解質でも，$ZnCl_2$の方が$CaCl_2$に比べて負への偏倚の度合が大きい．この要因として，高濃度領域における [$ZnCl_4^{2-}$] イオンあるいは [Zn^{2+}-$ZnCl_4^{2-}$] 対イオンの形成などが示唆されている．また，強電解質の活量が負に偏倚する要因として，①イオンの会合(例：$2M^{+} \rightarrow M_2^{2+}$)，②共有結合性を帯びた錯イオンの形成，③イオンによる溶媒(水分子)相互間の変化および水和に伴う自由な溶媒分子の減少，④イオンによる誘電率の変化などが提案されている．しかし，これらの要因が単独ではなく重複している場合も多く，電解質溶液の活量

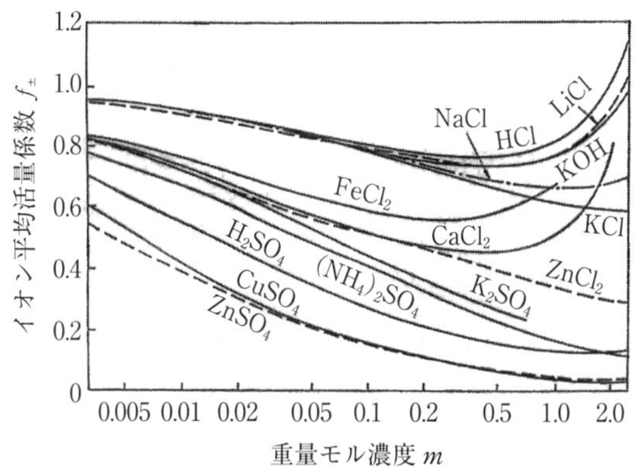

図1.5　各種電解質イオンの平均活量係数と重量モル濃度との関係[1,7]．

を定量的に理解することは，実は容易でない．これに対して，イオンの平均活量係数について溶質の濃度が低い，すなわち希薄領域で拡大した**図 1.5** の結果[1,7]から明らかなように，電解質のグループ(Ⅰ-Ⅰ型，Ⅰ-Ⅱ型，Ⅱ-Ⅱ型，Ⅱ-Ⅱ型…)ごとに，ある程度共通した挙動が認められる．言い換えると，溶質濃度が低い，すなわち希薄領域では，活量の偏倚を起こす要因がある程度の規則性をもって関与すると考えてよさそうである．このような実験事実に基づいて，希薄領域については，以下に述べる取り扱いが提案され，利用されている．

(3)　イオン強度および Debye-Hückel の式

溶質濃度がかなり低い領域の水溶液では，荷電粒子であるイオンの挙動は主として静電的効果に依存する．すなわち，希薄溶液では，活量係数の偏倚はイオンの挙動に支配されると考え，溶液中の全イオンの濃度に相当する「イオン強度(ionic strength)I」という概念が利用されている．このイオン強度とは，溶液中に濃度 m_i で存在する価数 z_i のイオンすべてに関する和を取った量として定義され，次式で与えられる．

$$I = \frac{1}{2}\sum m_i z_i^2 \tag{1.33}$$

この考え方は，「イオン強度が同じ値をもつ場合，希薄溶液のイオン平均活量係数などの挙動は類似である．すなわち同じイオン強度の値をもつ場合は，類似の溶質の希薄溶液中における活量係数は，どのような溶液中でも等しくなる」ことに相当する．

イオン強度 I を利用して議論する具体例の一つとして，各種気体の水溶液への溶解に及ぼす電解質添加の影響の検討を挙げることができる．水溶液における各種溶解ガスの活量係数をイオン強度 I の関数として表した結果[1,5,8]を，**図 1.6** に示す．この図からも明らかなように，電解質の添加量が増加すると，気体の溶解量は減少して活量係数は大きくなる．また，水溶液中に溶解した水素あるいは酸素の活量係数 f は，イオン強度 I を用いて，次式の関係で表されることが知られている．

$$\log f = Ik \tag{1.34}$$

ここで，k は塩析係数(salting coefficient)と呼ばれる物質に固有な定数である．

例えば，NaCl を添加した水溶液における酸素の溶解量について，塩析係数は，0.13 である．したがって，1 重量モル濃度の NaCl を添加した水溶液のイオン強度の値は，式(1.33)より 1 となるので，$\log f = 0.13 \Rightarrow f = 1.35$．このことは，酸素の飽和溶解度は，純水の場合に比べて，NaCl の添加によって $1/1.35 = 0.74$ に減少することを示している．

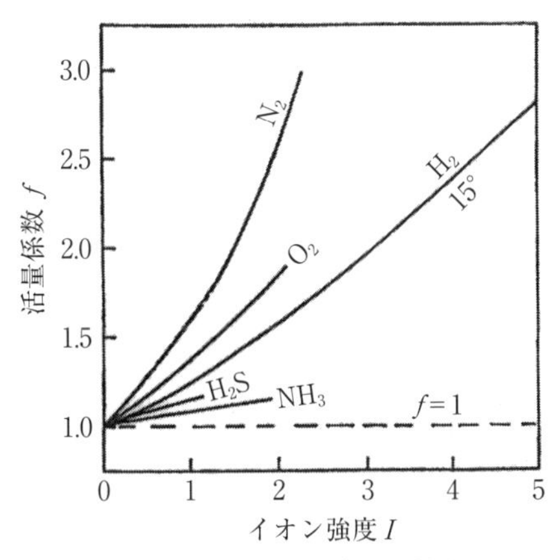

図 1.6 NaCl 水溶液中における溶解ガスの活量係数とイオン強度との関係[1,8].

強電解質希薄溶液の活量係数については，Debye-Hückel の式を用いる議論が行われるので，その要点を以下に示す.

水溶液中では，水和現象を含め荷電の符号に応じてイオンの周りが取り囲まれることから，イオンの挙動は制約を受ける．その結果として，熱力学的な自由エネルギーが減少する．この考え方に基づいて，Debye および Hückel[1,9]は，水和イオン径にも相当する有効イオン直径 σ_i をもつ中心イオン i の活量係数 f_i とイオン強度 I，イオンの価数 z_i との関係は，次式で与えられることを提案している.

$$-\log f_i = \frac{Az^2\sqrt{I}}{1 + B\sigma\sqrt{I}} \tag{1.35}$$

ここで，A および B は，溶液の温度 T ならびに誘電率 ε に依存する定数で，次式で与えられる.

$$A = 1.8246 \cdot 10^6 (\varepsilon T)^{-3/2}\ ;\ B = 50.29 (\varepsilon T)^{-1/2} \tag{1.36}$$

例えば，298 K の純水について，二つの定数は，$A = 0.5085$ および $B = 0.3281$ と求められる(注：この定数は，有効イオン直径 σ_i の単位をオングストロームとして算出されている)．したがって式(1.35)は，次式のように書き換えられる.

$$-\log f_i = \frac{0.509z^2\sqrt{I}}{1 + 0.328\sigma\sqrt{I}} \qquad (I < 0.2) \tag{1.37}$$

この関係式は，イオン強度 I の値が 0.2 以下の場合に，比較的よく成立することが確認され，種々のイオンの有効イオン直径の値として，**表 1.2** の結果が報告されている.

表1.2　水溶液中の各種イオンの有効直径.

イオン種	σ_i (nm)	イオン種	σ_i (nm)
H^+	0.9	Al^{3+}, Fe^{3-}	0.9
Li^+	0.6	OH^-, ClO_4^-, MnO_4^-	0.35
Na^+	0.4	Cl^-, Br^-, I^-, CN^-, NO_3^-	0.3
K^+	0.3	SO_4^{2-}	0.4
Rb^+, NH_4^+, Ag^+	0.25	$Fe(CN)_6^{3-}$	0.4
Mg^{2+}, Be^{2+}	0.8	$Fe(CN)_6^{4-}$	0.5
Ca^{2+}, Cu^{2+}, Zn^{2+}, Fe^{2+}	0.6	CH_2COO^-, $(COO)_2^{2-}$	0.45
Sr^{2+}, Ba^{2+}, Cd^{2+}	0.5	$CH_2(COO)_2^{2-}$	0.5

さらに，イオン強度Iの値が0.01程度(すなわち式(1.35)の分母の第2項$B\sigma\sqrt{I}$が1に比べて相当小さい)以下の希薄溶液の場合，次式の「Debye-Hückelの極限則」と呼ばれる式も利用されている．

$$-\log f_i = 0.509 z^2 \sqrt{I} \qquad (I < 0.01) \tag{1.38}$$

単独イオンについてのみでなく，電解質全体の平均活量係数についても，イオンの価数z_iを考慮することで，同様な関係式で表される．

$$-\log f_i = \frac{A|z_+ z_-|\sqrt{I}}{1 + B\sigma\sqrt{I}} \tag{1.39}$$

$$-\log f_i = 0.509|z_+ z_-|\sqrt{I} \tag{1.40}$$

例えば，0.01モルのNaClあるいは$CaCl_2$が水溶液中で完全に電離している場合について，イオン強度Iおよび平均活量係数$f_\pm$を算出すると，以下のとおりである．

$$NaCl = Na^+ + Cl^- \,;\, I = \frac{1}{2}[0.01 \times (+1)^2 + 0.01 \times (-1)^2] = 0.01$$

$$\log f_\pm = -0.509[1 \times (-1)]\sqrt{0.01} = -0.0509$$

$$f_\pm = 0.889$$

$$CaCl_2 = Ca^{2+} + 2Cl^- \,;\, I = \frac{1}{2}[0.01 \times (+2)^2 + 2 \times 0.01 \times (-1)^2] = 0.03$$

$$\log f_\pm = -0.509[2 \times (-1)]\sqrt{0.03} = -0.1763$$

$$f_\pm = 0.666$$

湿式製錬の対象は必ずしも希薄領域とはいえないケースが圧倒的である．このような場合は，溶質-溶媒の相関をDebye-Hückelの展開した議論のように簡略化して表すことは難しい．したがって，Debye-Hückelの式に補正項を加えることで，実験の挙動の説明が試みられている．また，その結果を参考に，求めたい値の算出の試みもある．例えば，重量モル濃度 m を用いて広い濃度領域のデータについて Debye-Hückel の式を適合させるため，次式などの提案がある．

$$-\log f_i = \frac{Az^2\sqrt{m}}{1+B\sqrt{m}} + Jm + Km^2 \tag{1.41}$$

ここで，J および K は，イオンの個性に関係する係数で，あくまでも実験式としての活用がなされている[1]．

（4） 沈殿・溶解とイオン平衡

湿式製錬では，酸化物鉱石あるいは硫化物鉱石について，目的金属をイオンとして溶媒中に浸出させ，その浸出液から目的金属イオンを，あるいは不純物イオンを沈殿として回収，除去することを基本としている[1,5,10]．この場合，浸出に必要な pH の値あるいは浸出液から除去可能な不純物濃度などを，関係する反応式の平衡値から熱力学的に予測している．

例えば酸化物 $MO_{n/2}$ の溶解反応は次式で与えられる．

$$MO_{n/2} + nH^+ = M^{n+} + \frac{1}{2}H_2O \tag{1.42}$$

酸化物 $MO_{n/2}$ を一定濃度の酸性溶液に加えると酸は消費されて浸出液中の M^{n+} イオン濃度は上昇する．この溶解反応が平衡まで進行すると考えると，式(1.42)の平衡定数は次式で与えられる．

$$K = \frac{a_{M^{n+}}}{{a_{H^+}}^n} \tag{1.43}$$

ここで，$pH = -\log[H^+]$ の関係を利用すれば，次式の直線関係を得る．

$$\log a_{M^{n+}} = \log K - n\mathrm{pH} \tag{1.44}$$

平衡定数 K の値は，巻末に与えられている標準生成自由エネルギー変化 ΔG° 値に基づいて算出できるので，例えばいくつかの金属酸化物の酸性溶液への溶解について，$\log a_{M^{n+}}$ と pH との関係(イオン活量-pH 図)が，**図 1.7** のように得られる．ここでは Fe^{3+}/Fe_2O_3，Al^{3+}/Al_2O_3 および Zn^{2+}/ZnO の 3 例を示している．この図において例えば $a_{M^{n+}}=1$，すなわち十分目的の金属を溶解させるためには，例えば Zn の場合，浸出液の pH を 5.5 以下にすることが必要であることを示唆している．ただし，pH が 8 以上のアルカリ領域で，例えば ZnO は $HZnO_2^-$ あるいは ZnO_2^{2-} としても溶解すること等にも注意が必要である．

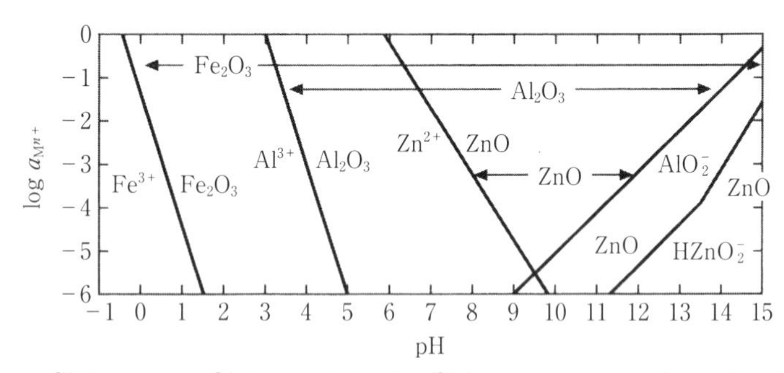

図 1.7　Fe^{3+}/Fe_2O_3，Al^{3+}/Al_2O_3 および Zn^{2+}/ZnO の $\log a_{M^{n+}}$ と pH との関係[5].

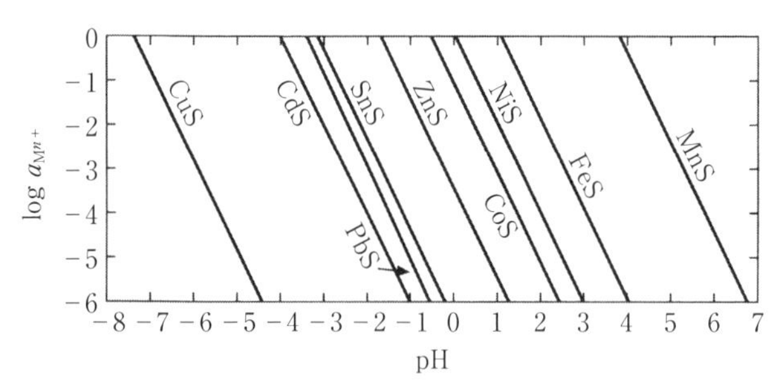

図 1.8　各種金属硫化物の $\log a_{M^{n+}}$ と pH との関係(p_{H_2S}＝1 atm＝101 kPa)[5].

一方，硫化物の酸性溶液への溶解反応ならびにその平衡定数は，次式で与えられる．

$$MS_{n/2} + nH^+ = M^{n+} + \frac{n}{2}H_2S(g) \tag{1.45}$$

$$K = a_{M^{n+}} \cdot p_{H_2S^{n/2}} / a_{H^+}{}^n ; \log a_{M^{n+}} = \log K - n\text{pH} - \frac{n}{2}\log p_{H_2S} \tag{1.46}$$

加えて，硫化水素(H_2S)ガスの圧力が1気圧の場合は，次式の関係を得る．

$$\log a_{M^{n+}} = \log K - n\text{pH} \tag{1.47}$$

いくつかの金属硫化物の $\log a_{M^{n+}}$ と pH との関係を，**図 1.8** に例示する．このイオン活量-pH 図から，例えば酸性溶液で硫化水素を発生させる式(1.45)に基づいて，目的金属を浸出できる硫化物鉱石は，CoS，FeS，MnS 等であり，逆に CuS，CdS，SnS 等は酸性溶液で目的金属を浸出することは難しいことを示唆している．

一方，浸出液中の目的金属イオンあるいは不純物イオンを，例えば水酸化物として回

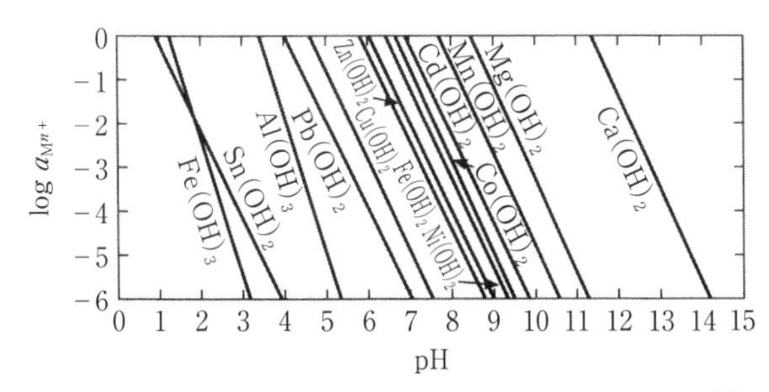

図 1.9　各種金属水酸化物の $\log a_{M^{n+}}$ と pH との関係[5].

収あるいは除去する沈殿操作は，次式で与えられる反応を利用する.

$$M^{n+} + nOH^- = M(OH)_n\ ;\ K = a_{M^{n+}} \cdot a_{OH^-}{}^n \tag{1.48}$$

式(1.48)の平衡定数 K は「溶解度積(solubility product)」と呼ばれ，この値の大小により沈殿の難易度を判断する指標に利用している．ただし，水酸化物の生成は，酸化物の溶解反応の逆反応にも相当するので，式(1.44)と同様の関係が成立する．この関係について得たいくつかの水酸化物の情報を**図 1.9** に示す．このようなイオン活量-pH 図に基づいて，目的金属イオンを水酸化物として沈殿させるのに必要な pH の値，あるいは溶液の pH がある値に設定された場合に，対象とする金属イオンの除去限界濃度情報を推算できる．また，図 1.9 のデータを参考にすれば，$Fe(OH)_3$ は，他の水酸化物に比べて低い pH 値の領域で沈殿するので，Fe^{2+} を酸化するのみで浸出液から Fe を除去できることを示唆している.

一方，H_2S ガスを浸出液中に吹き込んで目的金属イオンを沈殿させて回収あるいは除去する操作は，式(1.45)の逆反応に基づくと考えてよい．したがって，例えば，図 1.8 の金属硫化物に関する $\log a_{M^{n+}}$ と pH との関係から，各 pH における除去限界濃度の目安を知ることができる．ただし，実操業では，必ずしもこの予測どおりではない場合もあるので，そのような場合には溶液の温度を上げたり，吹き込む H_2S ガスの圧力を高める，あるいは H_2S の代わりに硫化水素ナトリウム(NaHS)等の別の硫化物の利用がなされている.

式(1.48)のところで触れた「溶解度積」について補足する．飽和溶液における陽イオン，陰イオンの濃度の積に相当する溶解度積 K_{sp} は，加水分解によって金属イオンを水酸化物として沈殿させて分離する工業廃水処理プロセスなどに利用され，一般式としては，以下のとおりである.

$$\mathrm{A}a\mathrm{B}b = a\mathrm{A}^{n+} + b\mathrm{B}^{n-} \tag{1.49}$$

$$K_{sp} = [\mathrm{A}^{n+}]^a[\mathrm{B}^{n-}]^b = (\gamma_+ c_+)^{a+b} = \exp\left(-\frac{\Delta G^\circ}{RT}\right) \tag{1.50}$$

例えば，食塩(NaCl)は水に溶解して Na^+ と Cl^- イオンに電離し，以下の関係が成立する．

$$\mathrm{NaCl(s)} = \mathrm{Na}^+ + \mathrm{Cl}^- \tag{1.51}$$

$$\Delta G^\circ_{(1.51)} = -RT\ln\left(\frac{a_{\mathrm{Na}^+}\cdot a_{\mathrm{Cl}^-}}{a_{\mathrm{NaCl}}}\right) = RT\ln\left[\frac{(\gamma_\pm c_{\mathrm{NaCl}})^2}{a_{\mathrm{NaCl}}}\right] \tag{1.52}$$

298 K における式(1.51)の自由エネルギー変化は，巻末にあるデータ等に基づいて熱力学的手法により，$\Delta G^\circ_{(1.51)} = -9770$ J と求めることができる．また，水溶液への NaCl の溶解は，$a_{\mathrm{NaCl}} = 1$ で飽和するので，式(1.52)に $\Delta G^\circ_{(1.51)} = -9770$ J の値を適用すると，$(\gamma_\pm c_{\mathrm{NaCl}})^2$ の値は，以下のとおり算出できる．

$$(\gamma_\pm c_{\mathrm{NaCl}})^2 = 51.58 \rightarrow \gamma_\pm c_{\mathrm{NaCl}} = 7.18 \tag{1.53}$$

この式(1.53)の，$(\gamma_\pm c_{\mathrm{NaCl}})^2$ が溶解度積であり，298 K における NaCl の飽和溶解量は 7.18 モルであることを示す．また，例えば塩化鉄 II($FeCl_2$)の水への溶解度が重量モル濃度で，1.28×10^{-3} と得られている場合，イオンの平均活量係数を 1 とすれば，溶解度積は以下のとおり算出できる．

$$\mathrm{FeCl_2(s)} = \mathrm{Fe}^{2+} + 2\mathrm{Cl}^-$$

したがって $\gamma_\pm = 1$ の場合；

$$K_{sp} = \gamma_\pm^3 \cdot (c_{\mathrm{Fe}}) \cdot (c_{\mathrm{Cl}})^2 = 1^3 \times 1.28 \times 10^{-3} \times (2 \times 1.28 \times 10^{-3})^2$$
$$= 8.39 \times 10^{-9}$$

なお，このような溶解度積の値は，式(1.38)で与えられている Debye-Hückel の極限式を応用して求めることもできる．すなわち，$FeCl_2$ 水溶液のイオン強度 I を算出し，Debye-Hückel の極限式を用いると，溶解度積 K_{sp} は，以下のとおり算出できる．

$$I = \frac{1}{2}\{1.28 \times 10^{-3} \times 2^2 + 2 \times 1.28 \times 10^{-3} \times (-1)^2\} = 3.84 \times 10^{-3}$$

$$\log\gamma_\pm = -0.509|n_+ n_-|\sqrt{I}$$
$$= -0.509|2 \times (-1)|\sqrt{3.84 \times 10^{-3}} = -0.063$$

$$\gamma_\pm = 0.865$$

$$K_{sp} = (0.865)^3 \times (1.28 \times 10^{-3}) \times (2 \times 1.28 \times 10^{-3})^2 = 5.43 \times 10^{-9}$$

水溶液系における沈殿・溶解反応は，錯化剤の存在により大きく変化することが知られており，工業的には極めて重要である．例えば，M-H_2O 系に，シアンあるいはアン

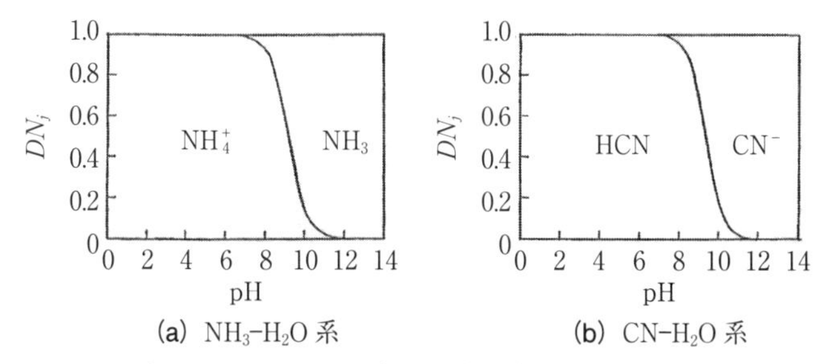

図 1.10 NH_3-H_2O 系および CN-H_2O 系の水溶液内に優勢に存在する化学種の分布率（存在割合）DN_j と pH との関係[1].

モニアが添加されると，M-H_2O 系に特有な成分以外に，ML_n で表せるような錯体(complex)を生成する．ここでは，シアンイオン(CN^-)あるいはアンモニアイオン(NH_3^+)などについて，電荷を省略して「配位子(ligand)：L」で表している．このような錯体を含む水溶液中の熱力学的取り扱い，全金属濃度 m_M の表し方等の詳細は，矢沢・江口の著書[1]に与えられており，例えば，[L] を規定すれば，全金属濃度 m_M は pH のみにより決まることが導かれている．一方，溶液中に $[L_T]$ だけ錯化剤がある場合は，金属の場合と同様に次式の関係が成立する．

$$[L_T] = [L] + [HL] + \sum_1^n n[ML_n] \tag{1.54}$$

配位子 L は，溶液中で水素イオンと平衡を保ち pH に依存して，その分布率(存在割合)を変化させる．例えば，**図 1.10** は，NH_3-H_2O 系および CN-H_2O 系の水溶液内に優勢に存在する化学種の分布率 DN_j と pH との関係である．また，具体的に目的とする溶存限界量に相当する全金属濃度 m_M を求めるためには，配位子 L と水(L-H_2O)系の全濃度係数との関係を与える配位子 L に関する n 次式を解いて，各 pH における [L] を算出して，沈殿平衡図を作成する作業が必要となる[1]．一例として，この手続きによって求めた Cu-H_2O-NH_3 系の $Cu(OH)_2$ の沈殿平衡図を，**図 1.11** に示す[1, 11]．この図からは，以下の情報が示唆される．

①全アンモニア量が 10^{-3} m 以下ならば銅の溶解量の増加はわずかであることがわかる．

②一方，アンモニア量が 0.1 モルの場合は，溶液中から銅を完全に沈殿させることは困難で，pH を 11 以上にすることによってようやく 1 ppm 以下にすることができる．言い換えるとアンモニアの存在は銅を溶液中に保持するうえで有利となるの

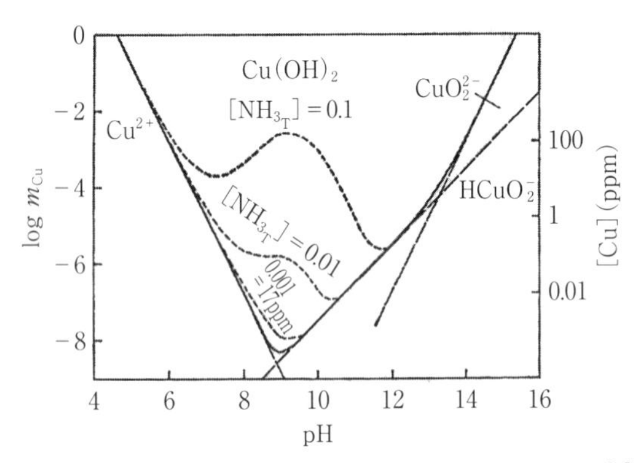

図 1.11　Cu-H_2O-NH_3 系の $Cu(OH)_2$ の沈殿平衡図[1].

で，この特徴が酸化銅鉱のアンモニア浸出の原理になっている．

もちろん，水酸化物沈殿のみでなく硫化物沈殿によって水溶液中の金属を除去，あるいは回収する方法もあるが，それらについては，本書の別の章を参照されたい．

1.2　電位-pH 図

ここで概説する電位-pH 図とは，化学ポテンシャルを軸にとる図の一種であり，詳細な解説もある[3,12-14]．ここでは電位-pH 図のポイントを概説する．

電位は電子の化学ポテンシャルに，pH は水素イオンの化学ポテンシャルに関係する．化学ポテンシャルは，ある系において構成成分の濃度が高ければ高いし，低ければ小さくなる量である．熱が温度の高いところから低いところへ移動するように，物質(構成成分，化学種などともいう)も，基本的には化学ポテンシャルの大きいところから小さいところへ移動する *1.

化学ポテンシャルと系のギブズエネルギーの関係は，次式で与えられる．

$$G_{\mathrm{sys}} = \sum_{j=1}^{r} \mu_j N_j \tag{1.55}$$

ここで，G_{sys}，μ_j および N_j は，それぞれ系のギブズエネルギー，化学種 j の化学ポテンシャルおよびモル数である．熱力学の法則により，平衡においては，系のギブズエネルギーは取り得るギブズエネルギーの中で最小の状態であるはずである．同一の組成であっても，結晶構造，物質の様態，複相か否かなどにより，ギブズエネルギーならびに化学ポテンシャルは種々変化し，そのなかで，平衡では最小なギブズエネルギーの状態が選ばれ，化学ポテンシャルはそれに対応したものとなる．つまり，簡単には，熱力学データが十分揃っていれば，組成を決めれば化学ポテンシャルが決まる関係にある．

逆の見方，つまり，ある化学ポテンシャルを指定した場合には，どのような状態が平衡論的に存在するのかという視点で，上記の考えを利用することも可能である．これが，化学ポテンシャル図の初歩的な使い方である．例えば，鉄を含む水溶液で，pH を 0.5，電位を水素標準電極に対して，0 V の場合，鉄はどのような状態が安定か，という見方を化学ポテンシャル図では行う *2．非常に便利で強力な図であり，鳥瞰的に化学反応を把握することができる図である．ここで，この例では，化学ポテンシャルを二つ指定する例であるが，状況に応じて 3 元系では，三つを，4 元系では，四つを指定する

*1　系は移動の結果，自由エネルギーが減少する方向に変化するので，3 元系以上の混合物では例外がある．

*2　この場合，Fe^{2+} が安定である．厳密には，もっとも安定な化学種が Fe^{2+} であり，Fe^{3+} が存在しないわけではない．

こともある．すなわち，元の数次第では，3次元以上での取り扱いが必要となる場合がある．一方で，我々人間は，4次元以上の空間の認識は非常に困難である．したがって，何らかの工夫が必要であるが，この点については後述する．

A．元の数

系がどのような元で構成されていると見なすかは，考察を行う者の自由である．本稿ではこの元のことを標準物質(物質元，標準化学種と呼ぶ場合もある)と呼ぶことにする．簡単な例でいえば，Al_2O_3-SiO_2 の系は，Al と Si と O からなる3元系と考えることができるし，Al_2O_3 と SiO_2 の2元系とも考えることができる．水の場合，H_2O のみの，1元系と考えてもよいが，酸素や水素ガスが溶けた水は，2元系でなければ考察できない．さらに，水の中のイオンを考える者にとっては，イオンを含めた3元系として扱わないと考察できない．そのような場合の標準物質(物質元)の組み合わせは，例えば H_2-O_2-H^+，H_2O-O_2-H^+，もしくは，H_2O-O_2-OH^- などと多様である．すなわち，考察を行う者の選択肢がある[*3]．一般的な熱力学データ集では，水溶液系の標準物質は，「H_2-O_2-H^+」が採用されている．一方で，電位-pH 図では，次に述べる理由から，水溶液系の標準物質として「H_2O-e-H^+」が選択されている．この違いが，電位-pH 図の扱いにおいて，若干の難しさを生んでいる．

本書は，水溶液に溶解している鉄や亜鉛などの金属，または，それらの錯体に関心をもっている読者を主たる対象としているので，純水のみを対象とされる方は極めて少数と考えられる．ということは，元の数は，水だけで3元系なので，水に加えて単に金属のみが存在する場合でも，元の数は4元系となる．錯化剤も考えると5元系となる．これでは，考察が非常に煩雑で，やっかいである．一方水溶液系では，水が大量にあり溶質は希薄な状態の場合を扱うことが多い．すなわち，水分子の状態は，純粋な状態とは変わらないと仮定することができる．いつでも水は純粋な水の化学ポテンシャルと同じであるとすると，水溶液の標準物質(物質元)に，H_2O を含めれば，状態の特定のために指定すべき化学ポテンシャルの数は一つ減ることになり，次元が一つ下がる[*4]．これが，水溶液の標準物質(物質元)に，H_2O-e-H^+ を選ぶ一つ目の理由である．二つ目

---

*3　考察を行う者の自由であることは事実であるが，例えば，原子状水素を加えて，H_2-H-H^+ とすることは，酸素を含む化学種を表現できないので，不適切である．

*4　例えば，ある空間の点を，x，y，z 座標で表すとして，z の値を固定すると，これは2次元での考察になる．

の理由としては，水溶液では，電位と溶液の pH を実験的に制御・測定することが多いことにある．このように，標準物質(物質元)の取り方は，考察を行う者が便利になるように種々の工夫が行われる．

B. 標準状態

エネルギーに絶対値が存在しない以上，化学ポテンシャルもある相対値で議論することになる．凝縮相の化学種では，その温度で安定な純粋な状態を標準状態とすることが多い．気体の場合には，完全気体の 1 bar の状態を標準状態とする．希薄な状態を扱うときには，よく，1 重量 %，1 重量モル濃度の希薄理想状態を標準状態とする．ここで，希薄理想状態とは，溶質と溶質の相互作用が結果として無視できるような希薄な状態が，1 重量 % まで維持されたと仮定したときの状態である．言い換えれば，溶質濃度が極めて薄いときの溶質の活量係数が 1 重量 % でも適応できる状態と考えてもよい．水溶液系のイオンは希薄な状態を扱うことが多いので，標準状態としては，一般的に，1 mol/kg の重量モル濃度の希薄理想状態を標準状態にとる *5．難しいのは電子であるが，電子の場合には，完全気体の 1 bar の水素と，標準状態にある水素イオンと平衡する電子を標準状態とする．これは水素標準電極(SHE)に対応する．したがって，次式の反応の標準ギブズエネルギー変化は，ゼロとなる *6．

$$H_2 = 2H^+ + 2e \tag{1.56}$$

C. 慣例表現

化学ポテンシャルに関して，標準状態の化学ポテンシャル($\mu^\circ_{Zn^{2+}}$)との差を，相対化学ポテンシャル($\Delta\mu_{Zn^{2+}}$)として定義し，相対化学ポテンシャルを活量と呼ぶ無次元量 a で表すことが慣例となっている．すなわち，亜鉛イオンを例にすると，以下のとおりであり，活量が 1 の場合には，その化学種の化学ポテンシャルは標準状態のときと等しくなる．

$$\mu_{Zn^{2+}} = \mu^\circ_{Zn^{2+}} + \Delta\mu^\circ_{Zn^{2+}} = \mu^\circ_{Zn^{2+}} + RT \ln a_{Zn^{2+}} \tag{1.57}$$

水素イオンの場合には，慣例的に活量ではなく，pH が用いられる．

---

*5 重量モル濃度は，水 1 kg に対して溶質のモル物質量であるが，実験的には利便性から容量モル濃度が使われる．溶質が希薄な場合，どちらの値もほぼ同じとなる．

*6 ギブズエネルギー変化がゼロとは平衡を意味し，しばしば見かける表現であるが，標準ギブズエネルギー変化がゼロという点に，十二分に注意する．

$$\mathrm{pH} = -\log a_{\mathrm{H^+}} \tag{1.58}$$

電子の化学ポテンシャルは，このような化学ポテンシャルや活量としての表記ではなく，電極電位で表現される．電極電位は，電解質における電子の化学ポテンシャル $\mu_{\mathrm{e}}^{\mathrm{S}}$ を $-F$ で除したものとして定義される*7.

$$E \equiv -\frac{\mu_{\mathrm{e}}^{\mathrm{S}}}{F} \tag{1.59}$$

ここで，F はファラデー定数である．電解質中で金属亜鉛と亜鉛イオンが平衡するときの電子の化学ポテンシャルは，反応式としては以下の関係があるので，

$$\mathrm{Zn} = \mathrm{Zn}^{2+} + 2\mathrm{e} \tag{1.60}$$

$$\mu_{\mathrm{Zn}} = \mu_{\mathrm{Zn^{2+}}} + 2\mu_{\mathrm{e}}^{\mathrm{S}} \tag{1.61}$$

電極電位とは，次の関係がある.

$$E = -\frac{\mu_{\mathrm{Zn}} - \mu_{\mathrm{Zn^{2+}}}}{2F} \tag{1.62}$$

金属亜鉛，亜鉛イオンが共に標準状態にあるときの電極電位を標準電極電位といい，下記のように記述する.

$$E^{\circ}_{\mathrm{Zn^{2+}/Zn}} = -\frac{\mu^{\circ}_{\mathrm{Zn}} - \mu^{\circ}_{\mathrm{Zn^{2+}}}}{2F} \tag{1.63}$$

同じく標準状態にある水素ガスと水素イオンとの平衡における電極電位(すなわち電子の標準状態)との差が，$E^{\circ}_{\mathrm{h,Ox/Red}}$ として，データベースにまとめられている.

$$E^{\circ}_{\mathrm{h,Ox/Red}} = E^{\circ}_{\mathrm{Ox/Red}} - E^{\circ}_{\mathrm{H^+/H_2}} \tag{1.64}$$

ここで，Ox は酸化体，Red は還元体の略である.

　このように電極電位*8 は，平衡に関する熱力学量であるので，電位-pH 図の作成に用いることができる.

---

*7　余談であるが，電極の電子の電気化学ポテンシャル($\tilde{\mu}_{\mathrm{e}}^{\mathrm{M}}$)と電解質の電子の電気化学ポテンシャル($\tilde{\mu}_{\mathrm{e}}^{\mathrm{S}}$)は，$\tilde{\mu}_{\mathrm{e}}^{\mathrm{M}} = \tilde{\mu}_{\mathrm{e}}^{\mathrm{S}}$ のように平衡状態で等しい．よって，電極電位を電極の電子の化学ポテンシャルで表現すると，次式のとおり電位(ϕ)の項が入る.

$$E = -\frac{\mu_{\mathrm{e}}^{\mathrm{S}}}{F} = -\frac{\mu_{\mathrm{e}}^{\mathrm{M}} + \phi^{\mathrm{S}} - \phi^{\mathrm{M}}}{F}$$

ここで，添え字の M と S は，それぞれ，(金属)電極と電解質の意味である．また，ϕ は電位を表し，ポテンショスタットはこの電位を制御する.

*8　実験で操作する電極の電位 ϕ^{M} と，電極電位 E は異なる物理概念であることに留意することが重要である．混同した議論がしばしば見られるので，注意したい．電位-pH 図は，厳密には電極電位-pH 図と呼ぶのが正しいと思われる.

D．3 元系の化学ポテンシャル図

どのようにして，ギブズエネルギーが最小の状態を見つけるのかという問題は，2 元系においては比較的簡単であるが，3 元系においては，空間における面の上下関係の把握もしくは場合の数の多い算術を行わなければならず非常に煩雑である．よって，その記載はここではせず，コンピューターソフト*9 によって描画した化学ポテンシャル図を一例として**図 1.12** に示す．これは，Zn^{2+}-H^+-e-H_2O 系の 4 元系において H_2O の化学ポテンシャルが一定とした Zn^{2+}-H^+-e 系の 3 元系の化学ポテンシャル図である．このように，ある化学種の化学ポテンシャルを一定とすることを切断という．

図 1.12 において，縦軸に水素標準電極に対する電極電位を，手前の横軸には pH を示している．さらに紙面奥行き方向は，亜鉛イオンの活量(すなわち化学ポテンシャル)

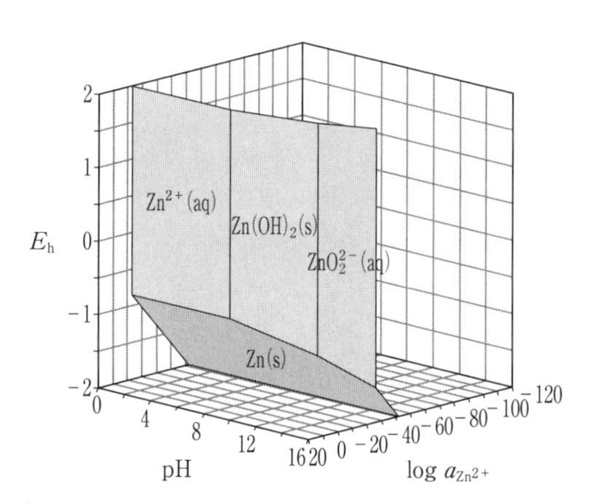

図 1.12　Zn^{2+}-H^+-e 系の化学ポテンシャル図(考慮した化学種は，Zn，$Zn(OH)_2$，Zn^{2+}，ZnO_2^{2-} である．イオンの活量は，10^{-3} に，固体の化学種の活量は 1 とした)．

*9　化学ポテンシャル図を描くソフトとしては，畑田直行氏らによる Chesta がある．これは，http://www.aqua.mtl.kyoto-u.ac.jp/chesta.html において無料で配布されている．Chesta では，データを自分で入力する必要があるが，後述する切断操作や設定活量やギブズエネルギーの自由な設定，本来非平衡である相の表示，もしくは部分的に透明な図の作成など，汎用性にすぐれたソフトである．関連分野の方々の「Chesta」利用を推奨する．その使用方法に関しては，付録 4 および文献[15]を参照されたい．

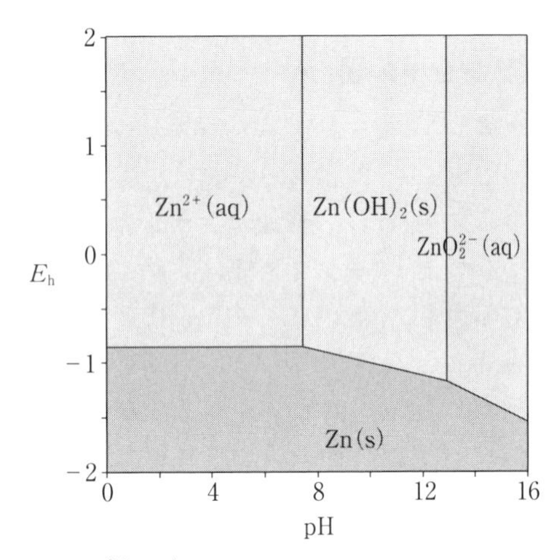

図 1.13　Zn^{2+}-H^+-e 系の化学ポテンシャル図(投影図).

を示す．また，図を見やすくするために，**図 1.13** のように亜鉛イオンの活量の情報を犠牲にして，投影を行うことが一般的である．このように投影を行うことによって，それぞれの境界や交点の数値をグラフから読み取りやすくなる．したがって，一般的に電位-pH 図は，図 1.13 のような形で示される．ちなみに，図 1.12 ならびに図 1.13 において，イオンの活量は，10^{-3} に，固体の化学種の活量は 1 として描かれている．活量の値を小さくするとその安定領域も広がる．それは，例えば，Zn と Zn^{2+} の平衡が，Zn^{2+} の活量が小さくなると電位が卑な方向(すなわち負の方向)に移動するイメージである．

E.　手書きで書く場合

図 1.13 に示す Zn^{2+}-H^+-e 系の電位-pH 図を手書きで書く方法を説明する．大まかな手順は以下のとおりである．

(1)系に存在する化学種をリストアップする．

(2)それら化学種の標準生成ギブズエネルギーを収集する．

(3)二つの化学種が同時に存在する条件(すなわち線)を図に書き込む．

(4)安定領域の判別を行う．

(1)のプロセスとして，ここでは，例として Zn，$Zn(OH)_2$，Zn^{2+} および ZnO_2^{2-} の四つの化学種を考えることにする．他にも，水素ガス，酸素ガス，水素イオン，水酸化物イオンなども安定化学種として存在するはずであるが，考察の利便性のために，それらの安定領域については考慮しないことにする．

(2)のギブズエネルギーの収集プロセスでは，標準物質から目的化学種を構成するための反応式を，まず考える．今回の標準物質は Zn^{2+}，H_2O，H^+ および e なので，考察対象の化学種を生成する反応式は，以下のとおり与えられる．

$$Zn^{2+}+2H_2O-2H^+ \rightarrow Zn(OH)_2 \tag{1.65a}$$

$$Zn^{2+}+2H_2O-4H^+ \rightarrow ZnO_2^{2-} \tag{1.65b}$$

$$Zn^{2+}+2e \rightarrow Zn \tag{1.65c}$$

$$Zn^{2+} \rightarrow Zn^{2+} \tag{1.65d}$$

前述のとおり，多くの物質について，標準生成ギブズエネルギーが報告されている．これらを利用して，例えば，式(1.65a)の標準生成ギブズエネルギーの計算が可能である．具体的には，次の三つの反応式を利用して計算する．

$$Zn+H_2+O_2 \rightarrow Zn(OH)_2 \tag{1.66a}$$

$$H_2+1/2O_2 \rightarrow H_2O \tag{1.66b}$$

$$Zn+2H^+-H_2 \rightarrow Zn^{2+} \tag{1.66c}$$

式(1.65a)は，式(1.66a)−2× 式(1.66b)− 式(1.66c)の関係から算出できる．

ここで，反応式(1.66a)および反応式(1.66b)は中性の化学種のみからなる式であり，一般的な熱力学データベース集に収録されている．一方，反応式(1.66c)は，次のようにして，標準電極電位の表からも標準ギブズエネルギー変化を求めることが可能である*10．

$$E^\circ_{h,Zn^{2+}/Zn}=E^\circ_{Zn^{2+}/Zn}-E^\circ_{H^+/H_2}=-\frac{\mu^\circ_{e,Zn^{2+}/Zn}-\mu^\circ_{e,H^+/H_2}}{F}$$

$$=-\frac{\mu^\circ_{Zn}-\mu^\circ_{Zn^{2+}}-\mu^\circ_{H_2}+2\mu^\circ_{H^+}}{2F}$$

$$\therefore \quad \Delta_f G^{\circ\prime}_{Zn^{2+}}=\mu^\circ_{Zn^{2+}}+\mu^\circ_{H_2}-\mu^\circ_{Zn}-2\mu^\circ_{H^+}=2FE^\circ_{h,Zn^{2+}/Zn} \tag{1.67}$$

同様にして，式(1.65b)の反応の標準生成ギブズエネルギーが計算できる．ここまで

---

*10 ここで，$\Delta_f G^{\circ\prime}_{Zn^{2+}}$ は，反応 $Zn+2H^+ \rightarrow Zn^{2+}+H_2$ のギブズエネルギー変化である．また，実は，電子の標準状態の定義から，式(1.66c)の標準ギブズエネルギー変化は，式(1.65c)の標準ギブズエネルギー変化と同じである．

はコンピューターで電位-pH 図を書く場合にも必要な所作である．次に，式(1.65a)～式(1.65d)の各式が平衡にある場合を考える．例えば，式(1.65a)であれば，次式の関係が成立する．

$$\mu_{Zn^{2+}} + 2\mu_{H_2O} - 2\mu_{H^+} = \mu_{Zn(OH)_2}$$
$$\Delta\mu_{Zn^{2+}} + 2\Delta\mu_{H_2O} - 2\Delta\mu_{H^+} = \Delta_f G^\circ_{Zn(OH)_2} + RT \ln a_{Zn(OH)_2} \quad (1.68)$$

ここで，$Zn(OH)_2$ の活量を1もしくは，任意の自分が決めた値とした場合，右辺は定数になり，左辺は，相対化学ポテンシャルの和となる．式としては，これは，Zn^{2+}，H_2O，H^+，e の相対化学ポテンシャル空間での超平面の方程式となる．ここで，H_2O の化学ポテンシャルを固定して切断を行うと，Zn^{2+}，H^+，e の3次元空間の面となる．さらに，$Zn(OH)_2$ の面については，電子の化学ポテンシャル軸に対し平行であることを考慮すれば，Zn^{2+} と H^+ の化学ポテンシャルの関係を与える直線を得ることになる．この直線の関係性が，定めた活量で $Zn(OH)_2$ が存在するための条件となる．pH および標準電極電位(E_h)などの表現を使って，また，定数を代入するなどして他の化学種に関しても記述すると，以下の四つの関係式を得る．なお，ここでは固体の化学種の活量は1として，イオンの活量は 10^{-3} として計算している．

$$Zn(OH)_2 : (\Delta\mu_{Zn^{2+}}/kJ \cdot mol^{-1}) + 11.412\,pH = 67.806$$
$$ZnO_2^{2-} : (\Delta\mu_{Zn^{2+}}/kJ \cdot mol^{-1}) + 22.823\,pH = 215.068$$
$$Zn : (\Delta\mu_{Zn^{2+}}/kJ \cdot mol^{-1}) - 192.97(E_h/V) = 147.2$$
$$Zn^{2+} : \Delta\mu_{Zn^{2+}} = -17.118\,kJ \cdot mol^{-1} \quad (1.69)$$

「電位-pH」図とは，相境界(イオンであれば主要なイオンが入れ替わるので化学種境界)の化学ポテンシャルを知るための図である．相境界(化学種境界)では，二つの化学種が平衡して存在しているので，上記式(1.69)に与えられている，いずれかの二つの式が同時に成立しているはずである．例えば，$Zn(OH)_2$ と Zn の平衡の条件は，連立方程式を整理して，次式の関係を満たす必要があることがわかる．

$$11.412\,pH + 192.970 E_h = -79.394 \quad (1.70)$$

ここでは，Zn，$Zn(OH)_2$，Zn^{2+} および ZnO_2^{2-} の四つの化学種を考慮しているので，化学種共存の境界としては，6種類の境界がある．これらを計算し，図にまとめると**図 1.14** を得る．

図1.14において，直線と直線の間の領域が各化学種の安定領域(支配領域との表現の方が理解しやすい面もある)となる．次にどの領域がどの化学種が安定(支配)するかを判断しなければいけないが，そのためには前述のとおり，系のギブズエネルギーが最小になるような化学種を選ばなければいけない．ただし，ここまで図を書き込めば，系の

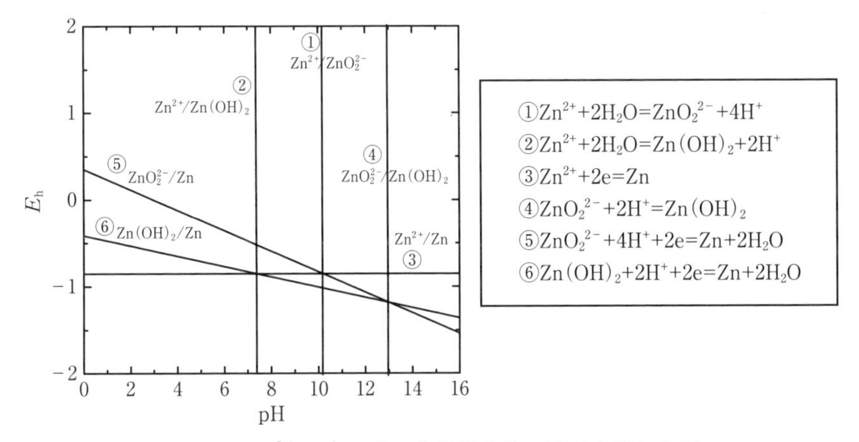

図 1.14 Zn^{2+}-H^+-e 系の化学種共存の境界を示した図.

ギブズエネルギーの値を直接的に求めずとも，考察の積み重ねで領域を決定できる.

具体的に，活量 1 の Zn の安定領域について考える．まずは，⑤$ZnO_2^{2-}+4H^++2e=Zn+2H_2O$ に関する化学種境界を考える．⑤の平衡が成立している場合については，次式の関係がある.

$$\mu_{ZnO_2^{2-}}+4\mu_{H+}+2\mu_e=\mu_{Zn}+2\mu_{H_2O} \tag{1.71}$$

水，電子ならびに Zn の化学ポテンシャルを一定に保ったまま，pH だけが高くなる場合，すなわち水素イオンの化学ポテンシャルが小さくなった場合を考える．ルシャトリエの法則から，⑤の平衡を維持するためには，ZnO_2^{2-} の化学ポテンシャルはさらに高くなければいけない．言い換えると，⑤の相境界よりも pH の高い領域で，活量 1 の Zn との平衡を考えるならば，ZnO_2^{2-} の活量は設定活量の 10^{-3} よりも大きくないといけない．一方，pH がより小さくなった場合，活量 1 の Zn と平衡するためには，ZnO_2^{2-} の活量は設定活量よりも小さくなる．いわば⑤の線は，ZnO_2^{2-} の活量が 10^{-3} 以下という条件で，活量 1 の亜鉛と共存できる極限の線となる.

ここで，⑤の相境界よりも pH の高い領域を，ZnO_2^{2-} が支配的な領域，pH の小さい領域を，Zn が支配的な領域(もしくは安定な領域)と呼ぶ*11．Zn が支配的な領域では

*11 このことは，「化学種境界」とは，あくまでも行為者が設定した活量での平衡が成立する線を意図しており，溶液中のイオンなどでは，境界線の片側にはその化学種は存在しないと誤解してはいけないことを示唆している.

pH によって，共存する ZnO_2^{2-} の活量が変化する．ZnO_2^{2-} が支配的な領域では，ZnO_2^{2-} の活量が一定で活量の下がった Zn の共存を考えたとすると *12，pH によって，Zn の活量が変化する．つまり，ZnO_2^{2-} が支配的な領域では，pH が変化したとしても ZnO_2^{2-} の活量は設定活量である 10^{-3} で一定である．

③についても同様に考えると，この③の線よりも下は，電極電位が小さく(電子の化学ポテンシャルが大きい)，Zn^{2+} の活量が設定活量である 10^{-3} 以下で活量 1 の Zn と共存し得る領域といえる．このようにして，活量 1 の Zn の安定領域が決定される．ただし，pH の高いアルカリ領域での⑤の線よりも上，③の線のよりも下の領域は，③の線と⑤の線の両者の判断が矛盾する領域となるが，ここの領域は Zn の安定領域とはならないことに留意せよ．原則として，一度でも否定された領域は，安定領域とはならない．

次に，それぞれの化学種について与えられた活量での存在し得る領域を考える．Zn^{2+} については③の線の下の領域では，電子の化学ポテンシャルが大きく，10^{-3} 以下でしか Zn^{2+} は存在し得ないので，ここは 10^{-3} の活量の Zn^{2+} の存在し得る領域でない．②の線よりも pH が高いところでも同様で，10^{-3} 以下でしか Zn^{2+} は存在し得ない．⑤ならびに⑥は，Zn^{2+} に無関係の平衡であり，考慮する必要はない．こうして 10^{-3} の活量の Zn^{2+} の安定領域が決定される．ちなみに，①の線よりも pH が小さい側は，この平衡線だけを考えると，Zn^{2+} が存在してもいいように思うが，この領域は，②の線によって一度否定されており，上述の Zn の場合と同様に，この場合は，Zn^{2+} の安定領域とはならない．

このような考察を各化学種について繰り返すことによって，電位-pH 図を完成させることができる．また，上記の考察の延長としてもわかるように，設定活量が小さいほど，存在可能領域は広がる．ただし，このような手書きの電位-pH 図は，扱う化学種が五つであれば，10 本の線を，六つであれば 15 本の線を考えなければならない．したがって，例えば化学種が五つ程度までが限界で，それ以上は手続きが非常に煩雑になるので，コンピューターの利用を推奨する．

---

*12　金属や固体においても同様で，熱力学的概念では金属などを“溶液中”に活量としてその存在を仮想的に考えることができる．例えば，先ほどの例とは異なり，水，電子，ZnO_2^{2-} の活量を固定した場合，pH が高い領域では，金属 Zn の活量は 1 より小さな値となる．

F. 錯体を含む場合

これまでに例示の電位-pH 図は，実は自分で描かなくても，例えば文献[16]などから，ほとんどが入手可能である*13．しかし，これに対して，錯イオンなどが含まれる場合には，入手できないケースが多いので，自分で図を描く必用がある．ただし，これまでの例からも容易にわかるように，水の化学ポテンシャルを一定としても，水に金属イオン M^{n+} が存在するとそれだけで M^{n+}-H^+-e の 3 元系の考察となる．したがって，錯化剤が含まれる場合は必然的に 4 元系の考察を行わなければならない．この課題に対処するには，(1)どれか一つの化学種の化学ポテンシャルを一定とする切断操作，(2) 4 次元から 3 次元への投影を実施，あるいは(3)系内の組成に制約を設ける方法などの方法がある．まずは，一番簡単な切断操作から説明する．

水溶液系では，切断する化学ポテンシャルとしては，pH 軸が適当と思われる．その理由は，pH の測定，調整は比較的簡単であり，また，ある pH に固定した場合における系の電位-錯化剤ポテンシャル図を得たいことが，しばしば生じるからである．**図 1.15** に，前述の亜鉛の電位-pH 図に錯化剤としてシアンを加えた場合を示す．この場

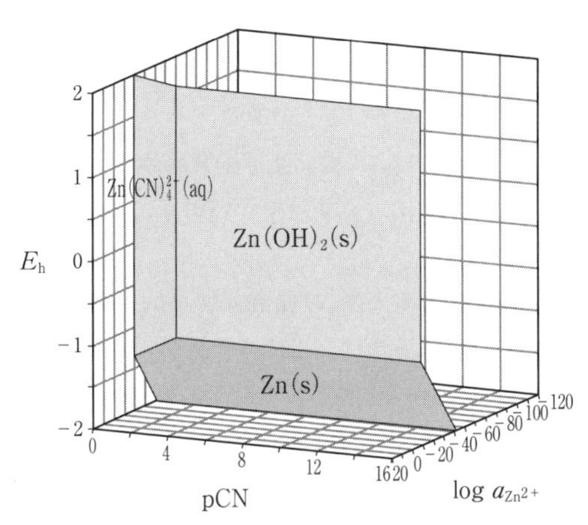

図 1.15　亜鉛の電位-pH 図に錯化剤としてシアンを加えた場合で，pH=10 に固定し，この pH で切断した図．

*13　最近の情報事情では，信頼性は保障されないが図 1.14 の内容のレベルであれば，Google の画像検索で比較的容易に電位-pH 図を得ることができる．しかし，電位-pH 図の理解のためには，自分で描くことがベストと考えられるので，必ず一度は試みていただきたい．

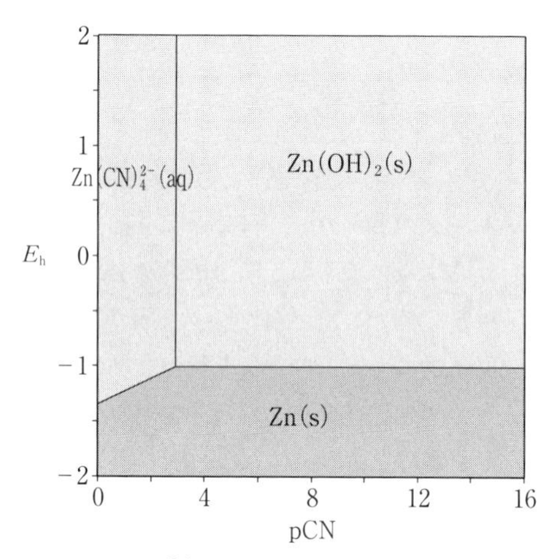

図 1.16　図 1.15 と同様に，Zn^{2+} 軸に沿って投影，設定活量は固体：1，イオン：10^{-3}.

合は，pH＝10 に固定し，この pH で切断した 3 元系の図である．これを Zn^{2+} 軸に沿って投影すると**図 1.16** のように，使いやすい 2 次元の図となる．なお，これらの図では，設定活量は固体が 1，イオンが 10^{-3} である．

また，**図 1.17** および**図 1.18** は，4 次元空間の化学ポテンシャル図を 3 次元に投影したケースで，とくに図 1.18 では，より見やすいように一部の化学種の領域を透明にして表示した例である*14.

図 1.15～図 1.18 で例示するシアン錯体の例は比較的簡単であるが，一方，Zn^{2+}-H^+-e 系にリン酸を加えた場合は，扱うべき化学種も多くかなり煩雑となる．また，4 次元から 3 次元への投影が，必ずしも実用上の用途に合致するとは限らないこともある．むしろ pH を固定した切断操作の結果の方が理解しやすい図となることも多い．**図 1.19** は，Zn^{2+}-H^+-e 系にリン酸を加えた場合の pH＝3 で固定した切断操作の結果である．

図 1.19 のような表示は pH が固定されるという不便さはある．しかし，このような pH の値を変えた複数の 3 次元表記の図を描くことは，コンピューターを利用すれば難

*14　これらはすべて畑田直行氏により提供されているソフト「Chesta」によって描画された．

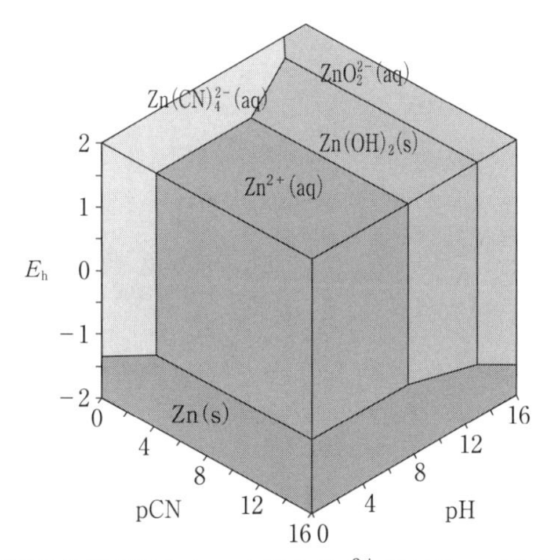

図 1.17 4 次元空間の化学ポテンシャル図を Zn^{2+} 軸に沿って 3 次元に投影した例.

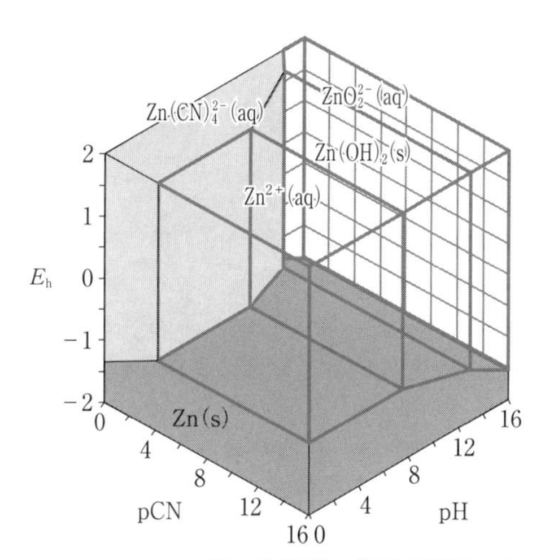

図 1.18 図 1.17 について，一部の化学種の領域を透明にして表示した例.

しくはないので，複数の図を並べて考察することを推奨する．さらに，水溶液系では一般的とはいえないが，系全体が平衡になるような高温の場合については，系の仕込み組成比を利用して，pH を横軸に用いた図も描くことができる．例えば，仕込み組成を $0.5 < Zn/P < 1.5$ と制限し，この組成で系が平衡しているとすると，その場合には組成比

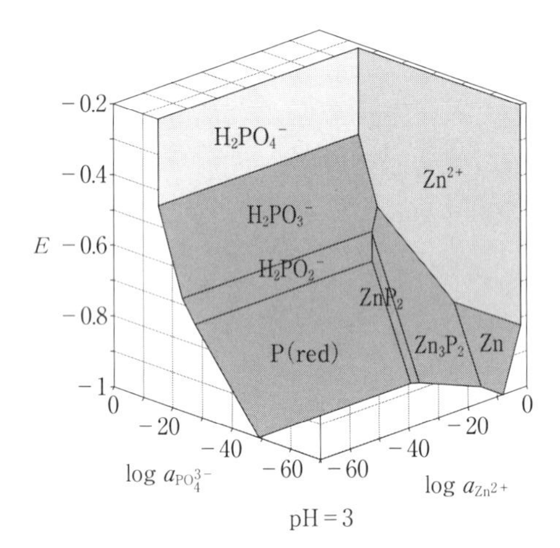

図 1.19　Zn^{2+}-H^+-e 系にリン酸を加えた場合について，pH=3 で固定した切断操作した例．

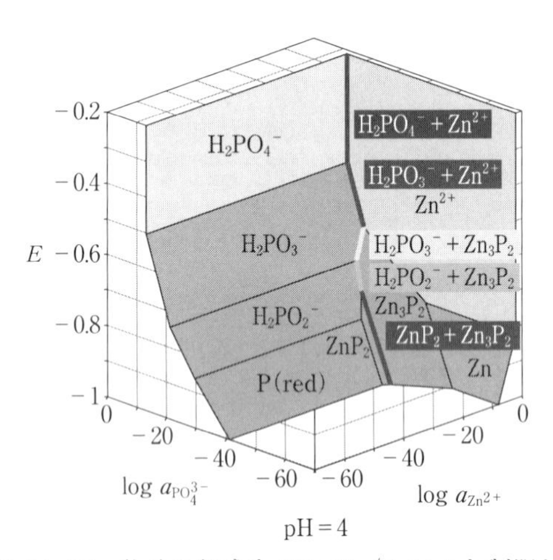

図 1.20　図 1.19 について，仕込み組成を 0.5<Zn/P<1.5 と制限し，この組成で系が平衡していると考えた場合の pH=4 における例．

的に Zn と Zn_3P_2 の共存，もしくは ZnP_2 と P の共存はありえないので，pH=4 の例で示す**図 1.20** の太線で示す平衡のみが実現する．これを，各 pH に対して実行し，太線のみをプロットすると**図 1.21** が完成する．ただし，図 1.21 のような図は，系全体が

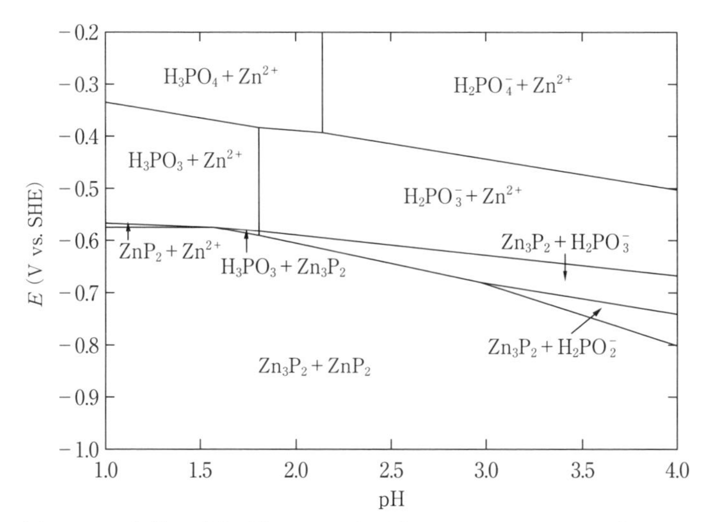

図 1.21 図 1.20 の太線で示す平衡のみが実現するケースについて，各 pH の結果をプロット(注：Zn^{2+}-H^+-e 系にリン酸を加えた場合で，仕込み組成：0.5＜Zn/P＜1.5 に制限，この組成で系が平衡していると仮定).

平衡に近いと考えてよい場合のみに有効な図である．したがって，繰り返すが，室温における水溶液の実験では，異なる pH で切断の図を複数準備して議論する方が，非平衡的な考察も行えるメリットがあることに留意すべきである．他には，ある化学種の総濃度を一定として次元を減らすやり方もある．この方法は仕込み組成比に制約を設けるやり方よりも水溶液系では一般的であり，文献[15]にアンモニア錯体の説明がある．

G. 水素発生，酸素発生電位

慣例として，水溶液系では，H_2 と O_2 の安定領域は面として表さず，水素発生，酸素発生が起こる電位を pH に対する関数として**図 1.22** のように表す．これは，水溶液を扱うような常温近傍では，水素発生，酸素発生の反応速度が比較的ゆっくりであり，非平衡論的な考察が必要になるからである．図 1.13 と図 1.22 を重ねて考えればわかるように，亜鉛の析出する電位では水素も発生する *15．したがって，完成した電位-pH

---

*15 工業的に亜鉛の水溶液からの電解はよく確立された技術であるが，水素を極力発生させずに電解ができているのは，亜鉛上では水素発生の過電圧が大きいからである．

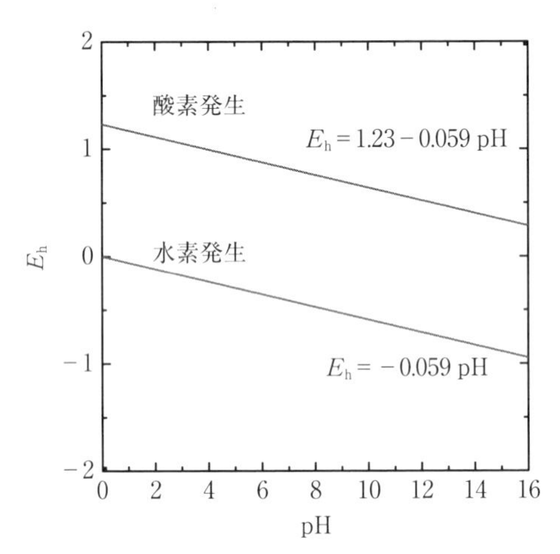

図 1.22　水溶液系における水素発生および酸素発生に関する電位-pH の関係.

図には，水素発生，酸素発生電位などの情報も書き込んで利用するとよい．また，特定の化合物を化学ポテンシャル図の描画では考察せずに，後から書き足す方法は，例えば，銅製錬における SO_2 も相当する．平衡相であっても考察に入れたり，除外したり，重ね書きをしたりと，必要に応じてそのつど，考察対象の状況を見ながら進めるとよい．

熱力学のよさは，平衡に達したときの到着地点を教えてくれることである．どのような合成反応もプロセスも，速度論的な環境が整わない場合は平衡に到達しないが，ゴールがどこか教えてくれることは極めて重要である．地図上に引かれている経度・緯度の，どのあたりにゴールがあるかを知るだけで，どれほど安心して，かつ目的意識を明確にさせつつ歩みを進めることが可能となるからである．また，化学ポテンシャル図の運用には，実践による理解と演習書[17]などを通じた訓練がある程度必要であり，とにかく場数を積まれることを推奨したい．

1.3 水溶液中の反応機構と速度

非鉄金属の乾式製錬では，硫化鉱などの固相，溶融金属，マット，スパイス，スラグ，ガス相など，多相の異相間反応を制御する必要がある．しかし，乾式製錬の場合，高温での反応が主体であるため化学反応速度が比較的速く（実際は反応界面での化学反応以外に熱や物質の移動も製錬操作に影響してくるが），反応の最終状態を記述する平衡論に基づく解析でも，反応を制御して製錬操作・プロセス構築が可能である．一方，水溶液中における反応を理解する場合，あるいは工学的に湿式製錬の反応を理解して制御しようとする場合は，どうしても速度論的な観点（どの程度の時間で，どのような経路で反応が進行するのか？）が必要となる．この目的には，反応の最終状態を記述する平衡論に基づく解析だけでは不十分だからである．

水溶液中における湿式反応は，室温付近の低温で反応が進行することから化学反応の速度が遅い場合が多く，そのため，同一の化合物を対象とする場合でも，その比表面積などの物理的な因子により，反応の時間変化が大幅に異なることとなる．そのため，湿式製錬では，常に速度論的観点から製錬反応を制御する必要がある[1,18]．

本節では湿式製錬反応における速度論的な取り扱いについて，その基礎理論ならびに具体的な実験例を概説する．なお，速度論的解析における基礎理論については，主として日本金属学会「金属製錬反応速度」[19]を参考・引用した．その他，湿式製錬反応に関する包括的な技術体系と理論について，総合的にまとめられている矢沢彬・江口元徳氏による「湿式製錬と廃水処理」と題する著書[1]をはじめ，いくつもの解説・テキストおよび学術論文[18-42]を参考にしているので，湿式製錬反応における速度論的取り扱いについて詳しく学びたい読者は，これらの文献を自ら確認されることを推奨する．

A. 化学反応の形式

化学反応の速度解析では，第一に，原系（reactant）と生成系（product）の濃度に基づいて反応の量的関係を定めることを行う．化学反応速度の解析は反応機構の解明につながるものである[20]．化学反応は関与する相の違いによって，均一相反応と異相反応に分けることができる．均一相反応は水溶系中のイオン間反応などの単一相での反応であり，異相反応は，気-固反応，固-液反応，気-液反応，液-液反応などの反応である．金属製錬反応のほとんどが異相反応であり，湿式製錬では，例えば，亜鉛焼鉱（亜鉛酸化鉱）の電解尾液への浸出などは固-液反応，溶媒抽出における有機相と水相間の抽出反応は液-液反応，還元性ガス吹込みによる水溶液からの金属の還元析出では，気-液-固反応が関与しているといえる．

均一反応では単相内部で，異相反応では固-液界面など異相界面で化学反応が進行する．また，化学反応の種類もいくつかに分けることができる．まず一つ目は，式(1.72)に示す単一反応である．この反応は原系と生成系との物質収支が一つの反応式で記述できるものである[19]．

$$\text{単一反応}\quad a\mathrm{A}+b\mathrm{B}=c\mathrm{C}+d\mathrm{D} \tag{1.72}$$

ここで，A，B，C，D は化学種を表しており，a，b，c，d は原系と生成系との物質収支を取るうえで必要な化学量論数を表している．二つ目が多重反応であり，この反応は原系と生成系との物質収支を取るうえで，二つ以上の反応式の記述が必要なものである．その多重反応も，逐次反応，併発反応，複合反応という種類に分けることができる[19]．

$$\text{逐次反応(例えば)}\cdots\quad \mathrm{A}\rightarrow\mathrm{B}\rightarrow\mathrm{C} \tag{1.73}$$

$$\text{並発反応(例えば)}\cdots\quad \mathrm{A}\rightarrow\mathrm{B},\ \mathrm{A}\rightarrow\mathrm{C} \tag{1.74}$$

$$\text{複合反応(例えば)}\cdots\quad \mathrm{A}+\mathrm{B}\rightarrow\mathrm{C},\ \mathrm{A}\rightarrow\mathrm{B} \tag{1.75}$$

逐次反応は，例えば式(1.73)に示すように原系(A)から中間体(B)の生成を経て生成系(C)へと至る反応である．並発反応は例えば式(1.74)に示すように一種類の原系(A)から異なる B という生成系と C という生成系に至る反応が同時に進行する．複合反応は例えば式(1.75)に示すように，A と B が反応して C が生成する反応と，A が B へ転換する反応が複合しているような複雑な反応形式を示す[19]．

B．化学反応速度式

化学反応速度の定義として式(1.72)に示す単一反応を考える場合，その反応速度を C の生成速度($\dot{n}_{\mathrm{C}}$(mol·m^{-3}·s^{-1}))として表すと，次式の関係になる．

$$\dot{n}_{\mathrm{C}}=\frac{1}{V}\frac{dx_{\mathrm{C}}}{dt}=\frac{1}{V}\frac{d(C_{\mathrm{C}}V)}{dt} \tag{1.76}$$

ここで，$\dot{n}_{\mathrm{C}}$：反応速度(mol·m^{-3}·s^{-1})，x_{C}：反応系内の物質量(mol)，V：反応系の容積(m^3)，t：時間(s)，C_{C}：濃度(mol·m^{-3})である．式(1.76)で与える速度式は均一相反応を想定しているため，この速度式は，反応系単位容積当たり，単位時間に生成する特定成分の物質量(mol)を表している．原系(A, B)と生成系(C, D)の間には物質収支が成り立つため，以下の量論的関係を常に満たしていることになる[19]．

$$-\frac{\dot{n}_A}{a}=-\frac{\dot{n}_B}{b}=\frac{\dot{n}_C}{c}=\frac{\dot{n}_D}{d} \tag{1.77}$$

固-液反応などの異相反応の場合は，接触界面で反応が進行する．そのため，均一相反応では単位容積当たりに生成した物質量で速度式を定義するが，異相反応では単位界面積当たりで反応速度を定義する必要がある．そのため，式(1.72)の単一反応が異相界面で進行する場合の速度式は，次式のように定義できる．

$$(\dot{n}_C)_S=\frac{1}{S}\frac{dx_C}{dt} \tag{1.78}$$

ここで，$(\dot{n}_C)_S$：反応速度$(\mathrm{mol\cdot m^{-2}\cdot s^{-1}})$，$S$：有効界面積$(\mathrm{m^2})$である．例えば，酸化鉱の硫酸浸出などの場合，対象となる固相は固体粒子のため，その表面は均一ではなく正確な表面積を見積もることは非常に難しい．そのような場合，単位界面積ではなく，溶液中に懸濁させた固体粒子の単位重量当たりで速度式を定義することが行われる．

$$(\dot{n}_C)_W=\frac{1}{W}\frac{dx_C}{dt} \tag{1.79}$$

ここで，$(\dot{n}_C)_W$：反応速度$(\mathrm{mol\cdot g^{-1}\cdot s^{-1}})$，$W$：固体粒子の重量(g)である[19]．

反応速度を測定した場合，その速度は原系物質の濃度のある冪乗に比例する．例えば，式(1.72)の単一反応速度が原系物質 A と B のモル濃度に比例して，次式で表せる場合，係数 k を速度定数と呼ぶ．この係数は物質の濃度には依存しないが温度には依存する[20]．

$$\dot{n}_i=kC_AC_B \tag{1.80}$$

原系物質の濃度単位としてはモル濃度以外にも分圧，モル分率，活量等によって速度式を表すことができ，その場合，速度定数 k はそれぞれ異なる単位をもつこととなる[19]．

次に反応に関与する化学種濃度と速度式の関係について説明する．一般に化学種(A, B, C⋯)が反応速度$(\dot{n}_i)$に関連する場合，速度式は次式の形となる．

$$\dot{n}_i=kC_A^{\alpha}C_B^{\beta}C_C^{\gamma}\cdots \tag{1.81}$$
$$\alpha+\beta+\gamma+\cdots=n$$

この速度式において，化学種(原系，生成系)の濃度の冪数をその化学種に関する反応次数という．例えば式(1.81)では，A については α 次，B については β 次，全体では n 次となる．また，反応次数は整数である必要はなく，気相反応の多くではその反応次数は整数ではない[19, 20]．反応次数は基本的に実験的に求められるべきものであり，例えば，均一気相反応である水素(H_2)とヨウ素(I_2)からのヨウ化水素(HI)の生成反応など，反応式の化学量論数とそれらの反応次数が一致する場合もある．ただし，反応次数と化学量論数が一致しない反応例も多くあることに注意する必要がある[19]．

実験的に得られた速度定数と温度の関係をプロットすると，速度定数の対数 $\ln k$ は温度の逆数 $1/T$ に比例することが多くの化学反応において証明されている．この式をアレニウスの式と呼び以下の式で表される[20]．

$$\ln k = \ln A - \frac{E}{RT} \tag{1.82}$$

この式(1.82)は，活性化エネルギー E と速度定数 k の関係を表している．また，パラメーター A は頻度因子と呼ばれる．また，R は気体定数である．活性化エネルギー E が大きいということはその反応速度の温度依存性が大きいことを意味している．活性化エネルギーの物理化学的な意味合いとしては，化学反応において生成系物質を生じるために原系物質がもつべき最小限の運動エネルギーということができる[20]．また，活性化エネルギーはあくまでも実験的に求められるべきものであるが，アレニウスの式自体は反応の平衡定数と温度の関係を表す van't Hoff の式からも予想され得るものである[19]．

C.　物質移動を考慮する反応速度式

異相界面で化学反応が進行する場合，化学反応に加えて界面までの物質移動を考慮する必要がある．例えば，液-液反応の速度論的解析において有効なモデルに二重境膜モデルがある．**図1.23**[21]に異相界面近傍での濃度分布の概略図(二重境膜モデル)を示している．この図は界面での溶質濃度と境膜内での溶質濃度勾配を示したものである．ここで，液相中の濃度：$C_{\mathrm{I}}, C_{\mathrm{II}}$ ($\mathrm{mol \cdot m^{-3}}$)，界面での濃度：$C^{\mathrm{i}}_{\mathrm{I}}, C^{\mathrm{i}}_{\mathrm{II}}$ ($\mathrm{mol \cdot m^{-3}}$)，境膜内物質移動係数：$k_{\mathrm{I}}, k_{\mathrm{II}}$ ($\mathrm{m \cdot s^{-1}}$)，界面積：A ($\mathrm{m^2}$)とすると，液相 I と II 中の物質移動速度($\dot{n}_{\mathrm{I}}, \dot{n}_{\mathrm{II}}$ ($\mathrm{mol \cdot s^{-1}}$))はそれぞれ，次式で与えられる．

$$\dot{n}_{\mathrm{I}} = k_{\mathrm{I}} A\,(C_{\mathrm{I}} - C^{\mathrm{i}}_{\mathrm{I}}) \tag{1.83}$$

$$\dot{n}_{\mathrm{II}} = k_{\mathrm{II}} A\,(C^{\mathrm{i}}_{\mathrm{II}} - C_{\mathrm{II}}) \tag{1.84}$$

これらの式は，境膜内の液相本体の溶質濃度と反応界面での溶質濃度の差をドライビングフォース(駆動力)として，溶質が拡散することを意味している．また，界面での化学反応速度は界面における濃度($C^{\mathrm{i}}_{\mathrm{I}}, C^{\mathrm{i}}_{\mathrm{II}}$)を用いて，次式で表される．

$$\dot{n}_{\mathrm{r}} = A\,(k_{\mathrm{r}} C^{\mathrm{i}}_{\mathrm{I}} - k'_{\mathrm{r}} C^{\mathrm{i}}_{\mathrm{II}}) \tag{1.85}$$

ここで界面での正反応と逆反応の化学反応速度定数は k_{r} と k'_{r} であり，平衡定数 K は

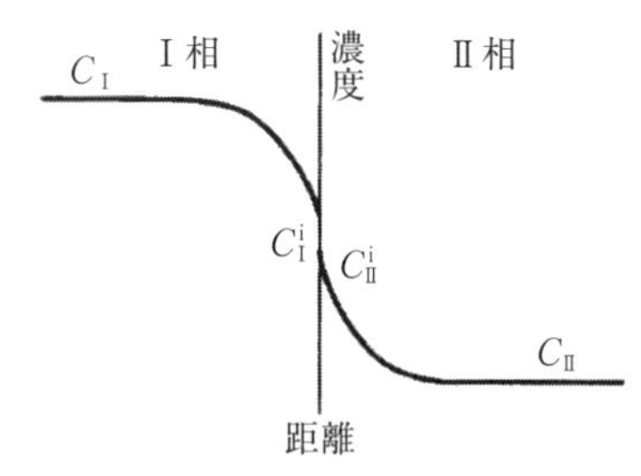

図 1.23　異相界面近傍での濃度分布(二重境膜モデル)[21].

次式で与えられる.

$$K=(C_{\text{II}}/C_{\text{I}})_{\text{e}}=k_{\text{r}}/k'_{\text{r}} \tag{1.86}$$

ここで，下付きの e は平衡状態を意味している.

液-液反応が定常的に進行していると仮定すれば(界面での溶質の濃縮は起こらない)，液相 I 中の物質移動速度(式(1.83))，界面での化学反応速度(式(1.85))，および液相 II 中の物質移動速度(式(1.84))は等しくなるので，次式の関係が成立するはずである.

$$\dot{n}_{\text{I}}=\dot{n}_{\text{II}}=\dot{n}_{\text{r}} \tag{1.87}$$

式(1.83)-式(1.87)より界面での濃度を消去すると，総括反応速度式として，次式を得る.

$$\frac{\dot{n}}{A}=\frac{C_{\text{I}}-C_{\text{II}}/K}{1/k_{\text{I}}+1/(Kk_{\text{II}})+1/k_{\text{r}}}=\bar{k}(C_{\text{I}}-C_{\text{II}}/K) \tag{1.88}$$

ここで，$\bar{k}$ は総括反応速度係数，$1/k_{\text{I}}$ は I 相中の物質移動抵抗，$1/(Kk_{\text{II}})$ は II 相中の物質移動抵抗および$1/k_{\text{r}}$ は化学反応過程の抵抗を意味する[21].

反応の律速段階とは，上記のように物質移動や化学反応などの一連の過程が組み合わさって定常的に進行している場合，その過程のうちでもっとも速度が遅く全体の反応速度を決めている過程のことをいう[20].

上記のとおり，化学反応速度定数や物質移動係数の逆数はその過程の抵抗値と捉えることができるので，化学反応律速の場合，化学反応過程の抵抗は物質移動抵抗よりも大きくなる．その反対に，物質移動律速の場合は，物質移動抵抗が化学反応過程の抵抗よりも大きくなる[21].

D.　浸出反応

鉱石の酸溶液中への浸出など，浸出過程における機構解明は，細孔構造などの複雑な固体表面や，浸出反応における固体表面でのイオン吸着や脱離現象，溶液中でのイオン形態，溶質の拡散など，その反応過程は非常に複雑である．そのため，反応機構解明のためには熱力学的観点だけでは不十分であり，常に速度論的観点から実験的にアプローチされるべきものである[22]．

例えば，硫化鉱の直接浸出ではオートクレーブを用いた加圧酸化浸出が用いられるが，伏見らの総説[22]では，硫化鉱の加圧酸化浸出は主に，以下の過程を経て進行するとの整理がなされている．まずは，水溶液中への酸素ガスの吸収が起こり，続いて，溶質酸素および他の反応物質の液相本体から鉱石粒子表面への物質移動が進行する．ついで鉱石粒子表面では，異相界面(固-液界面)での吸着ならびに化学反応が進行し，最終的に反応生成物の粒子表面からの脱着と液相本体への物質移動が進行する．伏見ら[22]は，さらに具体例として，黄鉄鉱(FeS_2)の加圧酸化浸出反応に関して速度論的解析を行ったMcKayら[23]の研究結果を概説している．その主要部分は以下のとおりである．

McKayら[23]は黄鉄鉱の加圧酸化浸出の実験より，その浸出速度は時間依存性が小さく定常的であり，溶液の撹拌ならびに溶液組成の変化は浸出速度に影響しないとしている．一方，速度は酸素分圧と比例関係にあり，その結果，次式の関係を得ている．

$$-\frac{d[\mathrm{FeS_2}]}{dt}=0.125AP_{\mathrm{O_2}}\exp\left(-\frac{13300}{RT}\right) \tag{1.89}$$

ここで，$[FeS_2]$はFeS_2の濃度$(mol \cdot dm^{-3})$，tは浸出時間(min)，AはFeS_2の表面積$(cm^2 \cdot dm^{-3})$，P_{O_2}は酸素分圧(atm)である．また，アレニウスプロットより得られた活性化エネルギーは$55.6\ kJ \cdot mol^{-1}$(100–130℃)である．溶液の撹拌速度に反応速度が依存しないことや活性化エネルギーが比較的高いことからMcKayら[23]は，この反応は化学反応律速と推定しており，その反応過程は以下の反応式のように，比較的迅速に進行する鉱石表面への酸素分子の吸着と，追加の酸素分子との緩やかな反応による硫酸第一鉄($FeSO_4$)の生成で説明できるとしている．

$$\mathrm{FeS_2+O_2(aq)\rightarrow FeS_2\cdot O_2}(\text{化学吸着}) \tag{1.90}$$

$$\mathrm{FeS_2\cdot O_2+O_2(aq)\rightarrow [FeS_2\cdot 2O_2]\rightarrow FeSO_4+S^0} \tag{1.91}$$

同様に酒井ら[24]は，常圧下で溶存酸素が存在する条件下で，Fe(Ⅲ)イオンを介した黄鉄鉱の酸化浸出速度を調査しており，その結果，溶存酸素による黄鉄鉱の直接酸化速度は非常に遅いこと，また，黄鉄鉱の酸化浸出はFe(Ⅲ)を酸化剤とした酸化で進行し，浸出反応で還元により生成したFe(Ⅱ)が溶存酸素でFe(Ⅲ)へと再び酸化されることで浸出反応が継続するとしている．水溶液中に溶解したFe(Ⅱ)イオンの酸化反応速度に関しても，酒井ら[24]は上記の論文中で以下のように整理している．数多く研究報告[25-28]がある溶存酸素による Fe(Ⅱ)イオンの酸化反応速度は，固体粒子が存在しない条件下では，その酸化速度は，Fe(Ⅱ)濃度の 2 次，溶存酸素濃度の 1 次で表されることが多い．ただし，活性炭などの固体粒子が存在する場合は，速度が数倍増大することから，この反応は固体表面が強く関与することも指摘されている[1]．

上記のように溶液中の Fe(Ⅲ)イオンは，硫化鉱の迅速な酸化浸出反応に必要不可欠とされており，例えば，鉄酸化細菌存在下の黄鉄鉱の酸化浸出では，以下に示す式(1.92)および式(1.93)のように，酸化浸出で生成した Fe(Ⅱ)イオンは鉄酸化細菌により黄鉄鉱表面付近で Fe(Ⅲ)イオンへ再酸化され迅速な浸出反応に寄与することとなる．この際，黄鉄鉱は Fe(Ⅲ)イオンのみならず硫酸の供給源(H_2SO_4)となる．硫化銅鉱石の直接酸化浸出の際も，上記のような鉄酸化細菌と Fe(Ⅲ)イオンの寄与により硫化銅(Cu_2S)の酸化浸出反応が進行する(式(1.94))[29]．

$$2FeS_2 + 7O_2 + 2H_2O \rightarrow 2Fe^{2+} + 2SO_4^{2-} + 2H_2SO_4 \tag{1.92}$$

$$O_2 + 4Fe^{2+} + 4SO_4^{2-} + 2H_2SO_4 \rightarrow 4Fe^{3+} + 6SO_4^{2-} + 2H_2O \tag{1.93}$$

$$Cu_2S + 10Fe^{3+} + 15SO_4^{2-} + 4H_2O \rightarrow 2Cu^{2+} + 10Fe^{2+} + 12SO_4^{2-} + 4H_2SO_4 \tag{1.94}$$

粟倉[30]は，酸化物と硫化物の浸出反応速度ならびに電気化学的反応機構に関する総説において，酸化剤として塩化第二鉄($FeCl_3$)，塩化第二銅($CuCl_2$)，硫酸第二鉄($Fe_2(SO_4)_3$)を使用する黄銅鉱($CuFeS_2$)の酸化浸出反応に関して，速度論的観点から整理している．この酸化浸出では Fe(Ⅲ)ならびに Cu(Ⅱ)イオンが酸化剤として働くこととなり，黄銅鉱の元素硫黄生成型の反応は，次式で表される．

$$CuFeS_2 + 4M^{n+} \rightarrow Cu^{2+} + Fe^{2+} + 2S^0 + 4M^{(n-1)+} \tag{1.95}$$

ここで，M^{n+} は添加した酸化剤(カチオン)である．塩化物水溶液中での黄銅鉱の浸出は，酸化剤が塩化第二鉄の場合，その浸出速度は塩化第二鉄濃度の 1/2 次であり，酸化反応により生成した塩化第一鉄($FeCl_2$)濃度には影響されない．塩化第二銅が酸化剤の場合も，浸出速度は塩化第二銅濃度の 1/2 次であるが，生成した塩化第一銅(CuCl)に阻害され，塩化第一銅濃度に対しては −1/2 次を示すこととなる．塩化物水溶液中では，黄銅鉱表面に多孔質な元素硫黄の層が形成されることから，表面を覆う元素硫黄の生成は反応抵抗にはならないと推定されている[30]．

一方，硫酸溶液中での硫酸第二鉄を酸化剤とする浸出では反応初期と後期で挙動が変化する．これは，黄銅鉱表面に生成する元素硫黄の層が塩化物水溶液中の場合より構造が緻密であることから反応抵抗となり，その後，反応が進行するにつれて緻密な相は剥離して黄銅鉱表面が露出して総括的な反応抵抗が減ずるためと考えられる[30]．なお，黄銅鉱の浸出実験における速度解析結果[31-33]については，活性化エネルギーならびに

表1.3　Fe(Ⅲ)ならびにCu(Ⅱ)を酸化剤とした黄銅鉱の浸出反応速度[30].

酸化剤	塩化第二鉄	塩化第二銅	硫酸第二鉄
硫黄形態	多孔質元素硫黄	多孔質元素硫黄	緻密硫黄膜→剥離
速度論	直線則	直線則	放物線則→直線則
活性化エネルギー	69 kJ·mol^{-1}	82 kJ·mol^{-1}	76.8-87.7 kJ·mol^{-1}
浸出速度	$\propto C(FeCl_3)^{0.5}$ $C(FeCl_2)$に無関係	$\propto C(CuCl_2)^{0.5}$ $\propto C(CuCl)^{-0.5}$	$\propto C(Fe(SO_4)_{1.5})^{0.5}$ $C(FeSO_4)$にわずかに依存
浸漬電位 E/mV (温度 343 K)	$E=72\log C(FeCl_3)$ $+\mathrm{const.}$ $C(FeCl_2)$に無関係	$E=66\log C(CuCl_2)$ $+\mathrm{const.}$ $E=-69\log C(CuCl)$ $+\mathrm{const.}$	$E=79\log C(Fe(SO_4)_{1.5})$ $+\mathrm{const.}$ $C(FeSO_4)$にわずかに依存

浸漬電位も含め粟倉の総説[30]で，**表1.3**のようにまとめられている．

一方，金や銀の製精錬に用いられる青化法においては，鉱石または廃電子機器等のリサイクル原料中の金や銀が，以下の反応式に示すようにアルカリ性のシアン溶液により溶液中に浸出される．

$$4Au+8K(CN)+2H_2O+O_2\rightarrow 4K[Au(CN)_2]+4K(OH) \tag{1.96}$$

金属製錬技術ハンドブック[34]には，この青化法における金の浸出機構とその速度について，以下に示す簡潔な整理がなされている．青化反応における浸出速度は，溶液中のシアン化物あるいは溶存酸素の浸出対象となる金表面への拡散により律速されると考えることが一般的である．したがって，この場合の浸出速度は，シアン化物の拡散速度から式(1.97)の関係が，溶存酸素の拡散から式(1.98)の関係が与えられる．

$$\dot{n}_{\mathrm{KCN}}=\frac{A}{V}\frac{D_{\mathrm{KCN}}}{\delta}(C_{\mathrm{KCN}}-C^i_{\mathrm{KCN}}) \tag{1.97}$$

$$\dot{n}_{\mathrm{O_2}}=\frac{A}{V}\frac{D_{\mathrm{O_2}}}{\delta}(C_{\mathrm{O_2}}-C^i_{\mathrm{O_2}}) \tag{1.98}$$

ここで，Aは金の表面積，Vは溶液の容積，δは拡散層(境膜)の厚さ，Cは溶液本体中の濃度，C^iは金表面での濃度を意味する．化学反応は十分に早く拡散律速と考えられるので，金表面でのシアン化物濃度ならびに溶存酸素濃度は無視できるとし，化学反応の式(1.96)の量論関係と拡散係数の値から速度式を解くことができる[34]．

また，青化反応の速度に関しては，矢沢・江口[1]は，多くの研究[35, 36]に基づいて，以下のようにまとめている．青化反応の速度は，浸出対象の固体表面の面積に比例し，溶液の攪拌速度に依存する．また，アレニウスプロットによる活性化エネルギーは8.4-

21 kJ 程度であることから，律速段階は溶存酸素ならびにシアンイオン(CN^-)の拡散過程であると予想されている．したがって，総括反応速度式[35]は，次式で与えられる．

$$\dot{n} = \frac{2AD_{CN^-}D_{O_2}[CN^-][O_2]}{\delta\{D_{CN^-}[CN^-] + 4D_{O_2}[O_2]\}} \quad (1.99)$$

CN 濃度が小さい場合は，次式となる．

$$\dot{n} = \frac{AD_{CN^-}[CN^-]}{2\delta} \quad (1.100)$$

一方，CN 濃度が大きい場合，次式となる．

$$\dot{n} = \frac{2AD_{O_2}[O_2]}{\delta} \quad (1.101)$$

これらの式より，CN^- イオンと O_2 が反応に等価に寄与するためには，$D_{CN^-}[CN^-] = 4D_{O_2}[O_2]$ の関係が必要となる．拡散係数の文献値($D_{CN^-} = 1.83 \times 10^{-9}$，$D_{O_2} = 2.76 \times 10^{-9}\ m^2 \cdot s^{-1}$)より $D_{O_2}/D_{CN^-} = 1.5$ となるので，$[CN^-]/[O_2] = 6$ となる．したがって，25℃の溶液中の空気からの酸素(O_2)飽和溶解度である 8.2 $mg \cdot dm^{-3}$ を考慮すると，シアン化物(KCN)の濃度として 0.01% 付近まで KCN 濃度とともに浸出速度が増大するが，これ以上 KCN 濃度を増やしても酸素の飽和溶解度で速度が決まるため反応速度は増大しないことがわかる[1]．

E．析出反応

原料を浸出した溶液から，対象とする金属や金属化合物を析出させて精製物を得るという目的で，水溶液における析出反応は重要である．また，析出反応は，水酸化鉄沈殿を用いる共沈法など，坑廃水処理や産業廃水中の重金属の除去にも用いる．とくに酸化鉄や水酸化鉄の沈殿回収は，非鉄製錬における鉱石原料の主要不純物の一つが鉄であることから，湿式製錬では原料の浸出水溶液から不純物である鉄を析出させて沈殿物として回収することが必須となる．

例えば，Fe(Ⅱ)イオンを含有する酸性の坑廃水処理において，通常処理では廃水中の Fe(Ⅱ)イオンを Fe(Ⅲ)に酸化した後に，中和による加水分解反応によって水酸化鉄($Fe(OH)_3$)沈殿を回収する[37]．この加水分解反応は，次式で表せる．

$$Fe^{3+} + 3H_2O \rightarrow Fe(OH)_3 + 3H^+ \quad (1.102)$$

この反応で生成する水酸化鉄($Fe(OH)_3$)は，強い親水性を有するので，固液分離が困難である．そのため，固液分離がより容易な析出物として $Fe(OH)_3$ の代わりに常温常圧下でマグネタイト(Fe_3O_4)を析出沈殿させる「フェライト法」が検討されている．所ら[37]は，常温フェライト法における Fe_3O_4 の析出反応速度を詳細に調査するとともに，他の研究結果[38,39]との比較による検討を行っている．Lee ら[38]は以下に示すように，Fe_3O_4 は，$Fe(OH)_2$ 析出物および FeOOH 析出物が反応して生成すると報告している．

$$Fe(OH)_2 + 2FeOOH \rightarrow Fe_3O_4 + 2H_2O \tag{1.103}$$

また，この反応は以下の二段階の反応に分けて記述することも可能である．

$$Fe(OH)_2 + 2Fe^{3+} + 2H_2O \rightarrow Fe_3O_4 + 6H^+ \tag{1.104}$$

$$2FeOOH + Fe^{2+} \rightarrow Fe_3O_4 + 2H^+ \tag{1.105}$$

この二段階反応から，溶液中の pH が大きくなるほど Fe_3O_4 の反応が促進されることがわかるが，所ら[37]の実験では pH9.5 以上になると Fe_3O_4 の収率が反対に小さくなっている．これは，Fe_3O_4 の結晶化速度の低下によるためと推測される．この点について Tamaura ら[39]は，Fe_3O_4 の生成が，$Fe(OH)_2$ からの $FeOH^+$ への加水分解反応，FeOOH 表面への $FeOH^+$ の吸着反応，吸着種の Fe_3O_4 への結晶化を経て進行するとの考えを提示している．この際に，$Fe(OH)_2$ からの $FeOH^+$ への加水分解反応は，式(1.106)で表される．

$$Fe(OH)_2 + H^+ \rightarrow FeOH^+ + H_2O \tag{1.106}$$

また，FeOOH 表面への $FeOH^+$ の吸着は，以下の反応が支配的と考えられる．

$$\equiv FeOH^0 + FeOH^+ \leftrightarrow \equiv FeOFeOH^0 + H^+ \tag{1.107}$$

ここで，$\equiv FeOH^0$ は FeOOH 表面の吸着サイトを意味する．Tamaura ら[39]は，吸着種の結晶化反応が律速するとしており，そのため Fe_3O_4 の析出速度は，次式のとおり与えられる．

$$\frac{d[Fe_3O_4]}{dt} = k_1[\equiv FeOFeOH^0] \tag{1.108}$$

ここで，k_1 は $\equiv FeOFeOH^0$ から Fe_3O_4 への結晶化速度定数である．FeOOH 表面の吸着サイト中で $\equiv FeOFeOH^0$ が占める割合を θ とし，交換容量を E とすれば，反応速度は，次式で表される．

$$\frac{d[Fe_3O_4]}{dt} = k_2[FeOOH]$$
$$(k_2 = k_1 E\theta) \tag{1.109}$$

反応式(1.103)より，Fe_3O_4 と FeOOH の量論関係を考慮すると最終的に FeOOH に関する速度式として，次式を得る．

$$\frac{d[\mathrm{FeOOH}]}{dt} = -2k_2[\mathrm{FeOOH}] \tag{1.110}$$

ここで，k_2 は固相反応速度係数と定義される．所ら[37]は，このような速度式を用いて，k_2 が pH に大きく依存し，pH10 付近で k_2 が最大値を取ることを明らかにしている．

セメンテーション反応(置換反応)の速度論的取り扱い例を，以下に示す．セメンテーション反応とは，イオン化傾向の違いを利用して水溶液中に卑な金属(M_2)を投入し，貴な金属イオン(M_1^{2+})を金属に還元して析出させる方法のことである．

$$M_1^{2+} + M_2 \rightarrow M_1 + M_2^{2+} \tag{1.111}$$

例えば亜鉛の湿式製錬では，硫酸亜鉛溶液の浄液工程で亜鉛粉末を投入し，セメンテーション反応によって，銅イオン，カドミウムイオンなどが還元されて析出除去される[40]．以下に一例を示す．

榎本[41,42]は，硫酸亜鉛溶液への亜鉛粉末添加によるコバルトイオン(Co^{2+})の除去に関して，そのセメンテーション反応機構とその速度を検討している．セメンテーション反応によるコバルトイオンの析出は，亜鉛粉末表面での局部電池の形成による電気化学的(酸化還元)反応と，亜鉛粉末表面へのコバルトイオンの拡散過程とで説明される．また，副次的な反応としては，析出したコバルト金属の再溶解も考えられる．榎本[41,42]による検討から，温度 50℃ 以上の反応では亜鉛とコバルトのイオン化傾向(電極電位)の差が十分に大きく，この反応はコバルトイオンの拡散律速となると考えられ，その速度式は次式で表される．

$$-\frac{d[\mathrm{Co}^{2+}]}{dt} = k[\mathrm{Co}^{2+}]\,;\ \ln[\mathrm{Co}^{2+}]_0 - \ln[\mathrm{Co}^{2+}] = kt \tag{1.112}$$

ここで，k は拡散係数を含む反応速度定数，$[\mathrm{Co}^{2+}]_0$ はコバルトイオンの初期濃度を意味する．

矢沢・江口の著書[1]でもセメンテーション反応速度について扱われており，対象となるイオン種によって，その反応速度は化学反応律速の場合と拡散律速になる場合とがあると整理されている．反応式(1.111)に示すセメンテーション反応が進行しているとすると，その化学反応速度は次式で与えられる．

$$\dot{n}_{\mathrm{c}} = kA[\mathrm{M}_1^{2+}]_{\mathrm{S}} \tag{1.113}$$

ここで，k は化学反応速度定数，A は反応界面積，$[\mathrm{M}_1^{2+}]_{\mathrm{S}}$ は反応界面での濃度である．一方，拡散速度は次式で与えられる．

$$\dot{n}_{\mathrm{d}} = \frac{D}{\delta}A\{[\mathrm{M}_1^{2+}] - [\mathrm{M}_1^{2+}]_{\mathrm{S}}\} \tag{1.114}$$

ここで，D は拡散係数，δ は境膜層厚さである．定常状態では，拡散速度と化学反応速度は等しくなるので，総括反応速度式は，次式で表すことができる．

$$\dot{n} = \frac{kD/\delta}{k + D/\delta} A \left[M_1^{2+} \right] \tag{1.115}$$

ここで，$k \ll D/\delta$ の場合は化学反応律速となり，$k \gg D/\delta$ の場合は拡散律速となる．例えば，次式で表される鉄添加による銅イオン(Cu^{2+})のセメンテーション反応の速度解析による活性化エネルギーは 12.6 kJ·mol^{-1} と小さく，拡散律速と推測されている．

$$Cu^{2+} + Fe \rightarrow Cu + Fe^{2+} \tag{1.116}$$

一方，次式で表される鉄添加による鉛イオン(Pb^{2+})のセメンテーション反応の活性化エネルギーは 50.2 kJ·mol^{-1} と比較的大きいことから，化学反応律速と推測されている．

$$Pb^{2+} + Fe \rightarrow Pb + Fe^{2+} \tag{1.117}$$

これは，添加する金属と除去する金属イオンのイオン化傾向の差に起因すると考えられ，十分に差が大きければ，化学反応が促進されて拡散律速になりやすいためである[1]．

1.4　水溶液中の多成分系固相の溶解・析出および イオン吸着

水溶液を用いて特定の化学種を分離するプロセスは，湿式製錬における精鉱からの浸出，水溶液中での沈殿等で利用される．例えば，湿式製錬の廃水処理プロセスでは沈殿を利用して水溶液から不要な有害物質等が除去され，一方で浸出プロセスでは固相粒子(特に精鉱)から金属元素等を溶出させる．複数の元素で構成される固相粒子からの浸出においては，目的の元素以外の元素も溶出することが多いため，複数元素からなる多成分系の溶出挙動を考慮することが重要になる．本節ではそれらのプロセスの基本となる比較的単純な系での水溶液と固相との平衡(溶解と析出)，その固相粒子の反応過程等について述べる．元素の溶解や析出(または沈殿)の反応には，平衡論的な各化学種の電位-pH 図等が関係しているとともに，水溶液中で生成する様々な反応生成物の形態にも関係する．すなわち，水溶液中の溶解度は異なる固相粒子の結晶性や形態にも影響されるため，目的の反応生成物を制御するには反応過程を解明することも重要になる．これらのことを背景に，本節では，(a)水溶液中の酸化物や水酸化物の溶解度，(b)多成分系酸化物の溶解反応，(c)水溶液中における多成分系の酸化還元反応，(d)生成粒子の溶解度に及ぼす形態の影響，(e)水溶液中の特定イオン種の酸化物表面への吸着について述べる．

A.　水溶液中の酸化物や水酸化物の溶解度

水溶液における酸化物や水酸化物の沈殿反応は，多くの工業的なプロセスで微細な酸化物粒子等を作るのに利用される．例えば，金属アルミニウムの原料は，ボーキサイト鉱石(30-60% 程度の Al 酸化物以外にケイ素や鉄の酸化物を含む鉱石)をアルカリ溶液により浸出し，その溶液から水酸化アルミニウム等を沈殿させるプロセス(Bayer 法)により得られる．この浸出と沈殿プロセスにおいては，アルカリ性のソーダアルミネート(Na_5AlO_4)の溶液を作製し，アルカリ溶液中のギブサイト(gibbsite : γ-$Al(OH)_3$)やベーマイト(boemite : AlOOH)の溶解度が水酸基の濃度や温度とともに高くなることを利用する．

また，亜鉛，銅，ニッケル鉱石に鉄分が含まれることが多く，酸性の浸出液中でそれらの鉄分をジャロサイト(jarosite : $KFe_3(SO)_4 \cdot 2(OH)_2$)，酸化鉄等として沈殿させる分離処理が施される．この沈殿プロセスでは，水溶液中にイオンの溶解量が多くなると

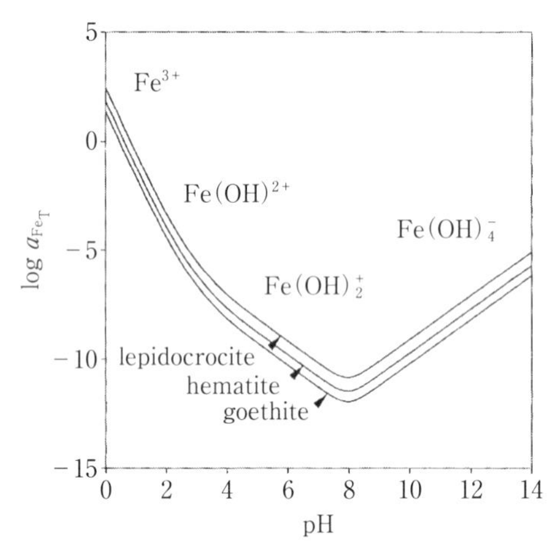

図 1.24　Fe^{3+} 酸化物(α-FeOOH, γ-FeOOH, α-Fe_2O_3)の溶解度と水溶液の pH との関係[43].

沈殿生成物を作りやすくなる性質等を用いており，例えば，酸化物の溶解度の水溶液の pH 依存性，温度依存性が酸化物の種類によって異なることを利用している[43, 44].

酸化鉄(本節では使用する広い意味での酸化鉄は，水酸化鉄やオキシ水酸化鉄も含める)の溶解度の pH 依存性の例として，**図 1.24**，固相の Fe^{3+} 酸化物であるオキシ水酸化鉄ゲーサイト(goethite : α-FeOOH)やレピドクロサイト(lepidocrocite : γ-FeOOH)，酸化鉄ヘマタイト(hematite : α-Fe_2O_3)の溶解度の pH 依存性を示す．この図の中の線に折れ曲がりがあるのは，これらの広い意味での酸化鉄等の加水分解反応が pH によって異なることによる．pH が約 3 以下の低 pH では，水溶液中の Fe は Fe^{3+} となっており，pH が高くなるにつれて，$Fe(OH)^{2+}$，$Fe(OH)_2^+$，$Fe(OH)_4^-$ となる．これらの関係は，熱力学的な平衡関係で記述することができる．例えば，ゲーサイトの水溶解反応は

$$FeOOH + H_2O = Fe^{3+} + 3OH^- \tag{1.118}$$

であり，溶液中の成分 i の活量を a_i とすると，次の平衡関係が成り立つ．

$$\frac{a_{Fe^{3+}} \times a_{OH^-}^3}{a_{FeOOH} \times a_{H_2O}} = K \tag{1.119}$$

ここで，a_{FeOOH} と水の活量が一定である(ここでは活量は濃度にほぼ等しい)とすると K は一定である．溶解度積を K_{SO} とすると，次の関係が成り立つ．

$$a_{Fe^{3+}} \times a_{OH^-}^3 = K_{SO} \tag{1.120}$$

さらに，酸性水溶液中の Fe^{3+} 酸化物と水素イオンとの平衡反応は，次のように表される．

$$FeOOH + 3H^+ = Fe^{3+} + 2H_2O \tag{1.121}$$

この溶解度積を K_{SO1} とすると，次のようになる．

$$a_{Fe^{3+}} \times a_{H^+}^{-3} = K_{SO1} \tag{1.122}$$

これを書き換え次式を得ると，酸化物の溶解度が pH に依存することがわかる．

$$\log a_{Fe^{3+}} = \log K_{SO1} - 3pH \tag{1.123}$$

水溶液中では，Fe^{3+} 以外に，$Fe(OH)^{2+}$，$Fe(OH)_2^+$，$Fe(OH)_4^-$ のイオンがあり，その溶解度は水溶液の pH に依存して次のように表される．

$$\log a_{Fe(OH)^{2+}} = \log K_{SO1} + \log K_1 - 2pH \tag{1.124}$$

$$\log a_{Fe(OH)_2^+} = \log K_{SO1} + \log K_2 - pH \tag{1.125}$$

$$\log a_{Fe(OH)_4^-} = \log K_{SO2} + \log OH^- \tag{1.126}$$

ここで，K_1，K_2 および K_{SO2} は，それぞれ次の反応の平衡定数である．

$$Fe^{3+} + H_2O = Fe(OH)^{2+} + H^+ \tag{1.127}$$

$$Fe^{3+} + 2H_2O = Fe(OH)_2^+ + 2H^+ \tag{1.128}$$

$$FeOOH + H_2O + OH^- = Fe(OH)_4^- \tag{1.129}$$

これらの関係から，水溶液中の三価の鉄イオンの総数 $\sum Fe^{3+}$ を pH に対してプロットしたものが図 1.24 である．全体的な Fe^{3+} の鉄系酸化物の溶解度は，pH が 8 付近で最小になる．これらのプロットから，酸性やアルカリ性の水溶液に溶解した複数の元素の中から鉄を除去するときには，pH を中性付近にすると酸化鉄が沈殿しやすいことが示唆される．

一方，Fe^{2+} 酸化物である $Fe(OH)_2$ の溶解度の pH 依存性を，Fe^{3+} 酸化物（α-FeOOH）の溶解度の場合と比較した結果を，**図 1.25** に示す[43]．$Fe(OH)_2$ の溶解では，Fe のイオンは低 pH 側で Fe^{2+} であり，pH が高くなるにつれて $Fe(OH)^+$，$Fe(OH)_2^0$，$Fe(OH)_3^-$ となっている．$Fe(OH)_2$ の溶解度は，低い pH 側で α-FeOOH の溶解度よりもはるかに高く，高い pH 側で低くなっているのが特徴である．

以上のように，固相酸化物と水溶液との間では平衡論的にはある溶解度を有するが，固相は微細粒子であることが多く，実際には溶解度に及ぼす粒子の形態やサイズの効果も考慮する必要がある．また，多成分系酸化物（混合酸化物ともいう）の場合，水溶液への溶解度の pH 依存性や温度依存性が単純な酸化物とは異なることが多く，水溶液中の

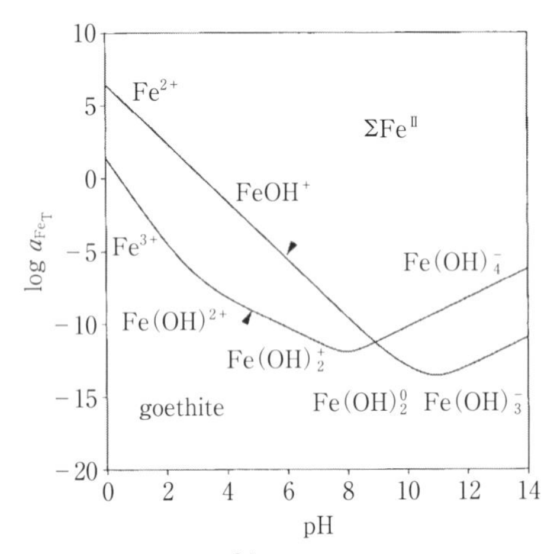

図 1.25　Fe^{2+} 酸化物($Fe(OH)_2$)と Fe^{3+} 酸化物(α-FeOOH)の溶解度と水溶液の pH との関係[43].

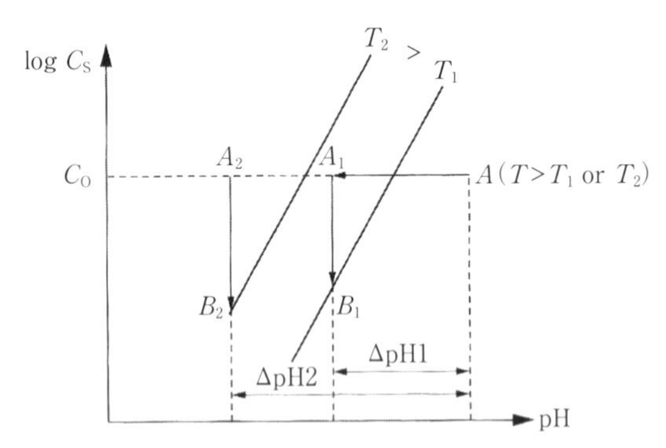

図 1.26　異なる温度 T_1 と T_2 におけるアルカリ溶液中の Al 酸化物の溶解度 C_S と pH の関係[45].

イオンが酸化しながら沈殿が起こり，それが原因で水溶液中の pH が変化することもある．

次に，酸化物の水溶液中の溶解度の pH 依存性や温度依存性を利用して，特定の酸化物を生成させるプロセスについて述べる．**図 1.26** は，低温 T_1 と高温 T_2 の二つの温度での Na を含むアルカリ溶液中における Al 酸化物の溶解度の pH 依存性を模式的に示している[45]．この図において，高温で高 pH の水溶液では濃度 A の Al 酸化物が溶け

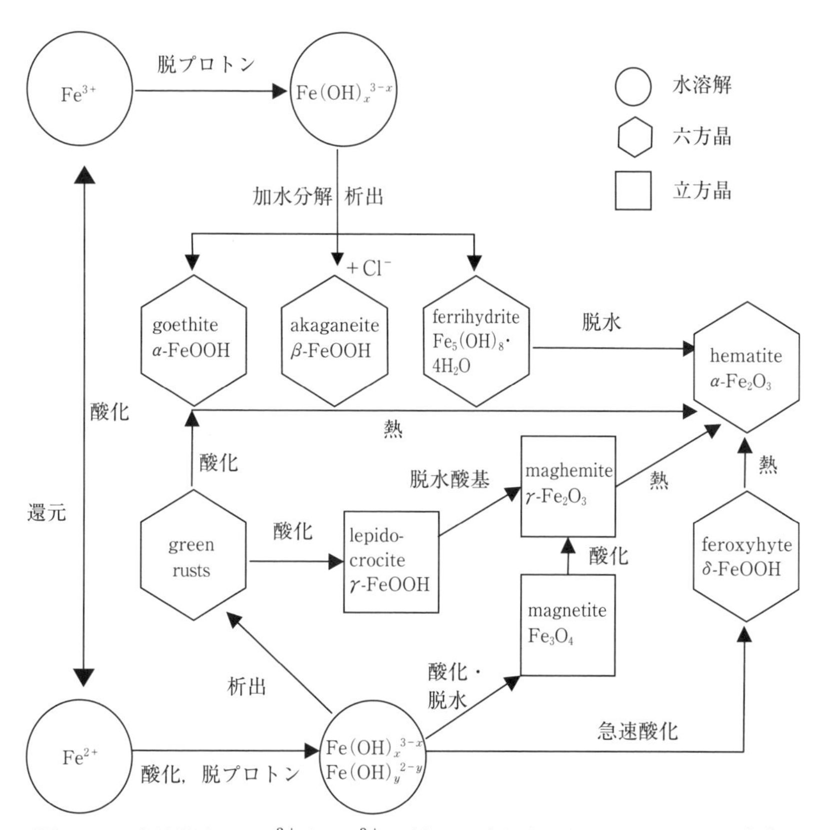

図 1.27　水溶液中の Fe^{2+} と Fe^{3+} が様々な酸化物に変化する反応経路[43].

ているが，水溶液で希釈する（pH が ΔpH 分だけ低下する）ことにより水溶液中の濃度が A_1 や A_2 になり，過飽和な Na アルミネート溶液から Al の酸化物（ここではギブサイト）の沈殿が起こることが示唆される．すなわち，次の分解反応により，過飽和な Al の水酸化物の沈殿が起こる．

$$NaAl(OH)_4 \rightarrow Al(OH)_3 + NaOH \tag{1.130}$$

具体的には，このような水溶液の pH が 9 以上では溶液中の主な化学種は $Al(OH)_4^-$ イオンであり，pH が 5-8 では，$Al(OH)_3$ である．そこから Al の酸化物を沈殿させるときには，それらの溶液の温度を低下させるか，または浸出液を希釈し pH を低下させる．このような酸化物の沈殿においては，温度が低ければ過飽和にするための希釈量は

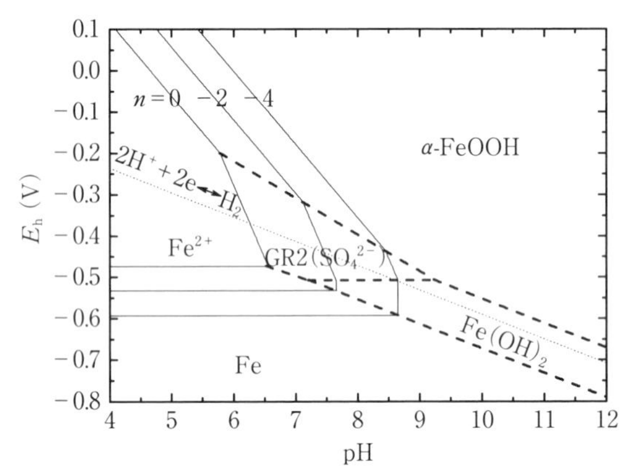

図 1.28　Fe^0 や Fe^{2+} が平衡するグリーンラスト ($GR2(SO_4^{2-})$) を考慮した鉄の電位-pH 図[49].

少なくてすむ.

以上の Al の酸化物中の Al は一般に Al^{3+} の状態にあり，その酸化物の種類はそれほど多くない．一方，複数の化学状態をとる金属元素の酸化物は，様々な構造をとることが多く，特に水溶液中での沈殿では水酸基等を取り込むことがある．そのような酸化物の生成反応の例として，**図 1.27** に水溶液中の Fe^{2+} または Fe^{3+} が酸化や沈殿により各種の水酸化物や酸化物を生成する経路を示す．多くの Fe 酸化物の中で複雑な構造をもつ酸化物としてグリーンラスト(green rust：以下 GR と表記)があり，その中には Fe^{2+} と Fe^{3+} が含まれている．GR は，空気や酸化性の水に触れると酸化して，Fe^{3+} を多く含むオキシ水酸化鉄やマグネタイト(magnetite : Fe_3O_4)に変化しやすい．GR は環境や水溶液腐食の分野でしばしば出てくる酸化物であるが，湿式製錬分野においても重要な酸化物である.

多くの元素の電位-pH 図は多くの専門書やデータベース等に収録されており，水溶液の化学的な状態も見積もることが可能である[47,48]．しかし，電位-pH 図に出てくる化合物は溶液中の共存イオンの種類にも左右される．例えば，硫酸イオンを含む水溶液中における Fe の電位-pH 図は，**図 1.28** で与えられる[49]．この図の中の GR は $GR2(SO_4^{2-})$ であり，複雑な構造をもっている．$GR2(SO_4^{2-})$ は Fe^{2+} を含むため，水溶液の電位は比較的低く，中性付近の水溶液で安定に存在する．また，低 pH の水溶液中で Fe^{2+} の溶解度は比較的高く，Fe^{2+} は酸素と反応しやすいため，この反応性は水溶

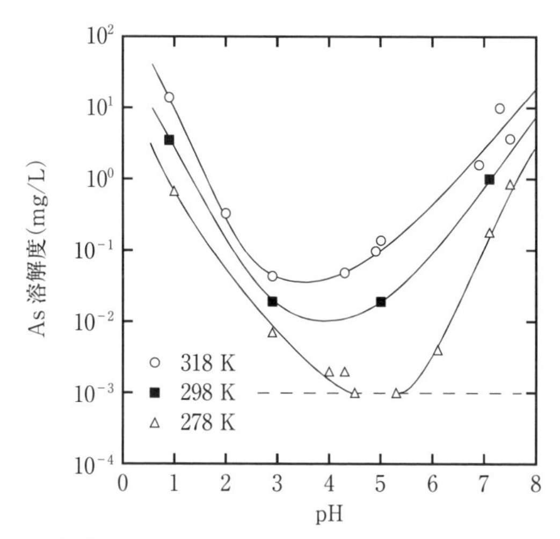

図 1.29　いくつかの温度における粗大粒のスコロダイト($FeAsO_4 \cdot 2H_2O$)の溶解度とpH の関係[51].

液中において有害元素を固相粒子として沈殿させるときなどに利用されることがある.

B.　多成分系酸化物の溶解反応

Fe は一般に Fe^0, Fe^{2+} および Fe^{3+} の化学状態をとり，水溶液中においては図 1.28 に示すように電位や pH に応じて，金属の Fe^0, Fe^{2+} や Fe^{3+} を含む種々の酸化物となる．Fe 以外の元素を含む多成分系の酸化物すなわち Fe-M 系の混合酸化物の溶解度は，単純な鉄系酸化物の場合よりも複雑になる．例えば，**図 1.29** は，異なる温度における粗大なスコロダイト(scorodite : $FeAsO_4 \cdot 2H_2O$)からの As 溶解度の pH 依存性を示している[50,51]．As の溶解度が最少になる pH は温度によって異なっており，また Fe の溶解度は As の溶解度と一致していないことが示された．これは，多成分系の酸化物の不調和溶解(incongruent dissolution)が起こっていることを示している．このような多成分系の酸化物の溶解に対しては，酸化物を構成する元素ごとに溶解度の pH 依存性を調べる必要がある[51]．ここで示す粗大なスコロダイト粒子は，広い pH の範囲の水溶液に溶けるが，318 K での As の溶解度は，pH1 から pH3 にかけて減少し，pH が 4 から 8 になると増加し，その傾向は温度に依存する．すなわち，318 K での As の溶解度は pH＝3 において最少となり，温度が 278 K 程度に低下すると，As の溶解度は

pH＝5 程度で最少となる．しかし，Fe の溶解度の温度依存性は，As の場合と大きく異なっていることが確認されている[51]．

実際の非鉄鉱石中には目的の非鉄金属元素以外に，多くの不純物元素が含まれており，それらは製錬プロセスで副産物として排出されることが多い．このため，例えば副産物から As 等のような有害元素を効率的に回収し固定化する研究が行われている[49-52]．As を固定化する方法の一つとして As を砒酸鉄等の化合物の形にする方法がある．例えば水溶液中で Fe^{3+} と AsO_4^{3-} との共沈反応を起こさせスコロダイト粒子を生成させる方法があるが，このプロセスで沈殿するスコロダイト粒子は微細である．また，これらの粒子の水による洗浄性が悪く，水分が多く含まれるため，体積当たりの As 含有量が低いという欠点があった．このために，スコロダイト粒子の結晶性を向上させ粒径を粗大にすることにより，これらの欠点を克服するようなスコロダイト粒子の製造方法が望まれていた．近年，そのようなスコロダイト粒子が作製できる新規の液相プロセスが開発された[50,52]．このプロセスでは，Fe^{2+} と AsO_4^{3-} を含む水溶液に酸素ガスを吹き込むことにより Fe^{2+} の酸化を伴った共沈反応により，粗大なスコロダイト粒子を得る．この反応は大気圧下において 373 K 以下の温度で進み，短時間で共沈反応が終了する．このプロセスは従来のプロセスに比べ粗大粒子が得られ，体積当たりの As 含有量が多く，通常の水溶液への As の溶出量も少ない．この液相プロセスにおけるスコロダイト粒子生成や成長の機構を明らかにするために，粒子の形態や粒子の構造解析等に着目した研究が行われている[53,54]．このような有害元素の固定化のプロセスに関する知見は，粒子の合成だけでなく保管のためにも溶出・沈殿等に関する研究においても重要であり，それらの研究でも元素ごとに熱力学的検討が必要になる．

C．　水溶液中における多成分系の酸化還元反応

水溶液の電位を制御することにより，有害元素または有価元素の状態を変化させることができる．例えば，水溶液中のセレン酸イオン（オキソアニオン）が金属セレンに還元する電位は比較的高いため，水溶液中に Fe^{2+} が存在するとセレン酸イオンを金属セレンに還元できる可能性がある[55]．最近では反応条件を制御して多くの GR が合成できるようになり，Fe^{2+} の供給源として GR が有効であることが示唆された．すなわち，GR の還元力を用いて，セレン等を含む有害元素を含む汚染水を処理する方法が開発されている．その有効性を示すために，GR と他の金属イオンとの酸化物の生成，金属イオンの還元による金属粒子の生成などに関する研究が行われた．この方法により，それまで処理が困難であった 6 価のセレン（SeO_4^{2-}）が効率的に除去されることが示されてい

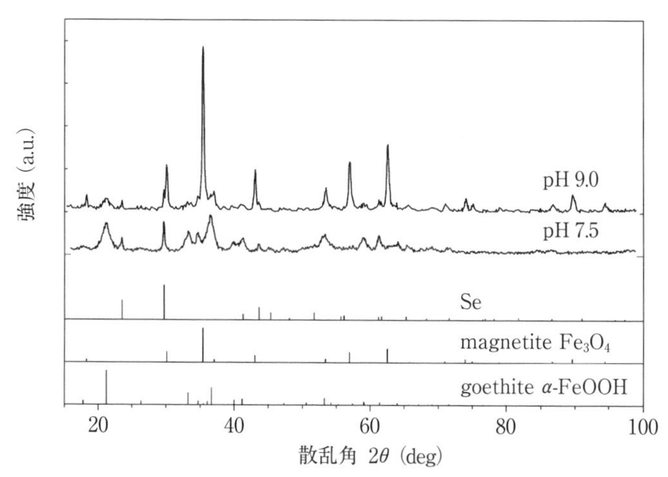

図 1.30　水溶液中にグリーンラストを添加し，その Fe^{2+} により Se^{6+} が Se^0 に還元してできた生成物の X 線回折パターン[49].

る．その一例として，**図 1.30** に，生成した沈殿物を X 線回折法により調べた結果を示す．これらの結果から，pH が 7.5 のときには，反応によりゲーサイトが形成し，一方 pH が 9.0 のときにはマグネタイト(Fe_3O_4)が形成したことがわかる．それとともに，水溶液中のセレン酸イオン SeO_4^{2-} が金属セレン Se^0 に還元し沈殿したことが示唆される．ゲーサイト中の Fe はすべて Fe^{3+} で構成され，マグネタイトにおける Fe^{2+} 量/全 Fe 量の割合は 33% 程度である．この値は，水溶液中における Fe^{2+} 量/全 Fe 量の分析値にほぼ近かった．このため，この反応において GR 中の Fe^{2+} が Se^{6+} に電子を供与し，GR がゲーサイトに酸化する過程で，すべての Fe^{2+} が Fe^{3+} に酸化し，Se^{6+} が還元する割合が多いと考えられる．一方，GR がマグネタイトに酸化するときには，Se^{6+} の還元に寄与する Fe^{2+} の量は，GR がゲーサイトに酸化する場合よりも少ない．このため，GR の酸化により生成する固相の種類の違いが全 Se 減少量の差に影響すると考えられる．

さらに，水溶液中で沈殿した粒子の中のセレンの化学状態を調べるために，X 線吸収微細構造(X-ray Absorption Near Edge Structure : XANES)の解析も行われ，これらの反応生成物のいずれのスペクトルも金属セレン Se^0 のスペクトルと類似しており，セレン酸イオンが金属セレンまで還元したことを示す結果が得られている．また，pH が 9 と 7.5 の水溶液中で生成した試料，および参照物質の EXAFS(Extended X-ray Ab-

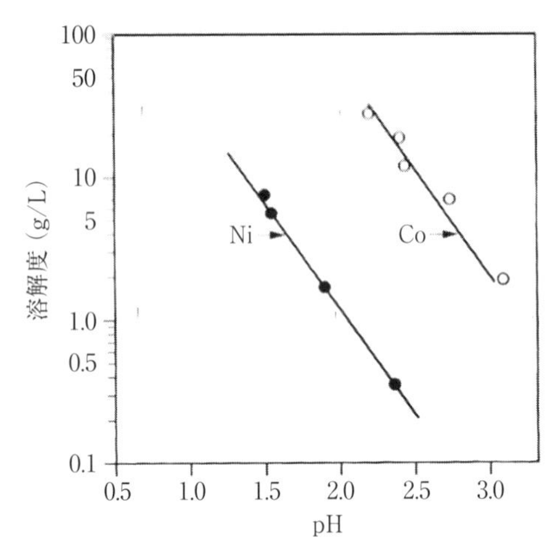

図 1.31　高温高圧の水溶液中における Ni と Co の溶解度と pH の関係[46].

sorption Fine Structure）スペクトルの局所構造解析の結果が，セレン酸イオンが還元し金属セレンが生成していることを示す結果となっている.

以上のような異種イオンの酸化還元のほかに，水溶液中での卑金属の酸化による金属粉末の還元生成も可能である．例えば，シアン化物の浸出液からの金の回収や多くの種類の浸出液からの銅の回収のために，セメンテーション（cementation）と呼ばれるプロセスがある.「浸透法」と呼ばれることも多いこのプロセスでは，例えば，Cu^{2+} を含む溶液に金属の Fe^0 を添加すると，Fe^0 が酸化し Cu^{2+} の還元が起こる．また，金属の Zn^0 を添加しても Cu^{2+} の還元が起こる．このように，卑な金属の水溶液中への投入は，比較的貴な貴金属等の回収のプロセスとして有効である.

水溶液の電位等の状態は，その中に添加する金属や異種イオンの添加によっても変化するが，気相（ガス）を注入しても制御することができる．その例として，水溶液中への水素ガス導入により，酸化物粒子の水素還元により，金属粉を生成させるプロセスについて述べる．この反応においては，金属イオンの M^{2+} は，水素ガスの注入により M^0 に還元される．具体的には，酸性の溶液に溶けた Cu，Ni，Co 等の塩は，高温でまたは高圧で水素ガスを吹き込むと，金属に還元する．**図 1.31** は，Ni，Co 等の金属イオンを含む水溶液からの分離のための溶解度の pH 依存性を示しており，pH 等を制御し，水素ガスを注入することにより金属の粒子が生成する.

D. 異なる形態の粒子の溶解度

多成分系の酸化物の場合，水溶液への溶解度が，粒子の形態等によっても変化する．例えば，**図 1.32** は，同じ $FeAsO_4 \cdot 2H_2O$ で表されるスコロダイトでも，非晶質の場合あるいは結晶性の場合について，As 溶解度の pH 依存性を示している[56]．この図には，異なる手法で作製した非晶質あるいは結晶性のスコロダイトからの As 溶解度を調べた文献[57-59]からのデータも引用されている．実際の As の溶解度は，水溶液の pH やスコロダイト粒子の結晶性だけでなく粒子のサイズまたは表面積にも大きく影響されるため，As の溶解度のデータにばらつきが見られる．また，結晶性が良く粒径が大きいスコロダイト粒子では，粒子表面の化学組成が化学量論組成からずれていることがあり，このことが As の溶解度さらに不調和溶解が溶出挙動に影響することがある．すなわち，多成分系酸化物の粒子表面からの溶出においては，一つの構成元素の溶解度の pH 依存性が他の構成元素の場合と異なることがあり，それに加えて粒子のサイズ等が各元素の溶解度に複雑に影響すると考えられる．

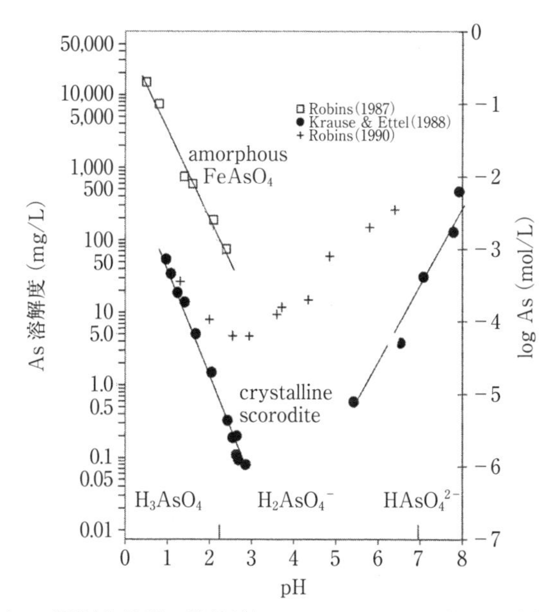

図 1.32 異なる形態(非晶質や結晶性)の $FeAsO_4 \cdot 2H_2O$ 粒子の溶解度と pH の関係[56]．

図 1.33　Fe^{2+} と As^{5+} を含む水溶液に酸素ガスを吹き込むことにより生成したスコロダイト粒子[49].

図 1.33 は，Fe^{2+} と As^{5+} を含む水溶液に，1時間および5時間，酸素ガスを吹き込んで生成した粒子の走査電子顕微鏡像を示す．1時間反応させて生成した粒子は，直径10 μm 程度の多面体となっており，粒子表面は平滑であった．これに対し，5時間反応させて生成した粒子の粒子径は少し大きくなり，粒子表面に微小結晶が形成していた．反応時間がそれ以上長くなると，微小結晶が成長し粒子表面をさらに被覆していた．これらの結果に対応して，水溶液中の Fe と As の量の分析結果は，反応時間とともに Fe と As の量は単調に低下し，3時間以上の反応ではそれらの量の減少は緩やかになることを示している．これらの分析結果は粒子成長の観察結果とよく一致しており，水溶液中の Fe と As の量の減少により多面体状のスコロダイト粒子が成長し，3時間以上の反応では溶液に残留した Fe が As に比べ過剰になり，それらが粒子表面に微小結晶として沈殿したものと考えられる[49].

E.　水溶液中の特定イオン種の酸化物表面への吸着

水溶液中のイオンを吸着するプロセスは，湿式製錬等で用いられる．表面の Fe を ≡Fe とし，吸着分子を X とすると，吸着反応の平衡論的な関係は次のようになる．

$$\equiv \mathrm{Fe} + \mathrm{X} = \equiv \mathrm{FeX} \tag{1.131}$$

平衡定数 K_{ads} は次式で与えられる．

$$K_{\mathrm{ads}} = \frac{[\equiv \mathrm{FeX}]}{[\equiv \mathrm{Fe}][\mathrm{X}]} \times \exp \frac{(-\Delta G_{\mathrm{ads}})}{RT} \tag{1.132}$$

ここで，ΔG_{ads} は吸着の自由エネルギーである．この定数を用いると，ラングミュア(Langmuir)の式は，次のように書ける．

$$\Gamma_X = \Gamma_{max} \times \frac{K_{ads} \times X_{aq}}{1 + K_{ads} \times X_{aq}} \tag{1.133}$$

ここで，X_{aq} は吸着物の平衡濃度であり，Γ_X は吸着サイトを占める割合(被覆率)である．酸化鉄上のアニオンの吸着のような場合には，上記の関係で整理されるのに対し，カチオンの吸着の場合には，次のフロイントリッヒ(Freundlich)の式はしばしば用いられる．

$$\Gamma_X = K_{ads} \times X_{aq}^{1/n} \tag{1.134}$$

この式の中の n は吸着の程度を示すパラメーターである．この式はデータを整理するのに便利であるが，経験的な関係である．そのほか，固相への吸着挙動を対数の関係で整理するテムキン(Temkin)の関係式[43]もある．

このような平衡論的な関係を考慮しつつ，実験的には固相の粒子等を水溶液に投入し，溶液中の特定のイオンが吸着する過程を速度論的に調べることが多い．例えば，多孔性の異なる酸化物粒子を作製し，それらへの吸着挙動を調べる研究が行われてきた．その例として，レピドクロサイト(γ-FeOOH)粒子を焼鈍することにより作製した通常のマグヘマイト(maghemite : γ-Fe_2O_3)粒子，およびアルカリ処理により作製した多孔質酸化鉄粒子(多孔質のマグヘマイト)を，As を含む水溶液に入れると粒子表面に吸着する挙動を調べた結果を示す[60]．この実験では，水溶液に浸漬した酸化鉄の量は，1 g/L-H_2O で，As の量は 100 mg/L-H_2O であり，初期の pH は 3 であった．**図 1.34** は，水溶液中に残留する砒素の濃度と多孔質酸化鉄粒子とマグヘマイト粒子の浸漬時間

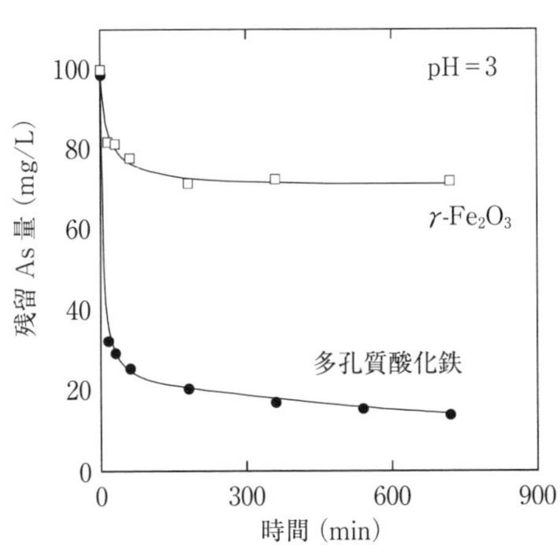

図 1.34 マグヘマイト(γ-Fe_2O_3)と多孔質酸化鉄への As の吸着過程[60]．

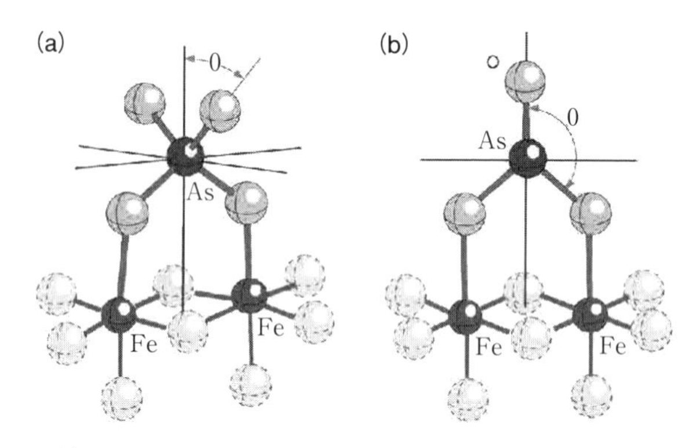

図 1.35　(a) As^{5+} および (b) As^{3+} が酸素を介して Fe^{3+} 酸化鉄へ吸着したときの配位モデル[62].

の関係である．As の量は時間とともに減少し，マグヘマイト粒子よりもレピドクロサイト粒子を焼鈍して作製した多孔質酸化鉄粒子上に吸着する量が多いことが示唆される．多孔質酸化鉄の砒素の吸着量は，マグヘマイト粒子の場合に比べ3倍以上多く，水の濾過性も優れている．これらの結果から，レピドクロサイト粒子を焼鈍して作製した多孔質酸化鉄は，砒素吸着剤として優れた性能をもっていると考えられる．このように酸化鉄上への As 吸着については，表面積が重要であることが示唆される．

水溶液中の酸化鉄上への吸着においては，吸着種の配位や化学状態も重要である．例えば，酸化鉄上に As^{3+} や As^{5+} が吸着する挙動は，溶液中に残留する As の時間変化を化学分析することより調べられている[61]．同時に，酸化鉄上の As の吸着状態は，As-K 吸収端の XANES や EXAFS の解析により調べられている．その例として，**図 1.35** は As^{5+} と As^{3+} が酸素を介して Fe^{3+} 酸化鉄へ吸着したときの配位モデルを示している[62]．異なる化学状態の As^{3+} や As^{5+} では，酸素との配位数が行っており，酸化鉄上の吸着サイトはその影響を受けていると考えられている．実際に，酸化鉄上への As の吸着は，溶液中の As の化学状態によって影響を受ける結果が得られている．

このように，固相粒子上への分子の吸着は原子レベルでの現象であるが，各種の実験条件やいくつかの測定方法を用いることにより，水溶液中や固相表面上への吸着過程が明らかになることが期待されている．

参考文献

[1] 矢沢彬・江口元徳：湿式製錬と廃水処理，共立出版(1975).
[2] 早稲田嘉夫：熱力学，問題とその解き方，アグネ技術センター(1992).
[3] D. R. Gaskell : Introduction to the Thermodynamics of Materials, Third Edition, CRC press(2008).
[4] J. W. Cobble : J. Amer. Chem. Soc., **86**(1964) p. 5385, p. 5390, p. 5396 ; Science, **152** (1966) 1479 ; Inorganic Chemistry, **10**(1971) p. 619.
[5] 日本金属学会編：講座現代の金属学製錬編 2，非鉄金属製錬(1980).
[6] I. M. Kolthoff and P. J. Elving(editors) : Treatise on Analytical Chemistry, Part 1, Vol. 1, Interscience Publishers(1961).
[7] W. M. Latimer : Oxidation Potentials, Prentice Hall(1952).
[8] R. Garrels and C. Christ : Sokutions, Minerals, and Equilibria, Herper-Row & John Weatherhill(1965).
[9] P. Debye and E. Hückel : Physikalishe Zeitschrift., **24**(1923) p. 185.
[10] 江口元徳，矢沢彬：硫酸と工業，**25**(1972) p. 82, p. 114.
[11] Chemical Society, London : Stability Constants of Metal–Ion Complexes(1964).
[12] 横川晴美：まてりあ，**35**(1996) pp. 1025–1030, pp. 1133–1139, pp. 1250–1255, pp. 1345–1351.
[13] 久松敬弘，増子昇：電位–pH 図の応用，金属，**29**(1959) pp. 213–216, pp. 283–288, pp. 385–390.
[14] 増子昇：水溶液腐食過程の熱力学，防蝕技術(1970) pp. 465–476.
[15] 畑田直行，足立善信，宇田哲也：多元系化学ポテンシャル図作成ソフト Chesta の開発と応用，資源・素材学会，2017 年春季大会講演集.
[16] M. Pourbaix : Atlas of Electrochemical Equilibria in Aqueous Solutions, Pergamon Press(1966).
[17] 例えば，早稲田嘉夫，大藏隆彦，森芳秋，岡部徹，宇田哲也：矢澤彬の熱力学問題集，内田老鶴圃(2011)問題 96 から 99.
[18] 近藤良夫，西村山治，朝木善次郎，丸洋一：化学工学，**33**(1969) pp. 16–22.
[19] 只木楨力，菊地淳：金属学会セミナーテキスト「金属製錬反応速度」，反応速度論の基礎，日本金属学会(1972).
[20] P. Atkins and J. de Paula：アトキンス物理化学(下)，第 22 章，東京化学同人(2009).
[21] 森一美：金属化学入門シリーズ 1「金属物理化学」，第 7 章，日本金属学会

(1996).
[22]　伏見弘，岡村周良：浮選，1966，No. **28**(1966) pp. 32-37.
[23]　D. R. McKay and J. Halpern : Trans. Met. Soc. AIME, **212**(1958) pp. 301-309.
[24]　酒井昇，池田雅夫，鴻巣彬，千田佶：日本鉱業会誌，**104**(1988) pp. 303-307.
[25]　T. Chemielewski and W. A. Charewicz : Hydrometallurgy, **12**(1984) pp. 21-30.
[26]　Y. Awakura, M. Iwai and H. Majima, : Iron control in Hydrometallurgy, ed. by J. E. Dutrizac and A. J. Monhemius, Ellis Horwood, Chichester(1986) pp. 202-222.
[27]　C. T. Mathews and R. G. Robins : Proc. Aust. Inst. Min. Met. Soc., **242**(1972) pp. 47-56.
[28]　M. Imai, H. Majima and Y. Awakura : Met. Trans., **13B**(1982) pp. 311-318.
[29]　M. E. Schlesinger, M. J. King, K. C. Sole and W. G. Davenport : Exractive Metallurgy of Copper, fifth edition, Elsevier(2011) Chap. 15.
[30]　粟倉泰弘：日本金属学会会報，**30**(1991) pp. 923-929.
[31]　H. Majima, Y. Awakura, T. Hirato and T. Tanaka : Can. Metall. Quart., **24**(1985) pp. 283-291.
[32]　T. Hirato, M. Kinoshita, Y. Awakura and H. Majima : Metall. Trans., **17B**(1986) pp. 19-28.
[33]　T. Hirato, H. Majima and Y. Awakura : Metall. Trans., **18B**(1987) pp. 31-39, pp. 489-496.
[34]　的場幸雄，渡辺元雄，小野健二編：金属製錬ハンドブック，第３編非鉄製錬，第12章，朝倉書店(1963).
[35]　F. Habashi : Principles of Extractive Metallurgy, Vol. 2, Gordon & Breach(1970).
[36]　亀田満雄：日本鉱業会誌，**56**(1940) pp. 7-21 ; **60**(1944) pp. 12-20 ; **65**(1949) pp. 135-143；東北大学選研彙報，**3**(1944) pp. 15-28.
[37]　所千晴，高尾大，佐々木弘：資源と素材，**122**(2006) pp. 155-162.
[38]　H. S. Lee, N. K. Kang and J. H. Oh：資源と素材，**110**(1994) pp. 297-302, pp. 303-306.
[39]　Y. Tamaura and P. V. Buduan : J. Chem. Soc. Dalton, **9**(1981) pp. 1807-1811.
[40]　粟倉泰弘：金属化学入門シリーズ３「金属製錬工学」，第４章，日本金属学会(1996).
[41]　榎本邦伸：日本鉱業会誌，**84**(1968) pp. 1650-1656.
[42]　榎本邦伸：日本鉱業会誌，**85**(1969) pp. 33-38.
[43]　R. M. Cornell and U. Schwertmann : The Iron Oxides, Wiley-VCH(2000) Chap. 9.
[44]　M. A. Blesa, P. J. Morando and A. E. Regazzoni : Chemical dissolution of metal oxides, CRC Press(1992) Chap. 3.

[45]　A. Vignes : Extractive Metallurgy 1, Wiley (2011) Chap. 8.
[46]　A. Vignes : Extractive Metallurgy 2, Wiley (2011) Chap. 1.
[47]　G. K. Schweitzer and L. L. Pesterfield : The Aqueous Chemistry of The Elements, Oxford University Press, New York (2009) Chap. 1.
[48]　水溶液化学の計算の例：
http://wwwbrr.cr.usgs.gov/projects/GWC_coupled/phreeqc/ ;
http://www.hydrochemistry.eu/ph3/
[49]　篠田弘造，丹野健徳，井之上勝哉，鈴木茂：まてりあ，**48** (2009) pp. 219-224.
[50]　T. Fujita, R. Taguchi, M. Abumiya, M. Matsumoto, E. Shibata and T. Nakamura : Hydrometallurgy, **90** (2008) pp. 92-102.
[51]　S. Fujieda, K. Shinoda, T. Inanaga, M. Abumiya and S. Suzuki : High Temperature Materials and Processes, **31** (2012) pp. 451-458.
[52]　T. Fujita, R. Taguchi, H. Kubo, E. Shibata and T. Nakamura : Materials Transactions, **50** (2009) pp. 321-331.
[53]　S. Suzuki, S. Fujieda, K. Shinoda, E. Shibata, T. Nakamura, T. Inanaga and M. Abumiya : Ceramic Transactions, **250** (2014) pp. 99-107.
[54]　K. Shinoda, Y. Tanno, T. Fujita and S. Suzuki : Materials Transactions, **50** (2009) pp. 1196-1201.
[55]　H. Hayashi, K. Kanie, K. Shinoda, A. Muramatsu, S. Suzuki and H. Sasaki : Chemosphere, **76** (2009) pp. 638-643.
[56]　D. Langmuir, J. Mahoney and J. Rowson : Geochimica et Cosmochimica Acta, **70** (2006) pp. 2942-2956.
[57]　R. G. Robins : Am. Miner., **72** (1987) pp. 842-844.
[58]　R. G. Robins : EPD Congress '90, TMS Annual Meeting (1990) pp. 93-104.
[59]　E. Krause and V. A. Ettel : Am. Miner., **73** (1990) pp. 850-854.
[60]　T. Tanno, S. Fujieda, K. Shinoda and S. Suzuki : High Temperature Materials and Processes, **30** (2011) pp. 305-310.
[61]　W. Zhang, P. Singh, E. Paling and S. Delides : Minerals Engineering, **17** (2004) pp. 517-524.
[62]　J. Jönsson and D. M. Sherman : Chemical Geology, **255** (2008) pp. 173-181.

第2章

湿式プロセスの基本操作

2.1　浸出

A.　定義・分類・用語

浸出(leaching)とは，溶液と固体との反応による分離操作のことで，本書で扱う多くの湿式製錬プロセスで最初に行われる操作でもある．すなわち湿式製錬プロセスにおいて，最も重要な工程の一つともいえる．例えば，鉱石(ore)や精鉱(concentrate；鉱石のうち，必要な鉱種を濃縮したもの)など固体試料を溶液に浸漬し，特定の成分を選択的にあるいは他の成分より優先的に溶かし出すことによって行い，固体中の成分の分離を達成する．

浸出には，試料に合わせて様々な酸やアルカリなどの薬品が用いられる．これら浸出に用いる溶液は浸出液(lixiviant)と呼ばれる．溶液と固体試料が混合された懸濁液をパルプ(pulp，鉱液)と呼び，溶液と固体との混合比をパルプ濃度と呼ぶ．パルプ濃度の単位には体積百分率(vol%)，重量百分率(mass%)あるいは重量濃度(g/L)などが用いられる．パルプと類似の用語としてスラリー(slurry，泥漿)があるが，これは特に，より粘度の高い懸濁液を指すことが多い．浸出によって目的の金属元素などが溶解した溶液は貴液(pregnant solution)と呼ばれる．浸出液の英訳語として leachate があるが，これは地学や環境分野でよく用いられる用語で，溶け残った固体と分離されていない状態の懸濁液も含む．貴液は，ろ過などによって固体と分離され，次の工程に送られる．この際，溶け残った固体を残渣(residue)と呼ぶことが一般的である．

浸出の後には，浄液(solution purification)や溶媒抽出(solvent extraction)といった，貴液中の目的成分とその他の成分をさらに分離する操作や，電解採取など貴液から目的成分を金属として回収する操作が続く．また，残渣が目的成分であり，貴液が廃液として処理される場合もある．

浸出は，用いる溶液の種類や浸出反応，操業の条件などによって分類される．浸出を溶液の種類から分類すると，大きく分けて次のようになる．

i)水浸出(water leaching)

ii）酸浸出（acid leaching）
iii）アルカリ浸出（alkali leaching）

ii）の酸浸出は，さらに用いる酸の種類によって，硫酸（H_2SO_4）を用いる硫酸浸出，硝酸（HNO_3）を用いる硝酸浸出，塩酸（HCl）を用いる塩酸浸出などのように分けることができる．同様に，iii）のアルカリ浸出は水酸化ナトリウム（NaOH：苛性ソーダとも呼ばれる）を用いる苛性浸出，アンモニア（NH_3）を用いるアンモニア浸出などのように分けられる．Cl^-，NH_3，CN^- など錯化剤を用いて錯イオンとして金属を浸出する場合には，錯イオン浸出と呼ばれることもある．

浸出時に進行する反応に着目すれば，次のように分けることもできる．
iv）酸化浸出（oxidative leaching）
v）還元浸出（reductive leaching）

溶液中において，金属元素は主として酸化数の高いイオンとして存在する．したがって，単体金属や粗金属，硫化鉱などを浸出する場合，金属元素は酸化反応を伴って溶解する．亜鉛や鉄など水素より卑な金属を浸出する場合には，溶液中のプロトン H^+ が酸化剤となり水素発生を伴いながら溶解する．銅などは空気を吹き込めば酸素によって酸化される．また，金や銀，白金族金属（platinum group metals, PGM）など貴な金属の浸出には，塩素（Cl_2）や硝酸，過酸化水素（H_2O_2）などが酸化剤として用いられる．硫化鉱に対して，第二鉄イオン Fe^{3+} や酸化マンガン（MnO_2）が用いられることもある．一方，酸化鉱はすでに酸化された状態にあるため，浸出の際に酸化不要であることが多い．ただし，ウランなど自然界で産出される鉱物中における酸化数より高い酸化状態になった場合に溶解度が大きくなる元素に対しては，酸化浸出が行われる．また，鉄やチタン，セリウムなどいくつかの元素は，酸化数が低い酸化物の方が水溶液に大きな溶解度を示す．このような成分を含む対象については，溶液に適切な還元剤（電気化学的に卑な金属，低酸化数の金属イオン，亜硫酸塩，シュウ酸，ギ酸など）を加えることで還元反応を伴い浸出されることがある．例えば，ヘマタイト（Fe_2O_3）の塩酸浸出で Cu^+ や Sn^{2+} を添加すると反応が促進されるとか[1]，イルメナイト（$FeTiO_3$）の塩酸浸出で金属鉄を添加するとチタンが還元されて Ti^{3+} として浸出されることが知られている[2]．

ここまでに挙げた例は，いずれも酸やアルカリ，酸化剤，還元剤など化学物質を用いて浸出するプロセスであることからケミカルリーチング（chemical leaching）と呼ぶことがある．これに対して，微生物の働きを利用して浸出するバイオリーチング（bioleaching）があり，銅の湿式製錬などに応用されている．バイオリーチングについては，

2.4節等を参照されたい．

操業条件に着目して浸出を分類すると，浸出時の圧力が常圧より高いか，否かによって，次のように分けられる．

vi)常圧浸出(ambient pressure leaching)

vii)高圧(加圧)浸出(high pressure leaching)

浸出に用いる溶液の沸点を超えるような条件で浸出したい場合，オートクレーブなどの耐圧容器を用いて高圧下で操業すれば液体状態を保てるので，浸出可能となる．

大規模工業プロセスとして行われる浸出は，その手法によってタンクリーチング(tank leaching)，ヒープリーチング(heap leaching)，インプレースリーチング(in-place leaching またはインサイチュリーチング in-situ leaching)のように分けられる．タンクリーチングは，容器を用いて行われるバッチ式の浸出法の呼称である．ヒープリーチングは，鉱石などの原料を山積みし，そこに溶液をかけて目的金属を浸出する方法の呼称である．インプレースリーチングでは，鉱床に穴をあけ，そこに直接溶液を注入して浸出する．その他，様々な対象について，様々な浸出法が用いられている．それらについては，別の専門書あるいはレビューを参考されたい[3-7]．

B. 浸出反応と電位-pH 図

浸出の対象となるのは，鉱石・精鉱・製錬工程で発生する中間生成物・金属・廃棄物など多岐にわたる．これら原料の中で，金属元素は酸化物・金属・硫酸塩・硫化物あるいはハロゲン化物などとして存在している．これらの原料から，目的の元素に対して適切な溶液を用いて浸出する．浸出反応が進行するか否かは，平衡論および速度論の観点から検討すべきである．しかし，ここでは，浸出反応の終点を把握するという意味で，電位-pH 図を用いる平衡論な検討について述べる．

具体例として，チタンの浸出について述べる．**図 2.1** は，Ti-H_2O 系の電位-pH 図である．作図に当たり，各化学種の標準化学ポテンシャル(標準ギブズエネルギー)は M. Pourbaix, “Atlas of Electrochemical Equilibria in Aqueous Solutions”[8]を参照した．同書は 1966 年に発行されたものであり，データがやや古く，一部に現実に合わない系も存在するが，浸出を検討するうえでは現在でも極めて有用である．浸出を検討する際に用いられるデータベースには，このほか The NBS tables of chemical thermodynamic properties[9]や，GTT-Technologies 社による FactSage，Outotec 社による HSC Chemistry などが用いられる．また，化学種の安定領域を決定するには，溶存化学種の活量 a_i を適当な値に設定する必要があるが，ここでは $a_i=1$，10^{-3} および 10^{-6} とし

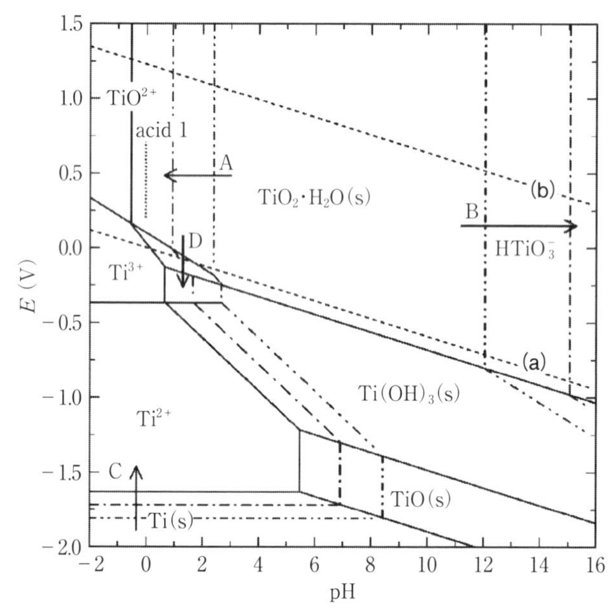

図 2.1　Ti-H_2O 系の電位-pH 図（実線：$a_i=1$，1 点鎖線：$a_i=10^{-3}$，2 点鎖線：$a_i=10^{-6}$）．(a)$2H^+ + 2e = H_2$，(b)$O_2 + 4H^+ + 4e = 2H_2O$.

て，それぞれ実線，1 点鎖線および 2 点鎖線で示す．ここで，$a_i=10^{-6}$ とは，容量モル濃度で近似すれば 10^{-6} mol/L となる．チタンの場合，原子量が 47.9 なので，重量濃度で近似すれば 47.9 μg/L(ppb)に相当する．これは，溶出した元素の定量によく用いられる誘導結合プラズマ発光分光分析(inductively coupled plasma-atomic emission spectrometry, ICP-AES)の検出限界に近いレベルであり，溶液中には全く浸出されないと考えてよい．同様にして，活量 10^{-3} では数十 mg/L(ppm)程度となり，わずかだが溶出するという目安に相当する．一方，$a_i=0.1$-1 では，目的成分として次のプロセスに十分な濃度の貴液が得られると考えてよい．例えば，銅の湿式製錬で行われるヒープリーチングでは，貴液中の銅濃度は数 g/L 程度であり[7]，活量にすると $a_i=0.1$ と近似できる．また，電解採取や電解精製などの電解液中の金属濃度は数十 g/L であり，$a_i=1$ と見なせる．図 2.1 の破線(a)および(b)は，それぞれ次式に相当する．

$$\text{(a)}\ 2H^+ + 2e = H_2(g),\quad \text{at 1 atm of } H_2 \text{ gas} \tag{2.1}$$

$$\text{(b)}\ O_2(g) + 4H^+ + 4e = 2H_2O,\quad \text{at 1 atm of } O_2 \text{ gas} \tag{2.2}$$

前節の分類にある，ii）酸浸出（acid leaching），iii）アルカリ浸出（alkali leaching），iv）酸化浸出（oxidative leaching），v）還元浸出（reductive leaching）は，それぞれ，図2.1中の矢印A，B，C，Dの方向に進む反応に相当する．例えば，酸化チタン$TiO_2 \cdot H_2O$を含む試料を，図2.1中の点線に示すpH＝0の酸acid 1で浸出する場合を考えてみる．酸浸出反応は次式のように進行する．

$$TiO_2 \cdot H_2O + 2H^+ = TiO^{2+} + 2H_2O \tag{2.3}$$

試料からチタンが浸出されれば，溶液中のチタン濃度が増大するので，$TiO_2 \cdot H_2O$とTiO^{2+}との境界線が矢印Aの方向に移動する．一方，反応が進行すれば，H^+が消費されるので，タンクリーチングや後述するビーカー試験のようなバッチ式の浸出では，acid 1のpHは増大し点線は矢印Aと反対側の方向に移動する．また，カラムリーチングのように浸出液中の酸濃度が一定と見なせる場合は，点線の移動は考えなくてよい．酸浸出反応は，$TiO_2 \cdot H_2O$とTiO^{2+}との境界線と点線が一致するまで進行し，平衡状態となる．言い換えれば，$TiO_2 \cdot H_2O$とTiO^{2+}との境界線と，acid 1を示す点線との距離が反応の駆動力となる．したがって，図2.1から$TiO_2 \cdot H_2O$はpH＝0の酸で浸出されるといえる．ところで，実際に試薬の酸化チタンTiO_2やチタン鉱石（ルチル：TiO_2，イルメナイト：$FeTiO_3$）をpH＝0程度の酸で浸出しようとしても，短時間でチタン溶液を得ることは容易ではない．これは，反応の駆動力が十分でないためだけでなく，これらのチタン種が水和しにくい構造をとっていることも理由の一つと考えられる．チタン鉱石の酸浸出には，硫酸法（高純度酸化チタンの製造法）で濃硫酸を用いるか，あるいは濃塩酸を用いる方法などが検討されている[10]．

アルカリ浸出や，酸化浸出，還元浸出も同様に考えることが可能である．金属チタンを強酸性溶液で浸出すると，以下に示すように，H^+が酸化剤として働き，酸化溶解してTi^{2+}となる．さらに，Ti^{2+}は水溶液中では速やかにH^+と反応してTi^{3+}になる．

$$Ti + 2H^+ \rightarrow Ti^{2+} + H_2(g) \tag{2.4}$$

$$2Ti^{2+} + 2H^+ \rightarrow 2Ti^{3+} + H_2(g) \tag{2.5}$$

C. 浸出試験の基本操作

本節では，大学の研究室など比較的小規模で行われる浸出実験の基本操作について紹介する．浸出試験では，浸出に用いる溶液の種類や成分濃度，pH，酸化還元電位，浸出温度，時間，溶液と固体試料との混合比（パルプ濃度），撹拌の有無と撹拌速度，固体試料の粒径（比表面積）などを変えたときに，浸出される目的成分と不要成分の量または濃度がどのように変化するか，といった情報が調べられる．

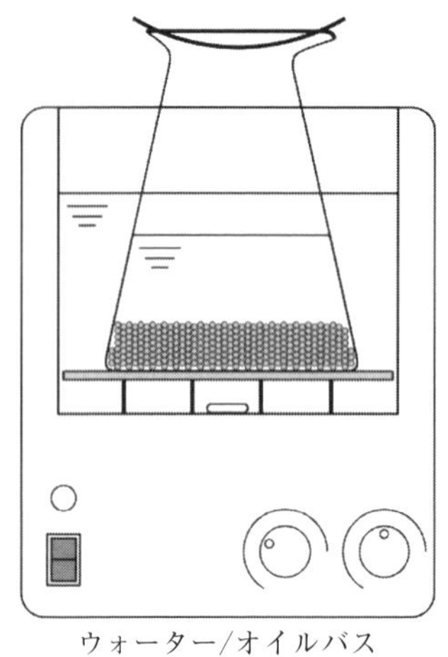

図 2.2　単純な浸出実験.

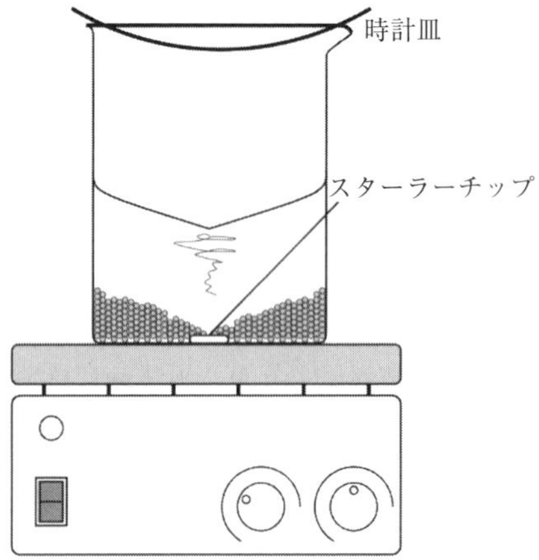

時計皿
スターラーチップ
ホットスターラー

図 2.3　撹拌浸出実験.

(1)　ビーカー試験

浸出実験で行われる最も基本的な試験がビーカー試験である．図 2.2 および図 2.3 は，最も簡単なタイプの浸出試験の模式図である．グリフィンビーカー(一般的な円筒型のタイプ)やコニカルビーカー(三角タイプ)などに固体試料と溶液を入れ，ホットプレートやマントルヒーター(mantle heater，容器を覆うようにして設置できる加熱装置)，ラバーヒーター，恒温槽(ウォーターバスやオイルバス)などで温度を調整し，マグネチックスターラーや撹拌機などで撹拌する．温度を制御する際にホットプレートを用いる場合，溶液の下部からしか加熱されないため撹拌しないと温度が安定しないので注意が必要である．雰囲気を制御したい場合には，図 2.4 のようにフラスコなども用いられる．なお，図 2.4 で水が入ったビーカー(右側)と中央の空の集気瓶(中央)は，空気の混入と水の逆流を防ぐための工夫である．浸出に用いる容器の材質は，溶液との反応性や調べたい元素の種類を考慮して選定する．市販のビーカーによく使われている Pyrex® や Duran® などホウケイ酸ガラスで十分な場合が多いが，これらにはホウ素の他にアルミニウムやアルカリ金属元素が含まれているので，これらの元素を含む試料の浸出について調べる場合には石英ガラスなどを用いなければならない．また，フッ酸や濃硫酸，強アルカリ溶液などガラスと反応する浸出液を用いる場合には，フッ素樹脂，塩化ビニル樹脂，アクリル樹脂などから選定する．工業プロセスにおける浸出容器の選定にあたっては，価格や加工性，耐摩耗性なども考慮しなければならない．撹拌は，マ

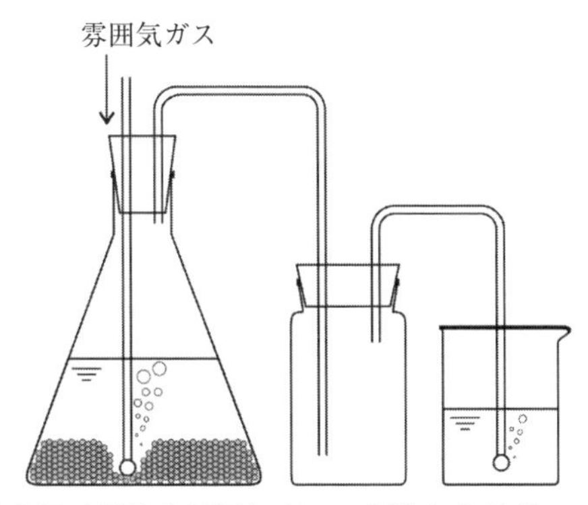

図 2.4　酸化還元電位を雰囲気ガスで制御した状態での浸出実験.

グネチックスターラーで十分なことが多いが，パルプ濃度が高いスラリーのような試料を撹拌する場合や，試料が磁性を有している場合，撹拌子を回転する装置が着いていない加熱装置を用いる場合には，**図 2.5** のように羽根のついた撹拌棒をモーターで回転させる工夫が適切である.

(2)　高温・高圧試験

高温，とくに浸出液の沸点を超えるような温度での試験を行う際には，系内を加圧する必要があり，これにはオートクレーブが用いられる．オートクレーブ(autoclave)とは，1879 年にフランスの微生物学者 Charles Chamberland によって発明されたとされている耐圧容器である．元々は，高温の蒸気で微生物を滅菌する目的で用いられていたが，高圧下では水が 100℃以上でも液体状態を保てることに着目し，浸出や合成などの化学分野にも用いられるようになった[11]．一般に，浸出温度が向上すると，酸化物の溶解度は減少するので，酸化物試料を浸出する場合には注意が必要である．しかし，反応速度の向上や，目的外の酸化物の浸出抑制などの点でメリットがある．**図 2.6** に，実験室レベルで簡単に実験が行える例を示す．圧力計，安全弁，温度計などを備えた耐圧容器にフッ素樹脂やガラスなどの耐薬品性容器をセットし，そこにパルプを入れて密閉する．ホットプレートに熱伝導率のよいアルミブロックなどを乗せて容器を加熱すると，内部の溶液の一部が蒸発し容器内が高圧になる．オートクレーブ内のパルプの撹拌は，スターラーチップとマグネチックスターラーで行ってもよいが，回転導入機を用いて撹拌する方法もある.

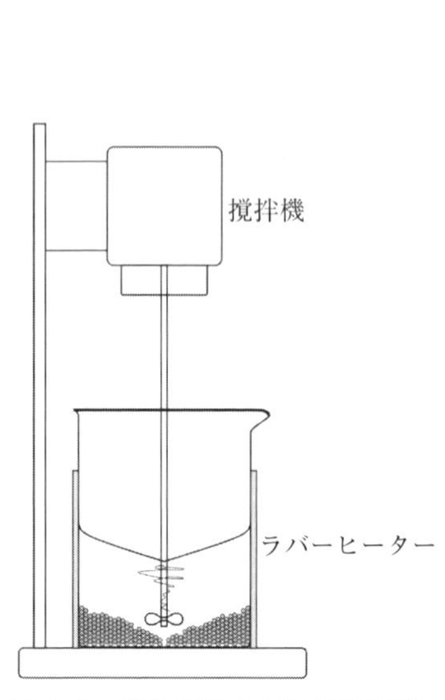

図 2.5　磁性材料などの浸出実験.

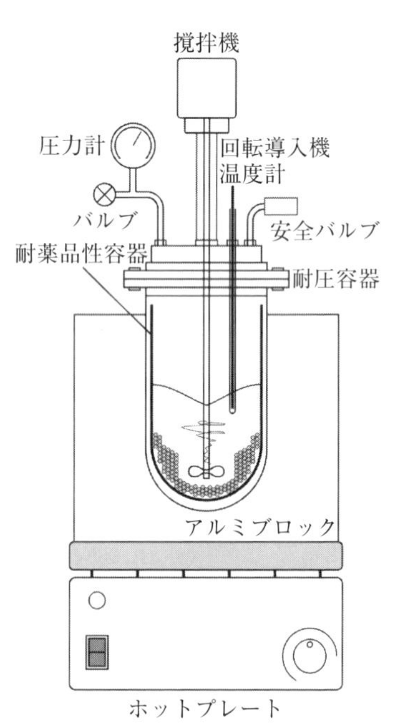

図 2.6　高温・高圧浸出実験.

(3)　カラム試験

ビーカーやオートクレーブなどを用いた試験はバッチ式の試験であり，浸出反応が進行するに従って，浸出液中の酸やアルカリ，酸化剤，還元剤など浸出対象と反応する成分の濃度が減少していく．これに対し，浸出液中の成分濃度を固定した状態での浸出挙動を調べたい場合には，カラム試験を実施する．

カラム試験のカラム(column)とは，円筒状の容器のことで，カラムの中に試料を充填し，カラムに溶液を連続的に導入して浸出を行う．**図 2.7** に，カラム試験で用いられる装置の模式図を示す．浸出液を大きめのタンクに溜めておき，送液ポンプでカラム内に溶液を導入する．送液ポンプにはペリスタルティックポンプ(peristaltic pump)と呼称する，軟質チューブを回転式ローラーなどでしごき，チューブの圧縮と弛緩を繰り返すことによって送液するポンプなど，送液量を容易にコントロール可能な装置が用いられる．導入された浸出液は，カラムに充填された固体試料と接触・反応し，固体試料中の成分が溶出する．貴液は，フィルターを通して下部から貴液タンクに回収する．図

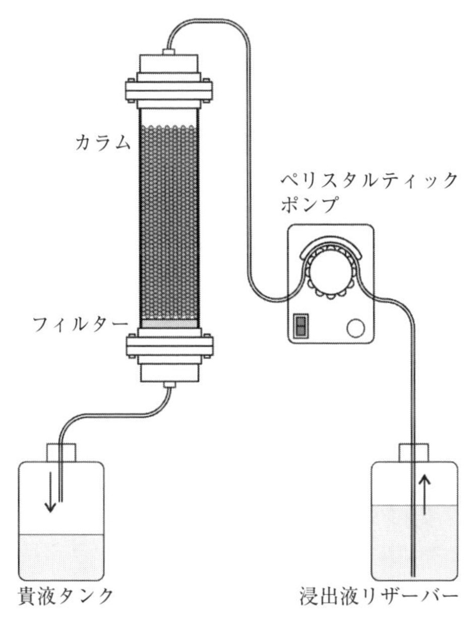

図 2.7 カラムリーチング実験.

2.7 の例では，カラム上部から浸出液を導入しているが，下部から浸出液を導入し，オーバーフローさせて上部から貴液を回収するケースもある.

2.2　沈殿，固液分離およびろ過

A.　沈殿

鉱石の浸出工程においては対象元素の選択的浸出を目指しているが，鉱物に含有される多くの金属イオンも同時に浸出するため，これらの元素の除去処理が必須になる．その方法として，イオン交換法，吸着法等もあるが，高濃度の金属イオンの除去法として，沈殿法が優れている．ここでは，金属水酸化物および金属硫化物の沈殿について説明する．

（1）　金属水酸化物の沈殿

金属イオン(Me^{z+})は，OH^-イオンと反応して，金属水酸化物の沈殿($Me(OH)_z$)を生成する．金属イオンを含む酸性水溶液に中和剤を添加してpHを増加させると金属水酸化物が生成する．しかし沈殿が生成するpHは，金属イオンにより異なる．例えば，水溶液中のFe^{3+}は，次式の反応により水酸化鉄(Ⅲ)の沈殿($Fe(OH)_3$)を生成する．

$$Fe^{3+} + 3OH^- = Fe(OH)_3 \tag{2.6}$$

沈殿が生成した平衡状態の水溶液のFe^{3+}およびOH^-のモル濃度は，次式のように表示できる．

$$[Fe^{3+}][OH]^3 = K_{sp} \qquad K_{sp} = 10^{-38.7} \tag{2.7}$$

ここで，K_{sp}は$Fe(OH)_3$の溶解度積で$10^{-38.7}$である(溶解度積および平衡定数の値は，文献[12]から引用した)．

$[Fe^{3+}][OH^-]^3 > K_{sp}$の状態では，$Fe(OH)_3$の生成反応が進行する．一方，$[Fe^{3+}][OH]^3 < K_{sp}$では，$Fe(OH)_3$の溶解反応が進行する．溶解度積を用いて各pHの水溶液中におけるイオン濃度を算出できる．例えば，Fe^{3+}濃度は次式のようにpHの関数で表される．

$$[Fe^{3+}] = \frac{K_{sp}}{[OH^+]^3} = \frac{10^{-38.7}}{\left(\frac{K_w}{[H^+]}\right)^3} = \frac{10^{-38.7}}{\left(\frac{10^{-14}}{10^{-pH}}\right)^3} = 10^{3.3-3pH} \tag{2.8}$$

ここで，K_wは水のイオン積(10^{-14})である．

主な金属水酸化物の溶解度積を**表2.1**に，またこれらの溶解度積をもちいて算出した水溶液中の各金属イオン濃度とpHとの関係を**図2.8**に示す．溶解度積の小さい金属イオンは低pHで金属水酸化物が生成し，金属イオン濃度が低下する．

表 2.1 主な金属水酸化物の溶解度積[12].

	K_{sp}		K_{sp}
$Fe(OH)_3$	$10^{-38.7}$	$Fe(OH)_2$	$10^{-15.1}$
$Cu(OH)_2$	$10^{-19.7}$	$Cd(OH)_2$	$10^{-13.5}$
$Zn(OH)_2$	$10^{-17.2}$	$Pb(OH)_2$	$10^{-14.4}$
$Al(OH)_3$	$10^{-31.7}$	$Mg(OH)_2$	$10^{-13.2}$

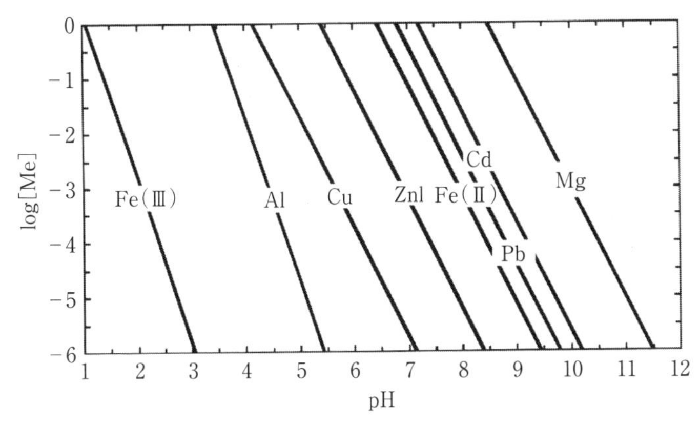

図 2.8 溶解度積から算出した金属イオン濃度と pH との関係.

(2) 金属水酸化物の再溶解

多くの遷移金属イオン(Me^{z+})は，OH^-と反応してヒドロキソ錯体($[Me(OH)_n]^{z-n}$)を形成する．金属水酸化物は pH の変化に伴い，再溶解して錯体イオンを生成する．例えば，$Fe(OH)_3$ は pH の変化に伴い，下記のように再溶解する．

$$Fe(OH)_{3(s)} = Fe^{3+} + 3OH^- \qquad pK_{s0} = 38.7 \tag{2.9}$$

$$Fe(OH)_{3(s)} = FeOH^{2+} + 2OH^- \qquad pK_{s1} = 27.5 \tag{2.10}$$

$$Fe(OH)_{3(s)} = Fe(OH)_2^+ + OH^- \qquad pK_{s2} = 16.6 \tag{2.11}$$

$$Fe(OH)_{3(s)} + OH^- = Fe(OH)_4^- \qquad pK_{s3} = 4.5 \tag{2.12}$$

$$2Fe(OH)_{3(s)} = Fe_2(OH)_2^{4+} + 4OH^- \qquad pK_{s22} = 51.9 \tag{2.13}$$

ここで，K_{sn} は平衡定数である．したがって，溶解性 Fe(Ⅲ)の濃度([Fe(Ⅲ)$_T$])は，Fe^{3+} と各錯体イオンの濃度の総和となる．

$$[\mathrm{Fe(III)_T}]=[\mathrm{Fe^{3+}}]+[\mathrm{FeOH^{2+}}]+[\mathrm{Fe(OH)_2^{+}}]+[\mathrm{Fe(OH)_4^{-}}]+2[\mathrm{Fe_2(OH)_2^{4+}}] \tag{2.14}$$

これを $Fe(OH)_3$ の溶解度積と各平衡定数を用いて pH の関数として，次式のように表すことができる．

$$[\mathrm{Fe(III)_T}]=\mathrm{p}K_\mathrm{s}\cdot 10^{42-3\mathrm{pH}}+\mathrm{p}K_\mathrm{s1}\cdot 10^{28-2\mathrm{pH}}+\mathrm{p}K_\mathrm{s2}\cdot 10^{14-\mathrm{pH}}+\mathrm{p}K_\mathrm{s3}\cdot 10^{-14+\mathrm{pH}}+2\mathrm{p}K_\mathrm{s22}\cdot 10^{56-4\mathrm{pH}} \tag{2.15}$$

一方，Zn^{2+} は，以下のような反応により錯イオンを生成する．

$$\mathrm{Zn^{2+}+H_2O=ZnOH^{+}+H^{+}} \qquad \mathrm{p}K_1=8.96 \tag{2.16}$$

$$\mathrm{Zn^{2+}+2H_2O=Zn(OH)_{2(aq)}+2H^{+}} \qquad \mathrm{p}K_2=16.9 \tag{2.17}$$

$$\mathrm{Zn^{2+}+3H_2O=Zn(OH)_3^{-}+3H^{+}} \qquad \mathrm{p}K_3=28.4 \tag{2.18}$$

$$\mathrm{Zn^{2+}+4H_2O=Zn(OH)_4^{2-}+4H^{+}} \qquad \mathrm{p}K_4=41.2 \tag{2.19}$$

ここで，K_i は逐次安定度係数である．溶解性亜鉛イオン濃度 $[\mathrm{Zn(II)_T}]$ は，水酸化亜鉛($Zn(OH)_2$)の溶解度積 K_{sp} と各錯体イオンの逐次安定度係数を用いて次式のように表すことができる．

$$\begin{aligned}[\mathrm{Zn(II)_T}]&=[\mathrm{Zn^{2+}}]+[\mathrm{ZnOH^{+}}]+[\mathrm{Zn(OH)_{2(aq)}}]+[\mathrm{Zn(OH)_3^{-}}]+[\mathrm{Zn(OH)_4^{2-}}]\\&=\mathrm{p}K_\mathrm{sp}\cdot 10^{28-2\mathrm{pH}}+\mathrm{p}K_1\cdot\mathrm{p}K_\mathrm{sp}\cdot 10^{28-\mathrm{pH}}+\mathrm{p}K_2\cdot\mathrm{p}K_\mathrm{sp}\\&\quad+\mathrm{p}K_3\cdot\mathrm{p}K_\mathrm{sp}\cdot 10^{28+\mathrm{pH}}+\mathrm{p}K_4\cdot\mathrm{p}K_\mathrm{sp}\cdot 10^{-28+2\mathrm{pH}}\end{aligned} \tag{2.20}$$

各 pH における溶解性 Zn(Ⅱ)と溶解性 Fe(Ⅲ)の濃度を**図 2.9** に示す．pH が増加するに従い金属水酸化物が生成し，溶解性金属イオン濃度は減少する．しかし，アルカリ性

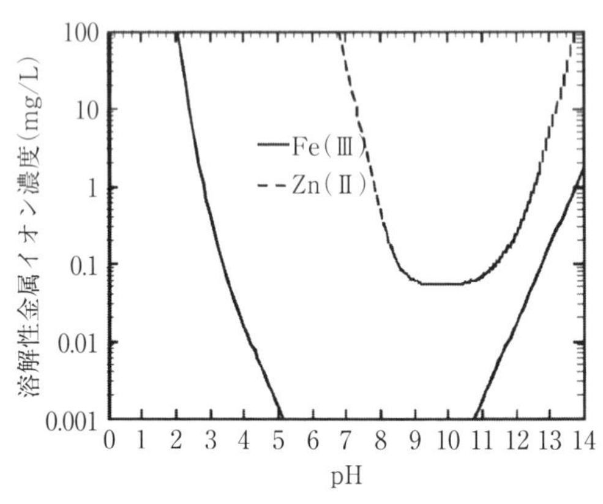

図 2.9　Fe(Ⅲ)および Zn(Ⅱ)の溶解性イオン濃度と pH との関係．

表 2.2 主な金属硫化物の溶解度積[12].

	K_{sp}		K_{sp}
FeS	$10^{-18.1}$	MnS	$10^{-13.5}$
CuS	$10^{-36.1}$	CdS	$10^{-27.0}$
ZnS	$10^{-24.7}$	PbS	$10^{-27.5}$
Ag_2S	$10^{-50.1}$	HgS	$10^{-52.7}$

領域では金属水酸化物が溶解して錯イオンが生成し，溶解性金属イオン濃度は増加する.

(3) 金属硫化物の沈殿

2 価の重金属イオン(Me^{2+})は S^{2-} と反応して金属硫化物(MeS)を生成する．例えば Cu^{2+} は次式のように CuS を生成する.

$$Cu^{2+} + S^{2-} = CuS \qquad pK_{sp} = 36.1 \tag{2.21}$$

金属硫化物の溶解度積を**表 2.2** に示す.

一般に，S^{2-} は Na_2S，NaHS，H_2S ガスとして添加される．水溶液中の $H_2S_{(aq)}$ は，次のように解離して HS^- と S^{2-} を生成する.

$$H_2S_{(aq)} = H^+ + HS^- \qquad pK_1 = 7.02 \tag{2.22}$$

$$HS^- = H^+ + S^{2-} \qquad pK_2 = 13.9 \tag{2.23}$$

各 pH において存在する化学種の存在割合を**図 2.10** に示す．酸性から弱酸性域は H_2S が卓越しており，さらに pH が高くなると HS^- の割合が増加する．S^{2-} は強アルカリ性範囲で割合が増加する.

水溶液中の硫化物の全濃度$[S_T]$は次式のように表される.

$$[S_T] = [H_2S_{(aq)}] + [HS^-] + [S^{2-}] = \frac{[H^+]^2[S^{2-}]}{pK_1 \cdot pK_2} + \frac{[H^+]\,[S^{2-}]}{pK_2} + [S^{2-}] \tag{2.24}$$

$[S^{2-}]$は pH の関数として次式で表される.

$$[S^{2-}] = \frac{[S_T]}{\dfrac{10^{-2pH}}{pK_1 \cdot pK_2} + \dfrac{10^{-pH}}{pK_2} + 1} \tag{2.25}$$

したがって，$[S_T]$を決定すれば，この式と金属硫化物の溶解度積を用いて各 pH における金属イオン濃度を算出することができる.

金属硫化物沈殿法は，金属硫化物の著しく低い溶解度，速い反応速度，優れた沈降

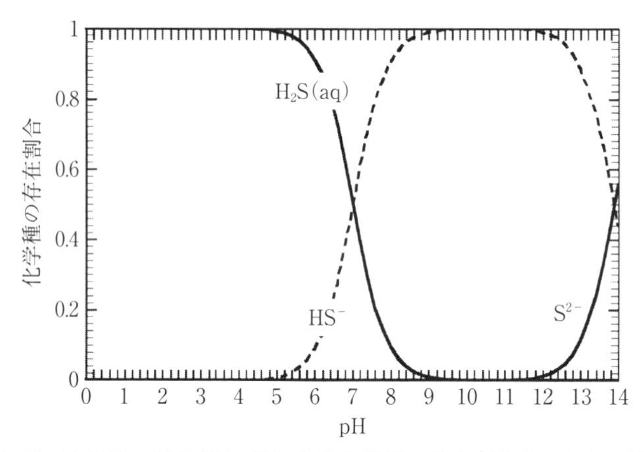

図 2.10　硫化物の溶解液に存在する化学種の存在割合と pH との関係.

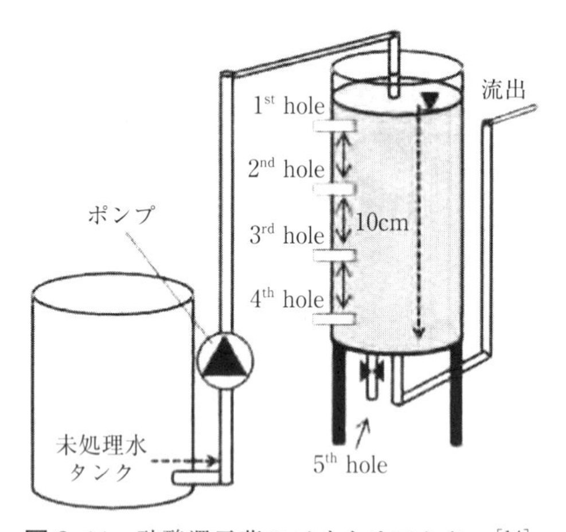

図 2.11　硫酸還元菌のバイオリアクター[14].

性，沈殿物の製錬原料としての利用等の利点があるが，H_2S の毒性，腐食性等のため，金属硫化物沈殿法の応用は限られている[13].

近年，重金属イオンを含む硫酸酸性坑廃水の処理法として，硫酸還元菌が硫酸イオンを還元して生成する H_2Sを用いて重金属イオンを金属硫化物として除去する研究が行われている．例えば，濱井ら[14]は，**図 2.11** に示す硫酸還元菌のバイオリアクターに，

pH3.1 の硫酸酸性坑廃水(Zn^{2+} : 18 mg/L，Cu^{2+} : 6.0 mg/L，Fe^{2+} : 7.0 mg/L，Al^{3+} : 8.0 mg/L)を，滞留時間 50 時間の流速で流入させて，流出水の金属イオン濃度を観測した．なお，このバイオリアクターには籾殻，牛糞含有バーク堆肥物，石灰石が充填してある．流出水の金属イオン濃度は，約 140 日間の通水期間中，Cu，Zn 濃度が排水基準以下になり，バイオリアクター内に Cu，Zn 等の硫化物が析出することを報告している．

(4) Fe イオンの沈殿除去

$Fe(OH)_3$沈殿物は含水率が高く，ろ過特性が良好でない．そのために，亜鉛製錬浸出液に高濃度で含有されている Fe イオンは，ジャロサイト($MFe_3(SO_4)_2(OH)_6$; M は 1 価陽イオン，K^+，Na^+，H^+，NH_4^+，Ag^+ 等)，ゲーサイト(FeO・OH)として除去される[15]．ジャロサイトは，水酸化鉄(Ⅲ) ; $Fe(OH)_3$ が生成しない pH 2.5 よりも低い pH 領域で生成し，緻密でろ過特性に優れている．

両沈殿物は，次式のように生成する．

$$3Fe_2(SO_4)_3 + 2KOH + 10H_2O \rightarrow 2KFe_3(SO_4)(OH)_6 + 5H_2SO_4 \qquad (2.26)$$

$$2FeSO_4 + 1/2O_2 + 3H_2O \rightarrow 2FeO \cdot OH + 2H_2SO_4 \qquad (2.27)$$

秋田製錬(株)飯島製錬所における亜鉛残渣浸出液の脱鉄工程では，浸出液を高温高圧オートクレーブ(温度約 473 K(200℃)，圧力 15 kg/cm^2-18 kg/cm^2，O_2 雰囲気)で処理し，Fe^{2+} を酸化してヘマタイト(Fe_2O_3)として除去している[16]．この反応は次式で与えられる．

$$2Fe^{2+} + 0.5O_2 + 2H_2O \rightarrow Fe_2O_3 + 4H^+ \qquad (2.28)$$

B. 固液分離

湿式製錬では，固体と液体との混合物を処理する工程があり，固体と液体の分離，浸出工程後の浸出液と浸出残渣の分離，廃水から沈殿物の除去等が行われている．ここでは，沈降法による主な固液分離装置について説明する．

沈降法は懸濁粒子をその重力沈降により除去する方法であり，その目的により，濃縮および清澄に大別できる．前者では固体濃度を増加させる．後者では比較的希釈な懸濁液から懸濁粒子を除去し，清澄液にする．なお，廃水処理においては懸濁粒子濃度を排水基準値以下にすることが求められる．

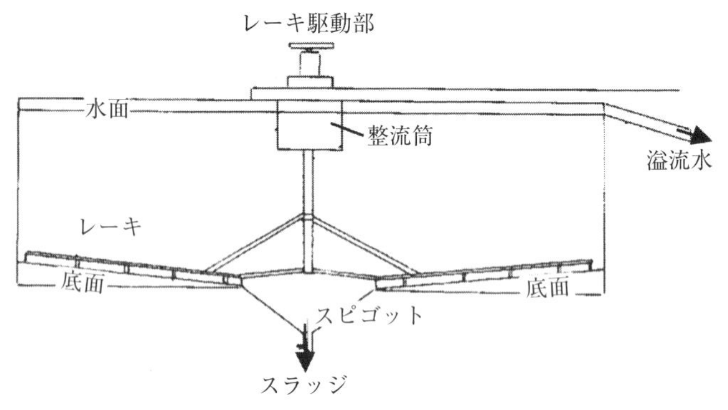

図 2.12　連続式シックナーの模式図.

(1)　連続式シックナー

代表的なシックナーの模式図を**図 2.12** に示す．タンクは円錐形をしており，底辺の傾斜は 80-140 mm/m である．直径が 30 m 以下のものは鋼製あるいは木製で，それより大きいものはコンクリート製である．懸濁液は中央フィーダから整流筒に供給される．整流筒は供給液の流れのエネルギーを吸収する構造になっている．懸濁粒子の凝集を促進するため，凝集剤供給口や撹拌翼が装備されている整流筒もある．沈降した粒子(スラッジ)は低速で回転している集泥レーキによって排出口(スピゴット)に集められる．集泥レーキは，凝集体を破壊してスラッジの固形濃度を高める機能が求められている．上澄液はタンクの上部周縁の樋に溢流する．

(2)　ディープ・コーン・シックナー[17]

この装置は，**図 2.13** に示すようなコーン型をしていることから名づけられている．凝集剤を多量に添加(200 g/t)し，懸濁粒子を凝集沈降させ，沈降物の重力で緻密なスラッジを生成する(60-70 容積 %)．排出したスラッジはベルトコンベアーで搬送する．

(3)　ラメラ・シックナー(傾斜板沈殿装置)[17]

この装置は，少ない設置面積で，高分離効率の固液分離を行う目的で開発された装置である．水量が一定ならば，固液分離装置の沈降表面積の増加と共に，沈降分離効率は高くなる．**図 2.14** に示すように，ラメラ・シックナーは装置内に多数の傾斜板が設置されており，5.5 m × 3.7 m × 5.2 m(高さ)のラメラ・シックナーの沈降表面積(230 m^2)

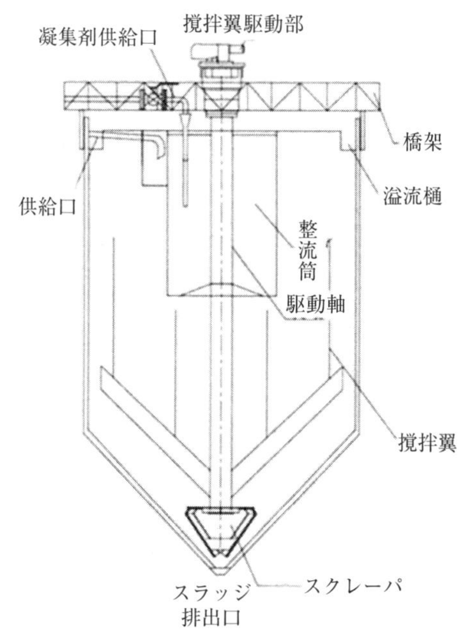

図 2.13 ディープ・コーン・シックナー[17].

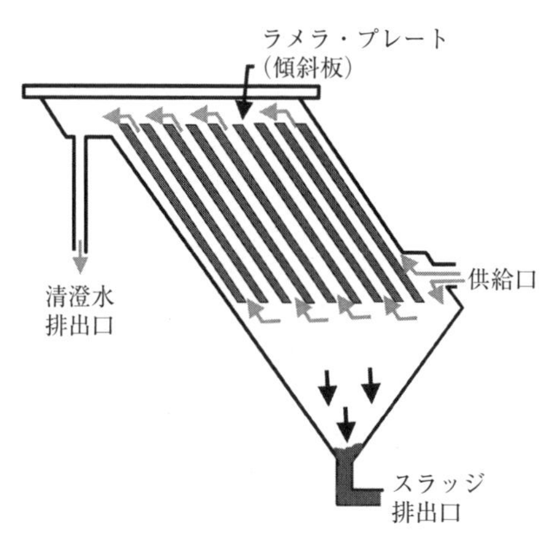

図 2.14 ラメラ・シックナー(傾斜板沈殿装置)[17].

は，直径 17 m の通常のシックナーのそれと同等である．傾斜板間隔は狭く，粒子の沈降時間を短縮でき，傾斜板上に沈積したスラッジは自重に滑落する．

C．ろ過

固液分離により濃縮された固体は，固体中の含有水の回収(例えば，浸出残渣中の貴液の回収)あるいは除去(廃水処理における沈殿物の減容)のため，さらにろ過処理が行われることがある．ろ過は減圧あるいは加圧によって行われており，主なろ過機の特徴について紹介する．

(1)　真空ろ過機

真空ろ過機としては，ろ過面がドラム式，ディスク式およびベルト式がある．

①ドラムフィルター

ろ材を張った回転ドラムとスラリータンクで構成され，スラリータンク内部は常時撹拌が行われている．ドラムはその下半分程度が水面下になるようにスラリータンクに設置され，緩速回転する(**図 2.15** 参照)．ドラムはいくつかの小ろ過室(図では 12 室)に区分されている．ドラムが回転し，スラリーに浸かった小ろ過室は減圧され，ろ過表面

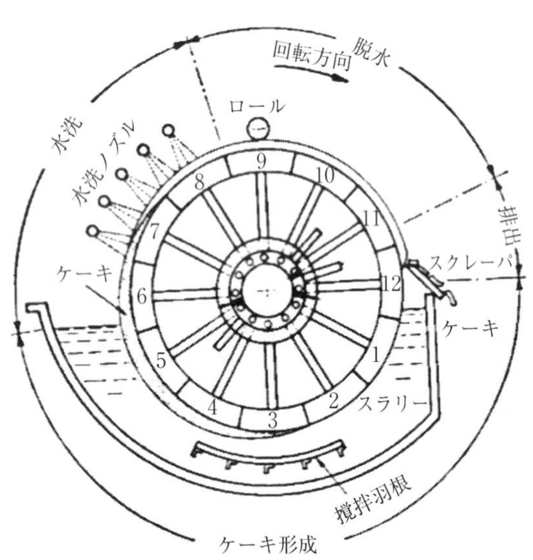

図 2.15　ドラムフィルター[18]．

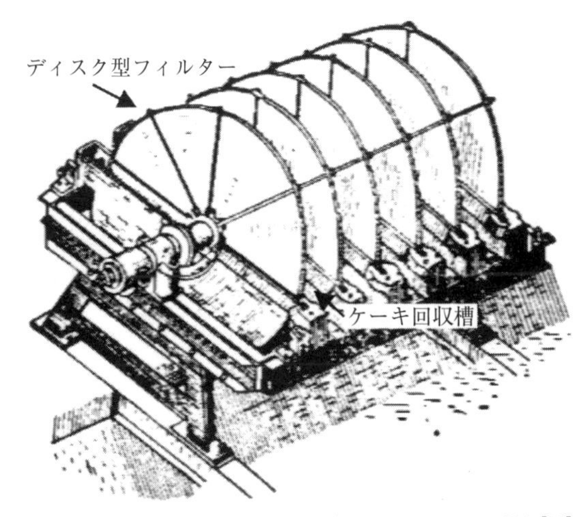

図 2.16　ディスクフィルター(アメリカ型ろ過機)[19].

に適当な厚さのケーキが形成される(ケーキ形成区)．小ろ過室が液面から離れてもしばらくケーキ中の水分の吸引が継続し，純水による洗浄(水洗区)，続いてケーキが脱水・乾燥される(脱水区)．次に，小ろ過室に圧縮空気を送り，ケーキをろ過面から剥離しやすくし，スクレーパーで掻き取る(排出区)．

②ディスクフィルター(アメリカ型ろ過機)

両面がろ過面となっている数枚のディスクがその下半分がスラリータンクに浸かる状態で中空の水平回転軸に直角に設置されている(**図 2.16** 参照)．各ディスクは 12-30 の小ろ過室がある．ドラムフィルターに同様に各小ろ過室が減圧され，ケーキの生成，脱水が行われた後，圧縮空気を小ろ過室に送り，ケーキを各ディスクの両側にあるケーキ回収樋に落下させる．1 機のディスクフィルターに 1-12 枚のディスク(最大直径 5 m)が設置されており，ろ過面積が大きい．連続ろ過機のなかでは，最も安価でコンパクトである[19]．

③ベルトフィルター

図 2.17 水平式ベルトフィルターを示す．エンドレスの帯状のろ過ベルト(ゴム製有孔ベルトの表面にろ材シートを貼り付けたもの)を，プーリー間にセットして水平移動させる．ろ過ベルトに供給されたスラリーは，ろ過小室上部を移動する間に重力と吸引によりろ過された後，洗浄される．洗浄水も減圧ろ過される．装置端部において，ケーキはろ過ベルトから落下し回収される．利点として，ケーキの十分な洗浄，ケーキのろ

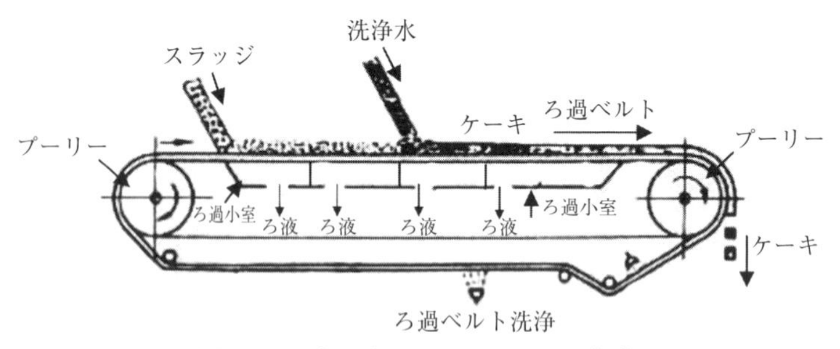

図 2.17　水平式ベルトフィルター[19].

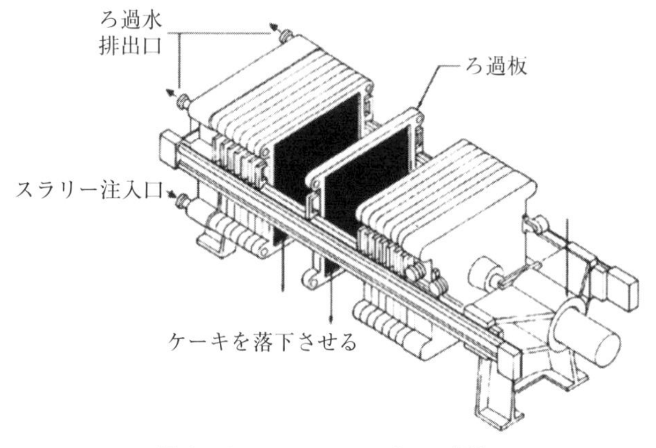

図 2.18　フィルタープレス[19].

液と洗浄水の分離，処理能力が高い等がある．一方，コストが高く，ろ過ベルト面の約半分しかろ過に使用できず広い設置面積が必要である[19].

（2） 加圧ろ過機・フィルタープレス

加圧ろ過機としては，フィルタープレスが代表的である．ろ過室にスラリーを充填し加圧して脱水する．**図 2.18** に示すような，スラリーを加圧して注入を続けてろ過するタイプと，ろ過室内にダイヤフラムを設置した圧搾タイプがある．前者の加圧タイプでは，鋼製等の角形枠のろ布を貼ったろ過板を油圧で締め付けた後，スラリー加圧注入する．注入後も加圧してろ過する．脱水後，ろ過板の締め付けを解除して，ケーキを下部に設置したケーキ回収槽に落下させる．利点として，各種スラリーに適応できる，高い加圧ができる，設置面積が小さく，ろ過面積が大きい点があげられる．欠点としては，ろ過とケーキの回収が交互に行われる，ろ材の消耗がはげしい点である[19]．

2.3　放射性物質の分離・除去

安定元素に対し，放射性元素の特徴は γ 線等の放射線を放出して，他の元素へ壊変し，半減期に従って減少することである．複数の元素を経由する壊変では，いくつかの崩壊形態があるが，とくに，鉱石を扱う場合には超長半減期をもつウランおよびトリウムを親としてラジウムやアクチニウム，ビスマス，鉛といった娘核種が放射平衡をとるので，処理する際には，注意を要する．また，放射性物質の分離・除去においては，安定な元素と同様の挙動をすることを利用した分離をできる一方，放射能の性質を利用した放射化学分離法がある．例えば，鉱石の湿式処理では当然，複数元素からなる多成分系の溶出挙動を考慮することが重要になる．本節では，まず，放射性物質の基本的な性質を紹介し，それらを濃縮・分離・除去する際に基本となる種々の方法について述べる．これらのことを背景に，本節では，(A)放射性物質の性質，(B)放射性物質を含む資源，材料，廃棄物，(C)放射性物質の分析・評価，(D)放射性物質の分離，(E)放射性物質の除去について述べる．

A.　放射性物質の性質

素材の分離精製は，**表 2.3** に示すとおり元素間の分離，すなわち，原子の性質を利用して行っている．これに対し，放射性物質は α 線等を放出して壊変し，中性子等との核反応により放射性核種となるなど，原子核に関わる性質を利用する．原子は原子核と電子からなり，原子核は陽子と中性子で構成されている．両者を考慮した場合，原子番号(Z)は陽子数に対応するので，同一元素では陽子数が等しく，中性子数が異なる，つまり，質量数が異なる同位体となる．放射線等を放出して崩壊していく核種を放射性同位体，壊変しない核種を安定同位体と呼ぶ．安定な同位体の陽子と中性子の比は軽元素($Z \leqq 16$)で 1-1.1，重元素($39 < Z \leqq 83$)では 1.3-1.5 であり，274 種ある．天然に 1 種類の安定同位体からなる金属元素は ^{27}Al，^{55}Mn，^{59}Co，^{75}As，^{93}Nb，^{197}Au，^{209}Bi などに限られ，複数の安定同位体で構成されている元素が多い．さらに，中性子過剰の場合や，$Z \geqq 84$ では不安定となり，放射性核種となる[20,21]．

壊変には α 線(^{4}He)や β 線(電子)を放出する α 壊変，β^- 壊変の他，陽電子を放出する β^+ 壊変や，軌道電子を捕獲する壊変がある．それぞれの反応と原子番号，質量数の変化を**表 2.4** にまとめて示す．原子番号が変化すると，異なる元素となり，放射性物質の挙動が異なるので，分離・精製においては注意を要する．また，これらの壊変後，

表 2.3 分離の程度と分離方法.

分離	分離方法	対象	程度
異族間分離	沈殿ろ過法 晶析法 揮発法 選鉱法	金属元素 鉱石 二次生成物	相分離 粗分離 精製 (～2N)
同族間分離	蒸留法 イオン交換 溶媒抽出 ミルキング	ニオブ-タンタル ランタノイド ランタノイド-アクチノイド	精製 粗分離 (3N-4N)
同位体分離	遠心分離法 ガス拡散法 質量分析法	ウラン濃縮 重水製造 ^{6}Li-^{7}Li	超精密分離 (1N-3N)

表 2.4 壊変の種類と原子番号(Z)，質量数(A)の変化.

壊変	反応	Z の変化	A の変化
α	$A \rightarrow B + {}^{4}He$	-2	-4
β^-	$n \rightarrow p + e^- + \nu$	$+1$	0
β^+	$p \rightarrow n + e^+ + \nu$	-1	0
EC	$p + e^- \rightarrow n + \nu$	-1	0

ν：ニュートリノ

原子核が励起状態である場合には，γ 線(電磁波)を放出して安定な状態になる．この場合，原子核固有のエネルギー準位に対応するので，γ 線スペクトルは線スペクトルとなり，ピークエネルギーから原子核を同定できる．放射性同位体の α 壊変，β 壊変の例を**表 2.5** に示す．α 核種は β 核種より長半減期のものが多く，α 線のエネルギーは β 線より大きい．

壊変は確率事象であり，1 個の原子がいつ壊変するかはわからないが，多数の原子の場合，単位時間当たりの壊変数(dN/dt)は，原子数(N)に比例する．壊変の比例定数 λ (壊変定数)を用いると式(2.29)の関係で表せるので，最初($t=0$)の原子数を N_0 とすると t 後の原子数 N は式(2.30)で与えられる．

$$dN/dt = -\lambda t \tag{2.29}$$

$$N = N_0\, e(-\lambda t) \tag{2.30}$$

放射能(I)は原子数に壊変定数を乗じて，$I=\lambda N$ と求まり，1 秒に 1 回壊変する場合

表 2.5　放射性核種の壊変例.

核種	天然存在比 (%)	壊変形式	半減期	娘核種	エネルギー
^{232}Th	100	α	1.4×10^{10} y	^{228}Ra	4.013 MeV
^{238}U	99.3	α	4.5×10^{9} y	^{234}Th	4.198 MeV
^{235}U	0.71	α	7.0×10^{8} y	^{231}Th	4.398 MeV
^{40}K	0.017	β^-	1.3×10^{9} y	^{40}Ca	最大 1312 MeV
^{90}Sr	—	β^-	28.8 y	^{90}Y	最大 546 keV

を１ベクレル(Bq)とする．また，始めの原子数が半分になるまでの時間(半減期，$T_{1/2}$)は$N/N_0=\mathrm{e}(-\lambda T_{1/2})=0.5$より，$T_{1/2}=0.693/\lambda$と求まる．短半減期核種は，放射能は強いが早く減衰するのに対して，長半減期核種は長期間にわたり放射能が残留する．天然資源を扱う場合には，この長半減期核種が対象である．

B.　放射性物質を含む資源・材料・廃棄物

天然資源から選鉱製錬により素材を製造するプロセスにおいては，天然の放射性核種(Naturally Occurring Radioactive Material; NORM)の存在がある．これらは起源により，一次放射性核種，壊変系列に属さない核種，二次放射性核種および誘導放射性核種がある．地球生成時(46 億年前)に生成し，現在も残存している核種では，表 2.5 に示すように ^{232}Th，^{238}U および ^{235}U が該当する[20-22]．例えば，^{232}Th の半減期は 1.405×10^{10} 年であり，地殻中には 8.1 ppm 存在する．α 壊変により ^{228}Ra となるが，続く β 壊変により ^{228}Ac となる．**図 2.19** に示すように α および β 壊変を繰り返し，最終的に安定核種 ^{208}Pb となる．これをトリウム系列と呼び，10 元素にわたる 12 の核種が存在するが，親核種である ^{232}Th の半減期が他の核種の半減期より極めて長いので，天然鉱石中ではそれぞれの核種の間では(2.31)のような放射平衡が成立している．

$$\lambda_{\mathrm{Th}}N_{\mathrm{Th}}=\lambda_{\mathrm{Ra}}N_{\mathrm{Ra}}=\lambda_{\mathrm{Ac}}N_{\mathrm{Ac}}=\cdots=\lambda_{\mathrm{Po}}N_{\mathrm{Po}} \tag{2.31}$$

このような鉱石を製錬のような化学処理をすると，元素が分離されるので，平衡が崩れ，分離後の各核種が二次放射性核種となる．

図 2.20 には半減期 4.468×10^{9} y を有する ^{238}U を親核種とするウラン系列を示す．α 壊変により ^{234}Th となるが，さらに β 壊変により ^{234}Pa を経て ^{234}U となる．さらに α および β 壊変を繰り返し，最終的に安定核種 ^{206}Pb となる．13 元素にわたる 19 の核種が存在する．トリウム系列およびウラン系列では核種の質量数が偶数で，それぞれ $4n$

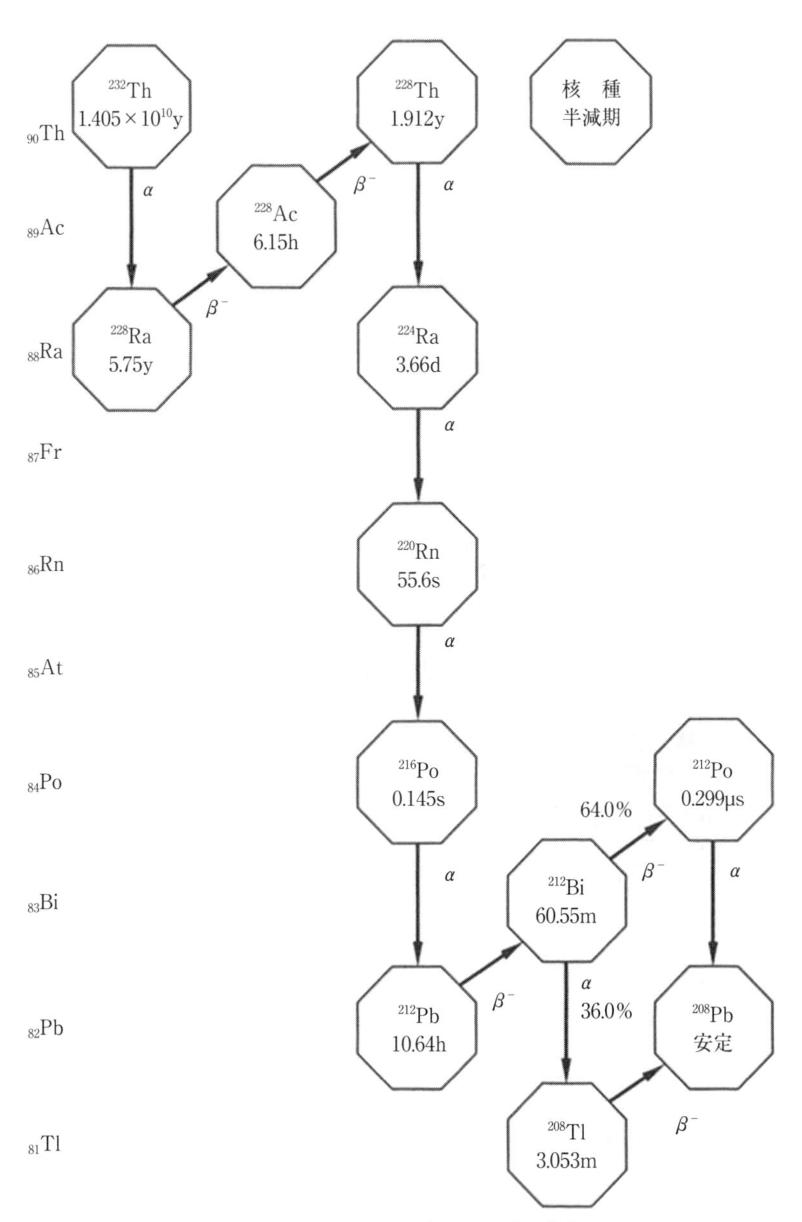

図 2.19 トリウム系列の崩壊図[20].

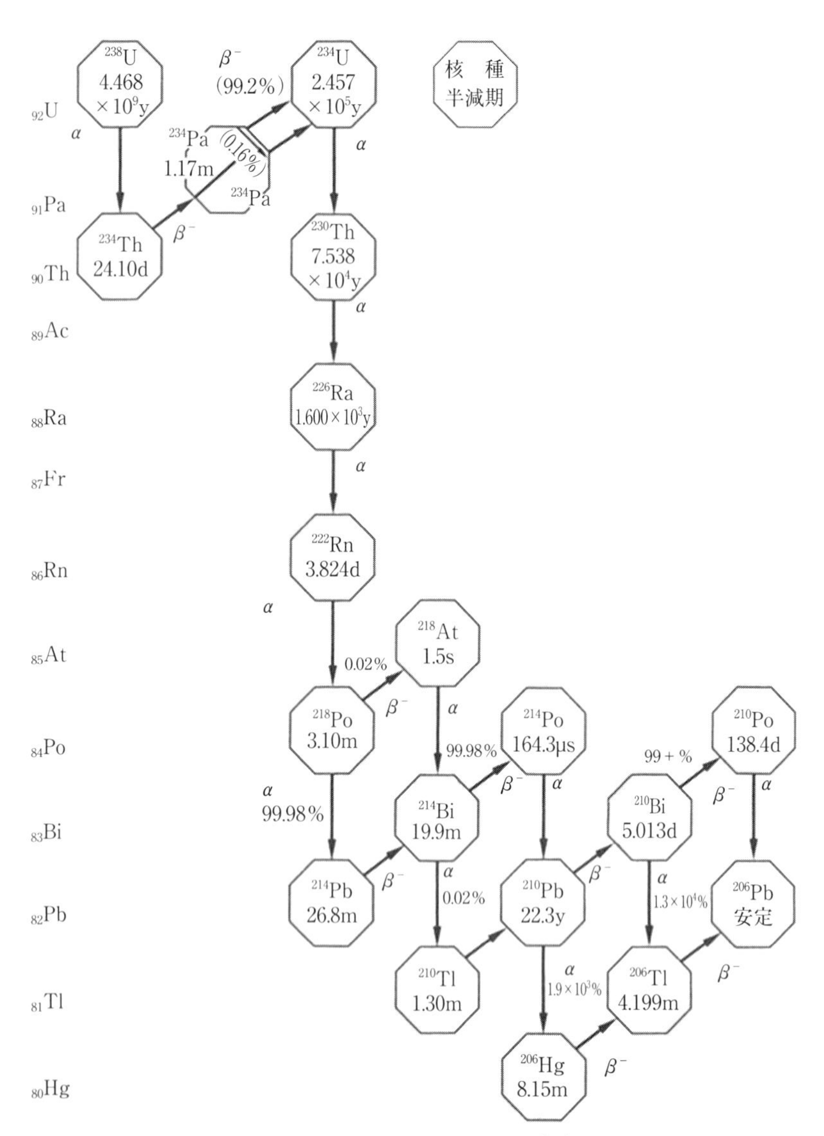

図2.20　ウラン系列の崩壊図[20].

表 2.6 天然の放射性壊変系列.

系列名	分類	親核種	半減期(y)	α 壊変数	β 壊変数	最終核種
トリウム	$4n$	^{232}Th	1.4×10^{10}	6	4	^{208}Pb
ウラン	$4n+2$	^{238}U	4.5×10^{9}	8	6	^{206}Pb
アクチニウム	$4n+3$	^{235}U	7.0×10^{8}	7	4	^{207}Pb
ネプツニウム	$4n+1$	^{237}Np	2.14×10^{6}	8	5	^{205}Pb

および $4n+2$ で表される．これに対して，奇数となる $4n+1$ および $4n+3$ に相当する壊変系列があり，**表 2.6** に壊変系列をまとめて示す．$4n+3$ は ^{235}U を親核種とするアクチニウム系列であり，7 回の α 壊変および 4 回の β 壊変を繰り返し，最終的に安定核種 ^{207}Pb となる．^{235}U の半減期が 7.038×10^{8} y と ^{238}U に比べて短いため，^{238}U より早く減衰し，現在の天然ウランの組成は，^{238}U : 99.27%，^{235}U : 0.711% であり，トレーサー量の ^{234}U (0.0055%) が含まれる．$4n+1$ に該当するネプツニウム系列は ^{237}Np が親核種であるが，他の系列に比べて半減期が 2.14×10^{6} y と短く，現在までに減衰したが，原子炉内での核反応により同系列が発見された．

壊変系列に属さない天然放射性核種には，^{40}K (β^- 壊変，半減期：1.277×10^{9} y，存在比：0.0117%) や，^{147}Sm (α 壊変，1.06×10^{11} y，存在比：0.0117%) などがある．この他，鉱物内の U や Th から放出される α や γ 線と Li や Be との核反応により発生した中性子が，以下の反応により，超ウラン元素を生成することがある．

$$^{238}\mathrm{U}(n,2n)^{237}\mathrm{U}\xrightarrow{\beta^-}{}^{237}\mathrm{Np} \tag{2.32}$$

$$^{238}\mathrm{U}(n,\gamma)^{239}\mathrm{U}\xrightarrow{\beta^-}{}^{239}\mathrm{Np}\xrightarrow{\beta-}{}^{239}\mathrm{Pu} \tag{2.33}$$

このように，天然資源中には，U や Th の放射性元素の他に，娘核種の元素が含まれており，素材製造プロセスにおいては，これらの元素の挙動および放射能について適切な評価が必要である．

放射性物質を含む材料としては，製造工程において上記の天然放射性核種を含む材料以外に，原子炉や加速器のように，中性子や γ 線等の放射線場において使用された材料中の構成成分が放射化されて，放射性となるものがある．例えば，ステンレス鋼中の Fe や Cr，Ni，Mn からは**表 2.7** のように放射化され，放射性物質を生成する．Fe の場合，主核種である ^{56}Fe は (γ,n) 反応により ^{55}Fe を生成し，^{55}Mn のみからなる Mn は，放射化により ^{54}Mn となる．大部分が半減期 1 年未満〜数年の核種である．これに対し，Ni の場合には数種の安定核種から放射性核種を生成し，とくに，存在比 0.91%

表2.7　放射化によるステンレス成分からの放射性物質の生成.

成分元素	安定核種	存在比(%)	生成反応	生成核種	半減期
Fe	^{56}Fe	91.7	^{56}Fe$(\gamma, n)^{55}$Fe	^{55}Fe	2.7 y
Cr	^{52}Cr	83.8	^{52}Cr$(n, \mathrm{t}\alpha)^{46}$Sc	^{46}Sc	83.8 d
Ni	^{58}Ni	68.3	^{58}Ni$(\gamma, \mathrm{p})^{57}$Co	^{57}Co	271.8 d
	^{60}Ni	26.1	^{60}Ni$(\gamma, \mathrm{d})^{58}$Co	^{58}Co	70.8 d
	^{61}Ni	1.13	^{61}Ni$(\gamma, \mathrm{p})^{60}$Co	^{60}Co	5.3 y
	^{64}Ni	0.91	^{64}Ni$(\gamma, n)^{63}$Ni	^{63}Ni	100.1 y
Mn	^{55}Mn	100.0	^{55}Mn$(\gamma, n)^{54}$Mn	^{54}Mn	312.1 d
Cu	^{63}Cu	69.17	^{63}Cu$(n, \gamma)^{64}$Cu	^{64}Cu	12.7 h
	^{65}Cu	30.83	^{65}Cu$(\gamma, n)^{64}$Cu		

表2.8　放射性廃棄物の発生と分類.

対象	含有放射性物質	廃棄物の形態	放射能の程度
鉱石	NORM	残さ，廃液	低レベル
核燃料	U, Pu, Th 核分裂生成物 マイナーアクチノイド	固体，液体	高，中レベル
構造材料	放射化物	固体	低レベル

の ^{64}Ni からは半減期100年の ^{63}Niを生成するので，長期にわたり放射能が残る．Cu の場合には，^{63}Cu の(n, γ)反応や ^{65}Cu の(γ, n)反応により ^{64}Cu を生成するが，短半減期であるため，放射化の影響はほとんどないと考えられる．

放射性廃棄物は，放射性物質を含む資源や素材を処理するプロセスにおいて発生する．**表2.8**には，主な廃棄物の発生と種類について示した．鉱石処理においては，U, Th および壊変系列の放射性核種による NORM が含まれており，処理後の残渣や廃液が発生する．U および Th を核燃料として原子炉で使用すると，使用済核燃料中には，^{235}U や ^{238}U の他に原子炉内で生成した ^{239}Pu などの核燃料物質以外に，核反応により生成した核分裂生成物やマイナーアクチノイドが含まれている．核燃料物質を分離・再生するために再処理を行うと，高レベルや中低レベルの放射性廃棄物が発生する．また，中性子や γ 線など放射線に照射された構造材などは，含有する核種が放射性物質となり，放射化物を生成する．

C. 放射性物質の評価

放射性物質の放射能の評価は，放射線計測による．ここでは，α 線および γ 線測定について述べる[20,23-25]．γ 線は物質透過能力が強く，試料中の放射能評価に利用される．鉱石のような複数の放射性核種の場合には，複数の γ 線が放出されるので，γ 線スペクトルを測定する必要がある．これには，NaI(Tl) シンチレーションあるいは Ge 半導体検出器を用いた方法がある．前者は計数効率がよいが，ピークスペクトルの分解能は後者が優れ，スペクトル測定に適している．**図 2.21** にはレアアース鉱石の γ 線スペクトルの例を示す[25]．この結果からは，^{234}Th や ^{226}Ra のようにウラン系列に属する核種からの γ 線や，^{228}Ac や ^{208}Tl などトリウム系列の種からの γ 線がある．Pb や Bi については，^{214}Pb と ^{212}Pb，^{214}Bi と ^{212}Bi のように，それぞれウラン系列，トリウム系列からの核種が存在している．186 keV 付近には ^{226}Ra および ^{235}U からの γ 線が重なり，鉱石のような混在状態では評価は難しいが，Ra を除去した後の U については，^{235}U の評価に用いることができる．スペクトルに現れる各ピークはある核種からの特定の γ 線に対応しており，バックグラウンドを差し引いたピーク面積が γ 線の個数，す

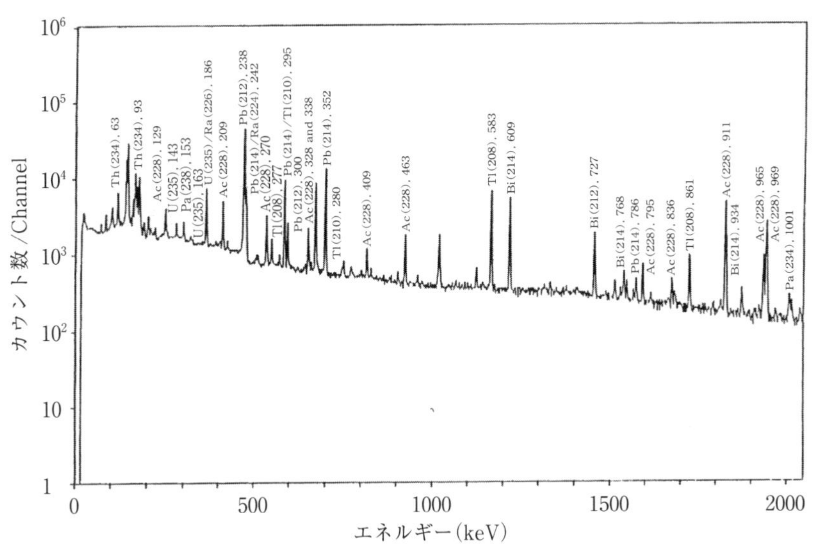

図 2.21　レアアース鉱石の γ 線スペクトル[25]．

なわち計数 N(counts) となる．これより，次式によりその核種の放射能 A(Bq, dps) を求めることができる．

$$A = \frac{N}{t\varepsilon p} = \frac{C}{\varepsilon p} \qquad (2.34)$$

ここで，t は測定時間，C(cps) は計数率，ε は計数効率，p はその γ 線の放出割合である．ここで計数効率 ε は検出器と測定試料の形状，位置，エネルギーなどに依存するので，それぞれの測定系において異なるエネルギーをもつ γ 線を放出する標準線源を用いて計数効率と γ エネルギーとの関係を求めておく必要がある．

次に U や Th などは α 線を放出するので，α 線スペクトルについて述べる．**図 2.22** には，Si 半導体検出器を用いて測定したレアアース鉱石の α 線スペクトルを示す．横軸にはエネルギーを，縦軸にはカウント数を示してある．図 2.21 の γ 線測定の場合に比べると，高エネルギーを有し，また，カウント数は極めて少ない．2 MeV 付近のピークは，内部標準として添加した天然 Sm からの α 線である．次に，4 MeV 付近に ^{232}Th からの 4.012 MeV に相当する α 線が見られる．同様に，トリウム系列にある娘核種の α 線が検出されており，この鉱石が Th を含むことがわかる．しかし，4.65 MeV 付近のピークは，^{230}Th の α 線(4.687 MeV)に相当し，^{232}Th とは異なる．この ^{230}Th は

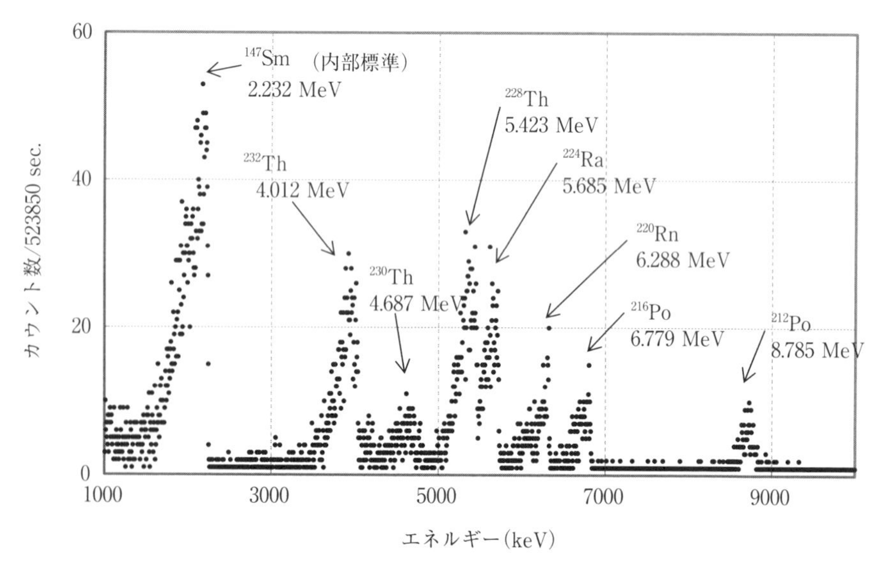

図 2.22　レアアース鉱石の α 線スペクトル．

ウラン系列に属し，鉱石中にUも含まれることを示しており，γ線測定の結果と一致する[26].

γ線の場合と同様にα線の測定でも，計数効率とα線エネルギーとの関係から計数効率を求めて，放射能を算出する方法がある．一方，α線の測定では，内部標準法[27]を用いて，天然Smに15.1%含まれる放射性^{147}Sm（半減期1.05×10^{11} y）からのα線（2.314 MeV）の計数と比較して各核種の放射能および濃度を求めることができる．

D.　放射性物質の分離

放射性物質の分離においては，通常の化学分離と，放射化学分離を考慮する必要がある．

このため，特定元素の含有率を示す「化学純度」に対して，試料の全放射能に対する特定核種の放射能割合を示す「核種純度」，単位質量当たりの放射能を示す「放射能濃度」がある[20].

分離については，通常の化学分離操作が適応され，放射性核種の挙動を利用して分離を行う．このための手法としては，沈殿法，共沈法，溶媒抽出法，イオン交換法，蒸留法，クロマトグラフ法などがあるが，イオン交換法や溶媒抽出法は本書3.1および3.2節で扱うので，ここでは他の方法の要点について述べる．

（1）　沈殿法

放射性物質のイオンを含む溶液に沈殿剤を添加して，以下の反応に従って水に難溶な沈殿を生成させる．その後，沈殿をろ過あるいは遠心分離により分離する．

硫化物沈殿　$^{212}Pb^{2+} + S^{2-} \rightarrow {}^{212}PbS$　(2.35)

硫酸塩沈殿　$^{226}Ra^{2+} + SO_4^{2-} \rightarrow {}^{226}RaSO_4$　(2.36)

$Ba^{2+} + {}^{35}SO_4^{2-} \rightarrow Ba^{35}SO_4$　(2.37)

水酸化物沈殿　$^{55}Fe^{3+} + 3OH^{-} \rightarrow {}^{55}Fe(OH)_3$　(2.38)

モナザイトの浸出液から，Th，レアアースおよびウランリン酸塩を沈殿させる際，ThはpH 1でも90%以上沈殿するのに対し，UはpH4以上で同様の沈殿率を，レアアースの沈殿率は両者の中間の挙動を示しており，pH調整により，これら三つの放射性物質を分離・回収できる．

（2）　共沈法（凝集沈殿法）

放射性核種はラジオコロイドや微粒子状沈殿などにより溶液中に懸濁している場合が

ある．この場合，懸濁物を凝集させて粗粒化，沈降させて分離する．$Fe(OH)_3$ や $BaCO_3$ などは，沈殿するときに微量の放射性物質を吸着して，共沈することが多く，大量の溶液から目的の放射性物質を分離・除去するために利用される．溶液中に多種類のイオンが存在している場合にも，化学的な性質が類似している共沈剤を添加することにより複数の放射性物質を除去・回収できる．沈殿剤としては，(1)に示す水酸化物や硫酸塩以外に，フェロシアン化物などがある．放射性核種を含む微粒子を速やかに沈殿させるために，凝集剤を添加する．凝集剤としては，硫酸アルミニウムなどが用いられ，沈殿生成後は，固液分離により除染された水と放射性スラッジを得る．放射能が強い多種類の放射性核種を共沈させると，放射線分解により水素や有毒ガスが発生する恐れがある点に注意が必要である．

(3)　蒸留分離法

放射性物質の入った溶液から，蒸発，蒸留により，目的とする放射性物質を分離する．例えば，次式の反応を利用して，炭酸バリウムに希塩酸を添加して，$^{14}CO_2$ を揮発分離できる．この方法は特定の元素に対し高い選択性を示すが，気体状の放射性物質を扱うので，飛散や汚染に注意を要する．なお，この蒸留分離法については，第5章，5.2節の同位体分離で紹介されている重水製造を参照されたい．

$$Ba^{14}CO_3 + 2HCl \rightarrow BaCl_2 + H_2O + {}^{14}CO_2 \tag{2.39}$$

(4)　選択溶解

これまでは，液相から，沈殿等固相へ分離する方法について述べてきた．これらとは逆に，固相から選択的に特定の放射性物質を液相へ溶出させて分離することもできる．その場合には，複数の金属元素が共存する酸化物等について，特定元素を化学反応により溶解性を高め，その後，液相へ選択的に溶出分離する[28]．例えば，使用済核燃料には，燃料成分であるUおよびPuと，核分裂生成物(Fission Products : FP)や，Npなどのマイナーアクチノイド(Minor Actinides : MA)が含まれている．希土類や遷移金属など一部のFPとMAは UO_2 燃料中に固溶体として存在し，BaOや ZrO_2 など一部は別相の酸化物として，Pd，Moなどは金属相として存在している．希土類酸化物(R_2O_3)を CS_2 と500℃以下で反応させると，次式のようにオキシ硫化物(R_2O_2S)やセスキ硫化物(R_2S_3)を生成する．

$$R_2O_3 + CS_2 \rightarrow R_2O_2S + COS \tag{2.40}$$

$$R_2O_3 + CS_2 \rightarrow R_2O_2S + COS \tag{2.41}$$

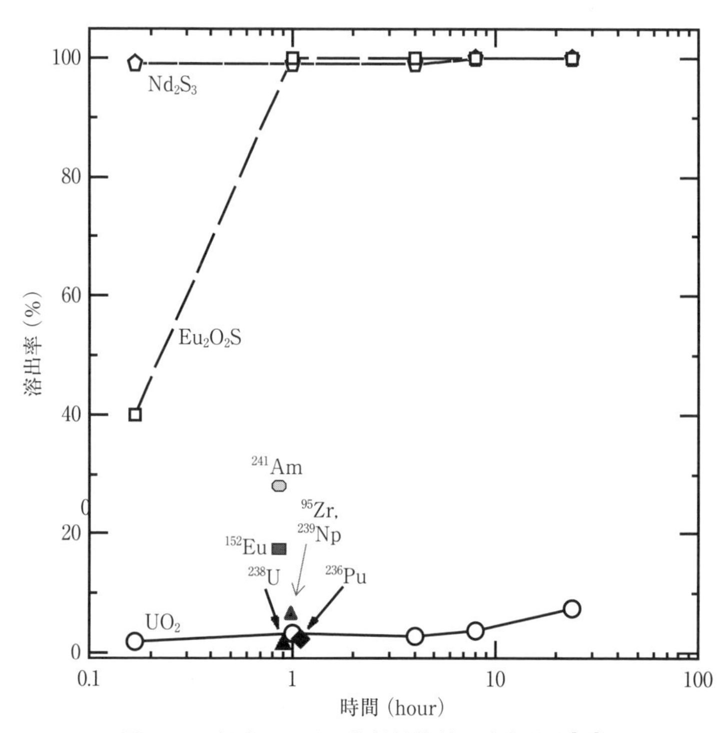

図 2.23　浸出における放射性核種の溶出挙動[28].

酸化物および硫化物の，硝酸への溶解性を調べると，**図 2.23** のようになる．この図には UO_2，Nd_2S_3 および Eu_2O_2S を室温にて 1M 硝酸に溶解したときの，溶解時間に対する各金属元素の溶出割合の変化を示した．また，^{238}U および ^{241}Am，^{236}Pu，^{239}Np，^{152}Eu，^{95}Zr トレーサーを用いた場合の放射能測定から求めた溶出割合を▼や◆等の記号で示している．セスキ硫化物である Nd_2S_3 の場合，溶解初期より 100% 近い値を示し，容易に溶解することがわかる．次に，オキシ硫化物である Eu_2O_2S の場合には初期には 40% 程度の溶出割合であるものの，1 時間も経過すれば，完全に溶出することがわかる．このことは，硫化物は硝酸に容易に溶解し，また，オキシ硫化物についても硫化物よりは時間はかかるものの溶解することを示している．これに対し UO_2 からはほとんど溶出していない．U について，UO_2 と ^{238}U の溶出率は同程度であり，バルクと放射性核種が同様の挙動を取ることがわかる．また，^{236}Pu や ^{239}Np，^{95}Zr は U と同定度の溶出率であり，UO_2 のマトリックス中に固溶しているが，^{241}Am や ^{152}Eu

はある程度溶解することがわかる．このように，硫化物は酸化物に比べ，酸に溶解しやすく，選択的な溶解による放射性物質の分離が可能となる．

E. 放射性物質の除去

ここでは，資源や素材，廃棄物中に微量に含まれる微量の放射性物質を分離・除去することにより，資源や素材の放射能を低減し，素材の高純度化と性能向上を図ることも重要である[29,30]．微量の放射性物質を除去する方法には，（1）溶液中における分離や，（2）吸着剤等による固液分離がある．（1）については，イオン交換や溶媒抽出などを利用して除去される．（2）の場合には，凝集沈殿法や吸着剤を利用して放射性物質を除去する．放射性物質を除去する場合，有機イオン交換樹脂は放射線損傷を受けるため，耐放射線性や高いイオン選択性，化学的安定性に優れる無機イオン交換体が用いられる．無機イオン交換体の分類については，3.1節イオン交換を参照されたい．無機イオン交換体は多種多様であるが，粒状化が容易であり，数百℃まで安定なゼオライト（沸石）が用いられる．ゼオライトは，アルミノケイ酸塩鉱物の1種で，結晶内の細孔に，Na^+ あるいは K^+ などの陽イオンを吸着する．Cs^+ が細孔径に近い場合，Na^+ と

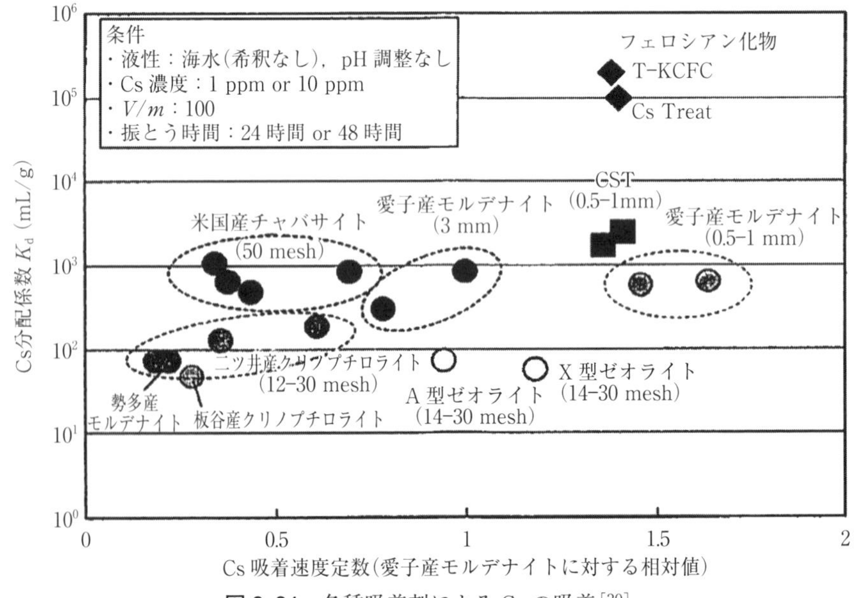

図 2.24　各種吸着剤による Cs の吸着[30]．

置換し，固定化される．Cs^+ の吸着にはモルデナイトやクリノプチロライトといった鉱物が高い選択性を示す．**図 2.24** には，各種吸着剤の Cs の分配係数(K_d)と吸着速度定数との関係を示す．吸着速度定数は仙台愛子産モルデナイト(粒径約 3 mm)に対する相対値で示してある．この図から，吸着速度は，天然ゼオライトでも 10^2-10^3 の K_d 値を示しているが，吸着速度は粒子径により影響されることがわかる．これに対し，フェロシアン化物や CST 吸着剤はゼオライトより K_d 値が 2 桁程度高く，Cs 除去性能が非常に高いことを示している．しかしながら，福島原発事故において発生した汚染水中には，マイナーアクチノイド(MA)や核分裂生成物(FP)を含む多種多様のイオンが含まれており，吸着した核種からの放射線による吸着剤の分解等の影響を受ける恐れがある．実際，チャバサイトにより汚染水中の Cs 吸着する場合においても，交換容量の 6 割程度に留まることが判明している．

このように，放射性物質を吸着材等で除去する場合，吸着材の安定性や耐放射線特性，吸着材そのものを放射性廃棄物としての処理・処分までの検討が必要となる．

2.4　バイオリーチング

A.　バイオリーチングの概要

金属硫化物の溶解度積は極めて小さい値をとるものが多く，一般に硫化鉱物は水中ではほとんど溶解しない．しかし細菌(バクテリア)の中には硫化物を直接的に利用したり，あるいは鉄イオンの酸化還元を介して間接的に硫化物を利用して，自身が必要とするエネルギーを得るものが存在する．これらの細菌はpH2以下の強い酸性環境を好み，高い金属イオン濃度に耐性を有し，二酸化炭素(CO_2)のみを炭素源として生育する．バイオリーチングとは，このような細菌を利用して鉱石から銅，金などの有用金属を抽出，回収する技術である．低品位硫化銅鉱石からの電気銅の生産や金を含む硫化物鉱石からの金回収で大規模な実用化が図られている．

B.　バイオリーチングに関与する微生物

バイオリーチングに利用される細菌として古来からよく知られてきたものに，鉄酸化細菌がある．鉄酸化細菌のうちアシドチオバシルス フェロオキシダンス(*Acidithiobacillus ferrooxidans*)は，かつてチオバシルス フェロオキシダンス(*Thiobacillus ferrooxidans*)と命名されていた．多様な性質を示す細菌類の詳細な研究結果に基づいて，2000年には，好酸性の硫黄酸化細菌のグループとしてアシドチオバシルス(*Acidithiobacillus*)属が新たに提示されるとともに，再分類がなされている[31]．なお，引き続き遺伝子解析等に基づく細菌の分類が，継続的に試みられている．

A. ferrooxidans は生育最適温度30℃付近の中温性細菌であり，40℃以上では生育が困難とされている．この細菌は，溶液中の溶存酸素を用い，第一鉄イオン(Fe^{2+})，元素硫黄(S^0)やチオ硫酸イオン($S_2O_3^{2-}$)などの硫黄化合物を酸化する際のエネルギーを利用して増殖し，二酸化炭素を唯一の炭素源として利用する化学合成独立栄養細菌に分類されている．pH2の強い酸性環境で生育し，多くの重金属イオンに対し耐性を示す[32]．*A. ferrooxidans* と同様に Fe^{2+} の酸化により増殖する鉄酸化細菌としてレプトスピリルム フェロオキシダンス(*Leptospirillum ferrooxidans*)が知られている．この細菌はらせん状の形態を有し，*A. ferrooxidans* よりやや高い温度でも生育するが，元素硫黄や硫黄酸化物の酸化能力は有していない[33]．この他にも鉄酸化細菌として知られているものにガリオネラ(*Gallionella*)属やレプトスリックス(*Leptothrix*)属があるが，これらはpHが6-7の中性条件で Fe^{2+} を酸化する細菌である．一方，硫黄酸化細菌で

表 2.9 鉄酸化細菌用培地の組成[37].

成分	量
$(NH_4)_2SO_4$	3.0 g
K_2HPO_4	0.5 g
$MgSO_4 \cdot 7H_2O$	0.5 g
KCl	0.1 g
$Ca(NO_3)_2$	0.01 g
$FeSO_4 \cdot 7H_2O$	44.22 g
蒸留水	1000 mL

* 1 mol/L の硫酸水で pH を 2 に調整

あるアシドチオバシルス チオオキシダンス(*Acidithiobacillus thiooxidans*)は，Fe^{2+} の酸化能力を欠く点を除けば，*A. ferrooxidans* とほぼ同等の性質を有している．また，同じく硫黄酸化細菌のアシドチオバシルス カルダス(*Acidithiobacillus caldus*)は，*A. ferrooxidans* や *A. thiooxidans* よりも高い温度で生育することができ，その最適生育温度は 45℃である[34].

鉄酸化細菌の *A. ferrooxidans* と *L. ferrooxidans*，硫黄酸化細菌の *A. thiooxidans* と *A. caldus* などの細菌は化学合成独立栄養細菌と呼ばれる特殊な生物の仲間に分類される[32]．多くの生物は生育に必要なエネルギーを有機物の酸化により得ているが，化学合成独立栄養細菌は必要なエネルギーを無機物の酸化により獲得する．また化学合成独立栄養細菌は，細胞を構成する有機物を植物と同様の仕組みで空気中の二酸化炭素 CO_2 の固定により獲得している[35, 36].

表 2.9 は，実験室で鉄酸化細菌を培養する場合によく使用される 9 K 培地[37]の組成である．無機物のみで構成されているこの培地を入れた三角フラスコに，*A. ferrooxidans* などの鉄酸化細菌を少量接種して 30℃で数日間培養を行うと，培地の色が第二鉄イオン(Fe^{3+})の生成を示す赤い色に変わり，顕微鏡下で培養液を観察すると鉄酸化細菌の増殖が認められる．しかし二酸化炭素を完全に除去した状態で培養すると鉄酸化細菌の増殖は起こらないことから，この細菌の増殖には二酸化炭素が必要なことがわかる．9 K 培地を入れた三角フラスコに，自然界から採取した土壌や岩石の試料を少量入れて，30℃で数週間実験室で培養を行うと，多くの場合で *A. ferrooxidans* などの鉄酸化細菌が増殖することから，この細菌が地表付近の環境に広く分布していることが確認

される．

高温の温泉水などにアシディアヌス(*Acidianus*)属[38]，メタロスファレア(*Metallosphaerea*)属[39]，スルホロブス(*Sulfolobus*)属[40]などの硫黄や硫化物の酸化能力を有している細菌が棲息している．これらの細菌は60℃以上の高温で生育するため，高度好熱性細菌と呼ばれている．一般に高温下では化学反応の進行速度が速くなるため，高度好熱性細菌を利用してバイオリーチングを試みる実験が数多く行われ，有望な結果が得られている[41]．

C．　微生物による硫化鉱物の溶解反応

常温における微生物による硫化鉱物の溶解反応の概略は以下のとおりである．岩石や土壌中の硫化物(MS で代表して示す)や硫黄(S^0)は，酸素(O_2)と水(H_2O)が存在する環境下では硫黄酸化細菌の働きにより，式(2.42)，(2.43)に従って酸化され，最終的に硫酸イオン(SO_4^{2-})に変換される．

$$MS + 2O_2 \rightarrow M^{2+} + SO_4^{2-} \tag{2.42}$$

$$2S^0 + 3O_2 + 2H_2O \rightarrow 4H^+ + 2SO_4^{2-} \tag{2.43}$$

また鉄酸化細菌は式(2.44)に従って Fe^{2+} を酸化する．

$$4Fe^{2+} + 4H^+ + O_2 \rightarrow 4Fe^{3+} + 2H_2O \tag{2.44}$$

この反応は常温において低 pH 領域では極めて緩慢にしか進行しない．しかし，鉄酸化細菌が存在すると，その保有する鉄酸化酵素の触媒作用により速やかに反応が進行するようになり，強力な酸化剤である Fe^{3+} が生成される．この Fe^{3+} によって硫化鉱物が酸化され，金属イオンが溶出する．

$$MS + 2Fe^{3+} \rightarrow M^{2+} + 2Fe^{2+} + S^0 \tag{2.45}$$

また，この反応により生成する硫黄は，硫黄酸化細菌によって式(2.43)に従って酸化される．

実際には常温での硫化鉱物の溶解機構は鉱物の種類によって異なっており，チオ硫酸イオン($S_2O_3^{2-}$)を経て硫酸イオンが生成する機構(チオ硫酸機構)とポリ硫化物イオン(一般式 S_n^{2-}, S_2^{2-} で代表する)を経て溶解する機構(ポリ硫化物機構)に大別される[42,43]．前者は黄鉄鉱(FeS_2)，輝水鉛鉱(MoS_2)など結晶中の硫黄が二硫化物で存在する鉱物に見られるものである．この場合，鉄酸化細菌が生成する Fe^{3+} により MS_2 で代表される二硫化物の形態の硫化鉱物が溶解され，$S_2O_3^{2-}$ が式(2.46)に従って生成する．

$$MS_2 + 6Fe^{3+} + 3H_2O \rightarrow M^{2+} + 6Fe^{2+} + S_2O_3^{2-} + 6H^+ \tag{2.46}$$

$S_2O_3^{2-}$ は硫黄酸化細菌により，式(2.47)に従って硫酸イオンに酸化される．

$$S_2O_3^{2-} + 2O_2 + H_2O \rightarrow 2H^+ + 2SO_4^{2-} \qquad (2.47)$$

また，$S_2O_3^{2-}$ は式(2.48)のように Fe^{3+} によって化学的に酸化される．

$$S_2O_3^{2-} + 8Fe^{3+} + 5H_2O \rightarrow 8Fe^{2+} + 10H^+ + 2SO_4^{2-} \qquad (2.48)$$

式(2.46)や式(2.48)で生成する Fe^{2+} は，鉄酸化細菌の作用により式(2.44)に従って Fe^{3+} に酸化される．結局，この機構の総括反応は式(2.49)で与えられる．

$$MS_2 + 3.5O_2 + H_2O \rightarrow M^{2+} + 2SO_4^{2-} + 2H^+ \qquad (2.49)$$

これに対し，後者のポリ硫化物機構で溶解する硫化鉱物(MSで代表する)には，閃亜鉛鉱(ZnS)，方鉛鉱(PbS)，黄銅鉱($CuFeS_2$)などがある．この場合は，硫化鉱物は Fe^{3+} によって酸化されるが，その際に式(2.50)に示すように，まずポリ硫化物イオンが生成される．ついで，この生成物が第 Fe^{3+} によって酸化されて，式(2.51)のように硫黄が生成する．

$$2MS + 2Fe^{3+} \rightarrow 2M^{2+} + 2Fe^{2+} + S_2^{2-} \qquad (2.50)$$

$$S_2^{2-} + 2Fe^{3+} \rightarrow 2S^0 + 2Fe^{2+} \qquad (2.51)$$

この場合も生成する Fe^{2+} は鉄酸化細菌によって酸化され Fe^{3+} が再生される(式(2.44)参照)．結局，この機構の総括反応は式(2.52)で与えられるように酸が消費され，硫黄が生成する反応となる．

$$MS + 0.5O_2 + 2H^+ \rightarrow M^{2+} + S^0 + H_2O \qquad (2.52)$$

式(2.51)で生成する硫黄が，硫化鉱物の表面から速やかに移動するか，あるいは硫黄酸化細菌による式(2.43)で与えられる反応で速やかに硫酸まで酸化されれば，硫黄による反応の阻害は起こらない．ところが式(2.51)で生成する硫黄が鉱物表面で稠密な固体層の被膜を形成して式(2.50)による硫化鉱物の溶解を妨げ，式(2.43)に従う酸化溶解が生じなくなることがある．とくに銅資源としてもっとも埋蔵量の多い黄銅鉱は，この硫黄被膜の形成により銅の溶出率が極めて低くなることが知られている[44]．

D. バイオリーチングの実用例

バイオリーチングの実用例として最も知られているものは，低品位硫化銅鉱石からの銅生産プロセスへの適用である．この場合，低品位の銅鉱石を粉砕，造粒後に堆積し，堆積層(ヒープ)の上部から酸性水を散布し，ヒープの内部で銅鉱物を溶解させて，下部から銅イオンを含む浸出液を抜き出し，溶媒抽出-電解採取(SX-EW)法により電気銅を生産するのが一般的である．このプロセスで生産される銅は世界の銅生産量の2割に及ぶといわれており，この方式で年間数十万トンの電気銅を生産する鉱山もいくつかある[45]．鉱物の選別過程や高温での金属分離精製過程を経ることなく銅採掘現場の近傍で最終製品である電気銅まで生産できるので，一般的な採掘-選鉱-乾式製錬による銅生産プロセスと比較して，低コスト，低環境負荷で銅を生産することが可能なプロセスである．

このプロセスの適用対象となる銅鉱物は，酸化銅鉱物の他，輝銅鉱(Cu_2S)，銅らん(CuS)などの二次硫化銅鉱物である．浸出液がヒープの内部を流下する過程で酸化銅鉱物は酸性水との反応で容易に溶解するが，二次硫化銅鉱物は酸のみでは溶解せず，鉄酸化細菌等の関与する反応で溶解する．しかし，もっとも埋蔵量の多い黄銅鉱(一次硫化銅鉱物)は前述したように硫黄被膜の形成により常温では溶解率が極めて低いので，今のところ銅の回収対象鉱物になっていない．

一方，黄鉄鉱(FeS_2)，硫砒鉄鉱($FeAsS$)などの硫化鉱物中に随伴される金は従来難処理資源とされてきた．ケイ酸塩鉱物に随伴される金は通常，次式に示す反応でシアンにより溶解させたのち，活性炭等に吸着させて金を回収する．

$$4Au + 8CN^- + O_2 + 2H_2O \rightarrow 4Au(CN)_2^- + 4OH^- \qquad (2.53)$$

硫化鉱物が存在すると，硫化鉱物とシアンとが反応してシアンが消費されてしまうため，金を溶解させることが困難になる．この点に配慮しつつ，金の回収にバイオリーチングの手法を応用するプロセスが開発されている．この場合，あらかじめ粗鉱から浮遊選鉱法などで金含有硫化鉱物を濃縮した精鉱を，大型の反応容器中でバイオリーチングの反応により硫化鉱物を溶解させる．大半の硫化鉱物を溶解させた後，残渣に残留する金をシアンで溶解させ回収するものであり，常温，常圧で反応を行うことができる．バイオリーチングの浸出液には硫酸イオン，鉄イオンの他に砒素も大量に含まれることが多く，廃水処理を確実に行う必要がある．このプロセスは，アフリカ，南米，オーストラリアなどの金鉱山で適用されており，このうちガーナのアシャンティ鉱山では１日あたり1000トンもの金含有硫化鉱物の鉱石が処理されている[46,47]．

この他，バイオリーチングを利用する硫化鉱物からのコバルトやニッケルの回収も実用化のレベルに到達しているが[48]，実際に適用されている鉱山はまだ多くはない．また過去にはウラン鉱石(酸化ウラン鉱：UO_2)からのウランの回収にもバイオリーチングの適用が検討されている[49,50]．バイオリーチングの適用にいくつかのメリットが認められる場合でも，既存の手法との競合，とくに経済的な理由も絡むので，必ずしも実用化は容易とはいえない．それでも高品位資源が減少し，やがては枯渇することは自明であり，未利用資源の活用の視点からも，「バイオリーチング」は有効な手段の一つと考えられている．

参考文献

[1] Z-Y. Lu and D. M. Muir : Hydrometallurgy, **21** (1988) pp. 9-21.

[2] M. H. H. Mahmoud, A. A. I. Afifi and I. A. Ibrahim : Hydrometallurgy, **73** (2004) pp. 99-109.

[3] 矢沢彬，江口元徳：湿式製錬と廃水処理，共立出版(1975).

[4] 阿座上竹四，粟倉泰弘：金属化学入門シリーズ 3，金属製錬工学，日本金属学会(1999).

[5] 高橋堅之，木村悦治，岩崎巌：資源処理技術，**41** (1994) pp. 94-99.

[6] 中村威一：金属資源レポート，JOGMEC (2013) pp. 45-62.

[7] W. G. Davenport, M. King, M. Schlesinger and A. K. Biswas : Extractive Metallurgy of Copper, 4th edition, Pergamon Press (2002) pp. 289-305.

[8] M. Pourbaix : Atlas of Electrochemical Equilibria in Aqueous Solutions, Pergamon Press (1966).

[9] D. D. Wagman, W. H. Evans, V. B. Parker, R. H. Schumm, I. Halow, S. M. Bailey, K. L. Churney and R. L. Nuttall : J. Phys. Chem. Ref. Data, **11** (1982).

[10] W. Zhang, Z. Zhu and C-Y. Cheng : Hydrometallurgy, **108** (2011) pp. 177-188.

[11] R. Derry : Minerals Sci. Eng., **4** (1972) pp. 3-24.

[12] W. Stumm and J. J. Morgan : Aquatic Chemistry, 2nd edtion, John Wiley & Sons (1981).

[13] A. E. Lewis : Hydrometallurgy, **104** (2010) pp. 222-234.

[14] 濱井昂弥，小寺拓也，小林幹男，増田信行，酒田剛：Journal of MMIJ, **132** (2016) pp. 175-181.

[15] J. O. Claassen, E. H. O. Meyer, J. Rennie and R. F. Sandenbergh : Hydrometallurgy, **67** (2002) pp. 87-108.

[16] http://www.ad-mk.com/client/dowa/pr080811/index2.html

[17] E. G. Kelly and D. J. Spottiswood : Introduction to Mineral Processing, A Wiley-Interscience Publication (1982).

[18] 三輪茂雄：粉体工学通論，日刊工業新聞社(1981) p. 2218.

[19] R. H. Perry and C. H. Chilton (Eds.) : Chemical Engineers' Handbook, 5th edition, Section 19, MaGraw-Hill (1973).

[20] 日本アイソトープ協会編：放射線取扱の基礎(2009) 第 2 章.

[21] J. Emsley : The Elements, Clarendon Press, Oxford (1989) 他.

[22] G. R. Choppin, J-O. Liljenzin and J. Rydberg : Radiochemistry and Nuclear Chem-

istry, Butterworth-Heinemann (2002) Chap. 21.
[23] F. Habashi : Principles of Extractive Metallurgy, Vol. 2 Hydrometallurgy, Gordon and Breach, (1980) Chap. 3.
[24] 日本金属学会編：非鉄金属製錬，現代の金属学，製錬編 2(1980).
[25] 佐藤修彰：東北大学選研彙報，**44**(1988) pp. 203-213.
[26] 桐島陽：J. of MMIJ, **128**(2012) pp. 554-562.
[27] H. Yamana, T. Yamamoto, K. Kobayashi, S. Mitsugashira and H. Moriyama : J. Nucl. Sci. Tech., **38**(2001) pp. 859-865.
[28] 佐藤修彰，桐島陽：環境資源工学，**57**(2010) pp. 135-140.
[29] 三村均，佐藤修彰，桐島陽：イオン交換学会誌，**57**(2011) pp. 7-12.
[30] 山岸功，三村均，出光一哉：日本原子力学会誌，**54**(2012) pp. 166-170.
[31] D. P. Kelly and A. P. Wood : Inter. J. Systematic Bacteriology, **50**(2000) pp. 511-516.
[32] 千田佶編著：微生物資源工学，コロナ社(1996) pp. 56-59.
[33] D. B. Johnson : Bergey's Manual of Systematic Bacteriology, 2nd edition, Vol. 1, Edited by D. R. Boone and G. M. Garrity, Springer (2001) pp. 453-457.
[34] D. P. Kelly and A. P. Wood : Bergey's Manual of Systematic Bacteriology 2nd edition, Vol. 2, Edited by B. Part, D. J. Brenner, N. R. Krieg and J. T. Staley, Springer (2005) pp. 60-62.
[35] R. Y. スタニエ，J. L. イングラム，M. L. ウイーリス，P. R. ペインダー(高橋甫，齋藤日向，手塚泰彦，水島昭二，山口英世訳：微生物学(下)，原著第５版，培風館(1989) pp. 67-83.
[36] 今井和民：独立栄養細菌，化学同人(1984) pp. 51-105.
[37] M. P. Silverman and D. G. Lundgren : J. Bacteriol., **77**(1959) pp. 642-647.
[38] A. Segerer, A. Neuner, J. K. Kristjansson and K. O. Stetter : Inter. J. Systematic Bacteriology, **36**(1986) pp. 559-564.
[39] G. Huber, C. Spinnler, A. Gambacorta and K. O. Stetter : Systematic and Applied Microbiology, **12**(1989) pp. 38-47.
[40] G. Huber and K. O. Stetter : Systematic Applied Microbiology, **14**(1991) pp. 372-378.
[41] P. R. Norris : Biomining : Theory, Microbes and Industrial Processes, Edited by D. E. Rawlings, Springer (1997) pp. 247-258.
[42] A. Schippers and W. Sand : Applied and Environmental Microbiology, **65**(1991) pp. 319-321.
[43] W. Sand, T. Gehrke, P-G. Jozsa and A. Schippers : Hydrometallurgy, **59**(2001) pp.

159-175.

[44] Y. Li, N. Kawashima, J. Li, A. P. Chandra and A. R. Gerson : Advances in Colloid and Interface Science, **197/198** (2013) pp. 1-32.

[45] H. R. Watling : Hydrometallurgy, **84** (2006) pp. 81-108.

[46] D. E. Rawlings, D. Dew and C. du Plessis : TRENDS Biotechnol., **21** (2003) pp. 38-44.

[47] P. C. van Aswegen, J. Niekerk and W. Olivier : Biomining, Edited by D. E. Rawlings and D. B. Johnson, Springer (1997) pp. 247-258 and Edited by D. E. Rawlings, Springer (2007) pp. 1-33.

[48] A. Brierley and C. L. Brierley : Hydrometallurgy, **59** (2001) pp. 233-239.

[49] 千田信編著：微生物資源工学，コロナ社(1996) pp. 84-87.

[50] N. Tomizuka and M. Yagisawa : Metallurgical Application of Bacterial Leaching and Related Microbiological Phenomena. Edited by L. E. Murr, A. E. Torma and J. E. Brierly, Academic Press (1978) pp. 321-344.

第3章

イオン交換法と溶媒抽出

3.1　イオン交換反応

水処理，湿式製錬，薬剤の製造などに使用されているイオン交換反応は，イオン交換体の構造変化を伴わずに，官能基に化学吸着している対イオンと液相中の対イオンが可逆的に交換する反応である．イオン交換現象は，自然界ではごくありふれた事象であり，これは電気的に中性な分子よりもイオン結合性化合物がより多く存在することに起因する[1,2]．その歴史は古く，旧約聖書にイオン交換の利用を示唆する硬水軟化処理の記述があり，紀元前4世紀には海水をある種の石や砂でろ過することにより軟水化する技術がアリストテレスにより記録されている[1]．これに対して，科学的なイオン交換がH. S. Thomson，J. Spence，J. T. Wayらによって初めて報告されたのは，19世紀になってからである．その後，イオン交換反応の可逆性，化学量論性の発見，イオンの働きなどが明らかになり，硬水軟化，ショ糖溶液処理への応用が始まり，1900年代半ばに無機イオン交換体，スチレン系イオン交換樹脂が開発された．現在活用されているイオン交換体の大まかな分類を**図3.1**に示す[1-3]．また，現在は有機系素材のイオン交換体が水処理を始めとして，薬剤，食品，医薬品の分離精製に幅広く応用されている．一方，無機系素材のイオン交換体は放射性物質の除去，洗浄助剤などの特殊な用途に限定して利用されている．

有機系素材のイオン交換樹脂は，その構造によりゲル型，多孔型にさらに分類される．ポリスチレンとジビニルベンゼンの重合体であり，300-1200 μmの球状粒子である．ジビニルベンゼンは架橋剤として働き，添加量が多いと網目の密な構造となり，少なくすると網目が粗になる．ゲル型，多孔型は架橋剤の添加量で決まる[3]．

代表的なイオン交換樹脂は，スチレン-ジビニルベンゼン共重合体に官能基を導入して作製される．図3.1には，それぞれのイオン交換樹脂の官能基の一例も示す．これ以外にも，非常に多くの官能基が開発されており，用途に合わせた選択が可能である．陽イオン交換樹脂には，スルホン酸基($-SO_3H$)を官能基にもつ強酸性陽イオン交換樹脂，カルボン酸基(-COOH)を官能基にもつ弱酸性陽イオン交換樹脂が，陰イオン交換樹脂

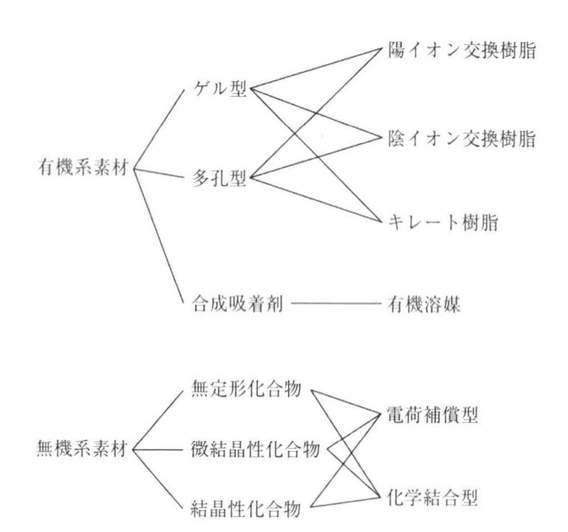

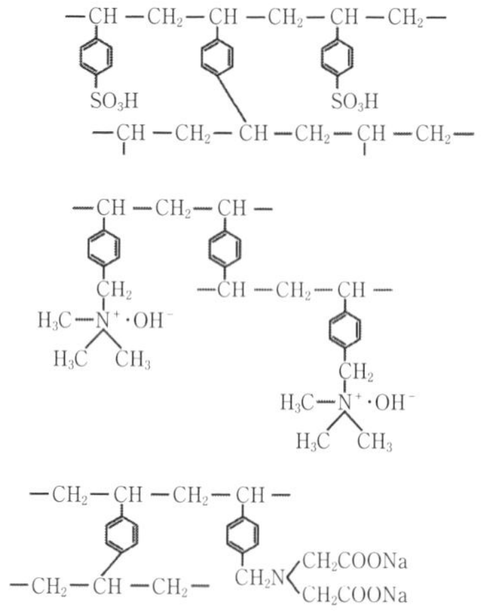

合成吸着剤に含浸させて使用

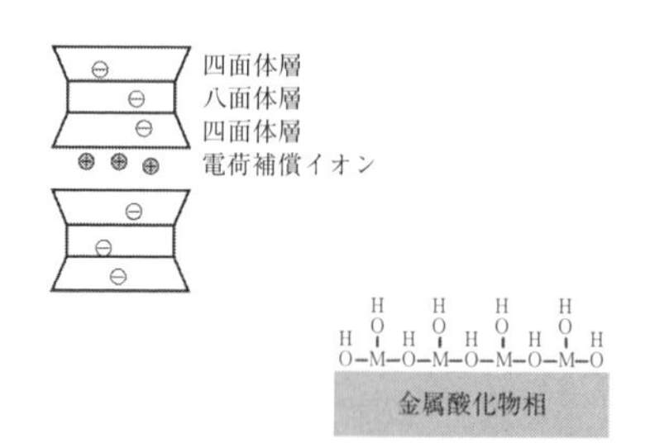

図 3.1　イオン交換体の分類[1-3].

には，4級アンモニウム基(≡N$^+$)を官能基にもつ強塩基性陰イオン交換樹脂，1，2，3級アミノ基を官能基にもつ弱塩基性陰イオン交換樹脂がある[2,3]．また，キレート樹脂は，吸着イオン選択性の高いキレート剤を官能基に使用している．イミノジ酢酸型官能基の選択性は，$Cr^{3+} > In^{3+} > Fe^{3+} > Ce^{3+} > Al^{3+} > La^{3+} > Hg^{2+} > UO_2^{2+} > Cu^{2+} > VO^{2+} > Pb^{2+} > Ni^{2+} > Cd^{2+} > Zn^{2+} > Co^{2+} > Fe^{2+} > Mn^{2+} > Be^{2+} > Ca^{2+} > Mg^{2+} > Sr^{2+}$ 順である．また，ポリアミン型官能基の選択性は，$Hg^{2+} > Fe^{3+} > Cu^{2+} > Zn^{2+} > Cd^{2+} > Ni^{2+} > Co^{2+} > Ag^{+} > Mn^{2+}$ の順であり，K^+，Na^+，Li^+，Rb^+，Cs^+，Mg^{2+}，Ca^{2+}，Sr^{2+}，Ba^{2+}，Sn^{2+}，Zr^{4+}，Th^{4+}，Al^{3+}，Fe^{2+} は吸着しない．

ゲル型，多孔型以外の合成吸着剤は，官能基をもたない樹脂で内部に網目構造をもつ．溶媒抽出に用いられる有機溶媒にも多くの種類があり，様々なイオンの分離に用いられている．しかし，溶媒抽出は大量の溶液の処理に向いているが，カラム法に応用可能な固液抽出法であるイオン交換樹脂に比べて，微量イオンの処理には不向きである．有機溶媒を使用してカラム法を用いたクロマトグラフィーによる分離を試みる場合には，合成吸着樹脂の網目構造に有機溶媒を含浸させることが行われる．こうして作製した有機溶媒含浸樹脂は，元の有機溶媒の特性を反映したイオン選択性を有し，かつ微量イオンの処理も可能な樹脂が作製できる[4]．

有機系素材のイオン交換体には，球状樹脂の他にイオン交換膜も作製されている．イオン交換膜はその形状を活かして電気透析の隔膜として応用されることが多い．最近では，陰イオン交換膜と陽イオン交換膜を貼り合わせたバイポーラ膜を利用した電解精製も実施されている[5]．

イオン交換法は，このように微量イオンを含む水溶液の処理に適しており，このことから，金属の高純度精製によく用いられる．以下に，イオン交換反応およびイオン交換樹脂の特性について述べる．

A. イオン交換反応

イオン交換反応は樹脂相中の官能基に化学吸着している対イオンと，液相中の対イオンが可逆的に交換する平衡反応である．

$$z_{\mathrm{A}}\overline{\mathrm{B}^{z_{\mathrm{B}}}} + z_{\mathrm{B}}\mathrm{A}^{z_{\mathrm{A}}} = z_{\mathrm{B}}\overline{\mathrm{A}^{z_{\mathrm{A}}}} + z_{\mathrm{A}}\mathrm{B}^{z_{\mathrm{B}}} \tag{3.1}$$

ここで，A は価数 z_{A} のイオン，B は価数 z_{B} のイオンであり，上線は樹脂相中のイオンであることを示す．イオン交換樹脂を特徴付ける性能としての平衡分配係数 D_{A}，分離係数 $\alpha_{\mathrm{B}}^{\mathrm{A}}$ および選択係数 $K_{\mathrm{B}}^{\mathrm{A}}$ は，次のように定義される[2,3]．

$$D_{\mathrm{A}} = \frac{\text{樹脂相中単位容積当たりのイオンの量}}{\text{液相中単位容積当たりのイオンの量}} = \frac{[\overline{\mathrm{A}}]}{[\mathrm{A}]} \tag{3.2}$$

$$\alpha_{\mathrm{B}}^{\mathrm{A}} = \frac{D_{\mathrm{A}}}{D_{\mathrm{B}}} \tag{3.3}$$

$$K_{\mathrm{B}}^{\mathrm{A}} = \frac{[\overline{\mathrm{A}}]^{z_{\mathrm{B}}}[\mathrm{B}]^{z_{\mathrm{A}}}}{[\mathrm{A}]^{z_{\mathrm{B}}}[\overline{\mathrm{B}}]^{z_{\mathrm{A}}}} \tag{3.4}$$

ここで，[A]は A イオンの濃度を示す．また，選択係数は式(3.1)の平衡定数でもある．

通常のイオン交換反応では，選択係数が最もよく用いられる．低濃度，常温での強酸性陽イオン交換樹脂の選択性は，($Na^{+}<Ca^{2+}<Al^{3+}<Th^{4+}$)のようにイオンの価数が高いほど大きい．価数が同じ場合は，($Li^{+}<Na^{+}<Rb^{+}<Cs^{+}$; $Mg^{2+}<Ca^{2+}<Sr^{2+}<Ba^{2+}$)のように原子番号の順に大きくなる[3]．

式(3.1)のイオン交換反応が起こるためには，まず官能基が解離しなければならない．樹脂と結合している官能基をRで表すと，酸性陽イオン交換樹脂R-H，塩基性陰イオン交換樹脂R-Clは，次式に従って解離する．

$$\overline{\text{R-H}} \leftrightarrow \overline{\text{R}^-} + \overline{\text{H}^+} \quad K = \frac{[\overline{\text{R}^-}][\overline{\text{H}^+}]}{[\overline{\text{R-H}}]} \tag{3.5}$$

$$\overline{\text{R-Cl}} \leftrightarrow \overline{\text{R}^+} + \overline{\text{Cl}^-} \quad K = \frac{[\overline{\text{R}^+}][\overline{\text{Cl}^-}]}{[\overline{\text{R-Cl}}]} \tag{3.6}$$

Kは解離定数である．酸性基はその$pK \equiv -\log K$よりも高いpHで，塩基性基は低いpHで解離する．**表3.1**に官能基のpKを示す[3]．表からわかるように，強酸性陽イオン交換樹脂，強塩基性陰イオン交換樹脂は全pH範囲で解離するが，弱酸性陽イオン交換樹脂，弱塩基性陰イオン交換樹脂は解離するpH範囲が限られる．

実際のイオン交換反応は，**図3.2**(a)に示す素過程を取ると考えられる[2,3]．樹脂相には対イオンAが吸着している．液相中の対イオンBは樹脂表面まで拡散し，液相と樹脂相界面の拡散層内を通り抜けて樹脂相内部に達する．さらに樹脂粒子内を拡散して固定イオンに達し，対イオンAとの交換反応が起こり，対イオンBが固定イオンに吸着する．この交換反応は一瞬で完了すると考えられている．その後，交換した対イオン

表3.1　樹脂相中官能基の見掛けのpK値[3]．

陽イオン交換樹脂		陰イオン交換樹脂	
官能基	pK	官能基	pK
$-SO_3H$	<1	$-N(CH_3)_3OH$	>13
$-PO_3H_2$	pK_1　2-3	$-N(C_2H_4OH)(CH_3)_2OH$	>13
	pK_2　7-8	$-NH_2$	7-9
$-COOH$	4-6	$-NH-$	7-9
(ベンゼン環)$-OH$	9-10	(ベンゼン環)$-NH_2$	5-6

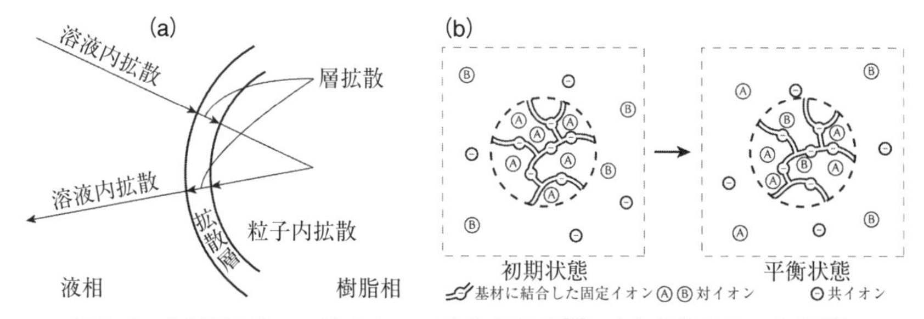

図 3.2　(a)樹脂相への対イオンの吸着素過程[3]，(b)吸着前後の状態[2]．

B は逆の過程をたどって液相へ拡散する．A と B の価数が異なる場合は，電気的中性を保持するモル比で交換するか，電気的中性を補償するように反対符号のイオン，例えば H^+ や Cl^- が配位した形で交換基に吸着する．この過程は平衡状態に達するまで続く．図 3.2(b)に吸着前後の状態を示す．平衡状態では，樹脂相，液相での A，B イオンの比は異なる．イオン交換の速度は，拡散層中，樹脂粒子中の拡散速度に律速され，イオン交換の条件，樹脂の種類などにより異なる．

B.　平衡分配係数

イオン交換を分離精製に応用する場合は，各イオンの吸着挙動，すなわち式(3.2)で定義される平衡分配係数 D を考慮して工程を構築する．強酸性陽イオン交換樹脂，強塩基性陰イオン交換樹脂への種々の溶媒からの各イオンの平衡分配係数は，1950 年代から 1960 年代にかけて，K. A. Kraus らにより精力的に調べられた[6]．1990 年代には，分析装置などの技術の発達に伴い，より正確な平衡分配係数が求められ，T. Kékesi らによって報告されている[7]．平衡分配係数の求め方には「溶離法」および「バッチ法」の二つの方法がある[8,9]．

溶離法では，イオン交換樹脂を充填したカラムに，測定するイオンを含む溶液を通液させ，イオンの溶離速度から平衡分配係数を求める．カラム内のイオンの移動を考慮した吸着度合を表す指標として溶離定数 E は，次式で定義される．

$$E = \frac{dA}{V} \tag{3.7}$$

式(3.7)は，断面積 A である樹脂層に容量 V の展開液が通過し，吸着帯が距離 d を移動する場合を表す．イオン導入量が樹脂の交換容量を超えるとカラムからの漏洩が始まり，この時点での溶出容量を貫流容量 V_B，樹脂層全体の長さを L として，式(3.7)に代入すると，E は次のように書き換えることができる．

$$E = \frac{LA}{V_B} \tag{3.8}$$

樹脂層の空隙率を β とすると，樹脂層長 L と平衡分配係数 D との関係は次のようになる[8]．

$$L = \frac{V_B}{(\beta + D)A} \tag{3.9}$$

式(3.8)と式(3.9)から平衡分配係数 D は，溶離定数 E を用いて次式で与えられる．

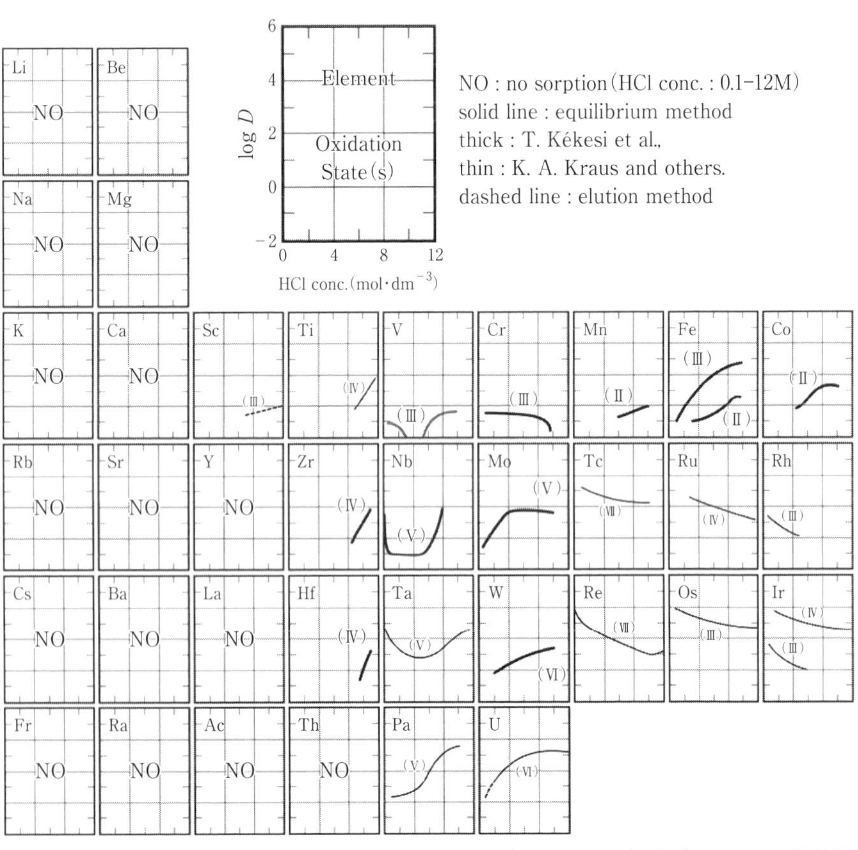

図 3.3　HCl 溶媒中からの強塩基性

$$D=\frac{1}{E}-\beta \tag{3.10}$$

溶離法では，強い吸着を示す場合($D \gtrsim 100$)イオンの漏洩が非常に遅く，正確な平衡分配係数を反映しない．また，弱い吸着でも，適切な通液速度を用いないと拡散により吸着帯が広がってしまい，この場合も正確な平衡分配係数を反映しないという問題点がある．この問題点を改善した平衡分配係数を求める手法が，バッチ法である[9]．

バッチ法では，平衡分配係数の定義である式(3.2)に則った測定を行う．すなわち，ある一定の容積 V_r のイオン交換樹脂を測り取り，初期濃度 c_i の測定イオンを含む一定容量 V_s の溶液と接触させてイオン交換反応させ，平衡後の溶液相中イオン濃度 c_e を

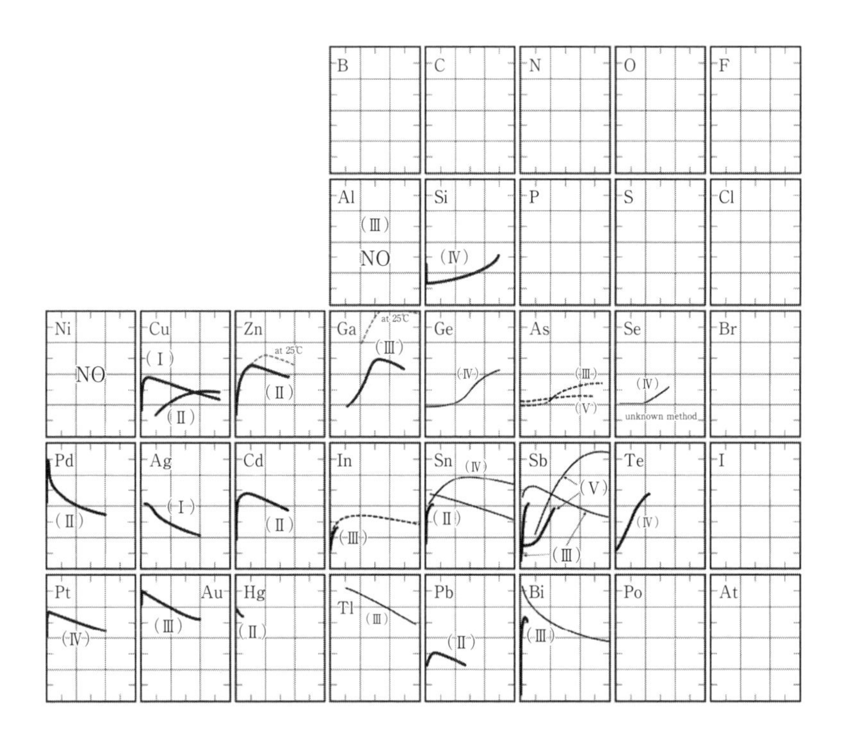

陰イオン交換樹脂への各イオンの吸着挙動[6,7]．

測る．この場合，平衡分配係数 D は次式で定義される．

$$D=\frac{\overline{c_{\mathrm{e}}}}{c_{\mathrm{e}}}=\frac{\dfrac{V_{\mathrm{s}}(c_{\mathrm{i}}-c_{\mathrm{e}})}{V_{\mathrm{r}}}}{c_{\mathrm{e}}} \tag{3.11}$$

ここで，$\overline{c_{\mathrm{e}}}$ は平衡後の樹脂相中のイオン濃度である．

図 3.3 に HCl 溶媒からの強塩基性陰イオン交換樹脂への各イオンの吸着挙動を示す[6,7]．横軸に HCl 濃度，縦軸に平衡分配係数の対数を示す．図 3.3 に示す HCl 溶媒中からの強塩基性陰イオン交換樹脂への吸着挙動はバッチ法により求めたデータである．現在は分析方法の発達により ppm レベルの微量濃度の測定が可能となったため，主にバッチ法による平衡分配係数の決定が行われている．

c．　陰イオン交換反応

図 3.3 から容易にわかるように，HCl 溶媒中における陰イオン交換樹脂への吸着挙動は Cl^- イオン濃度に敏感で，イオン交換は微量イオンの処理にも優れていることから，Kraus と Nelson により金属の精製への可能性が指摘された[10]．その後 Nardin らにより HCl 溶媒を用いた Co 等の陰イオン交換クロマトグラフィーによる高純度精製が行われた[11]．

金属の高純度精製に有効な HCl 溶媒における陰イオン交換反応において，対イオンは負に帯電したクロロ錯体である[6,7]．通常のイオン交換反応ではイオンの選択性が重要視されるが[2,3]，錯体が対イオンである反応の場合は，吸着可能種がどの程度形成されるかも重要である．すなわち，吸着挙動は，各金属イオンの HCl 溶媒中での錯体分布に依存する．金属イオンのクロロ錯体分布は，データブック[12]などに記載されている逐次安定度係数を基に求めることができる．ただし，報告値は数 10 年前から半世紀以前に決定されたものが多く，その当時の分析技術や解析手法の限界を反映してかなり特殊な条件下で決定されたものがほとんどである．最近，深海での鉱物資源の溶出や海流による拡散の予測のために，標準状態から高温高圧にかけてのクロロ錯体分布の解析が進んでいる[13]．その結果，従来の報告では検出されていないクロロ錯体の存在が改めて確認されたり，従来は存在すると考えられていたクロロ錯体の存在が否定される場合がある（例：Liu らによる Cu(Ⅱ)クロロ錯体分布における $CuCl^+$ の確認[13]）．このような基礎データが不足している事情もあり，HCl 溶媒における陰イオン交換反応の熱力学的解析は，必ずしも進んではいない．ここでは，Kékesi らによる解析例について述べる[7,9]．

HCl 溶媒中で金属イオンの陰イオン交換反応が起こるには，まず負に帯電したクロロ錯体が生成されなければならない．

$$p\mathrm{M}^{\nu+} + pn\mathrm{Cl}^- \Leftrightarrow \mathrm{M}_p\mathrm{Cl}_{pn}^{p(\nu-n)} \tag{3.12}$$

ここで，M は金属イオンを示し，その価数は ν である．p は $\mathrm{M}_p\mathrm{Cl}_{pn}^{pz-}$ が多量体の場合の金属イオンの個数を表す．多くの場合，$p=1$ である．$\nu-n<0$ のとき，$\mathrm{M}_p\mathrm{Cl}_{pn}^{pz-}$ は錯陰イオンになり，吸着可能種となる．

式(3.1)を，HCl 溶媒中における陰イオン交換反応に合わせて記述し直すと，次式となる．

$$\mathrm{M}_p\mathrm{Cl}_{pn}^{pz-} + pz\overline{\mathrm{Cl}^-} \Leftrightarrow \overline{\mathrm{M}_p\mathrm{Cl}_{pn}^{pz-}} + pz\mathrm{Cl}^- \tag{3.13}$$

ここで，$z=|\nu-n|$ である．金属イオンによっては，吸着可能種が複数になることもあり得る．そのため，観察される z は吸着クロロ錯体の平均であると仮定する．陰イオン交換反応式(3.13)の平衡定数は次式で表される．

$$K = \frac{a_{\overline{\mathrm{M}_p\mathrm{Cl}_{pn}^{pz-}}}a_{\mathrm{Cl}^-}^{pz}}{a_{\mathrm{M}_p\mathrm{Cl}_{pn}^{pz-}}a_{\overline{\mathrm{Cl}^-}}^{pz}}$$

$$= \frac{m_{\overline{\mathrm{M}_p\mathrm{Cl}_{pn}^{pz-}}}m_{\mathrm{Cl}^-}^{pz}}{m_{\mathrm{M}_p\mathrm{Cl}_{pn}^{pz-}}m_{\overline{\mathrm{Cl}^-}}^{pz}} \cdot \frac{\gamma_{\overline{\mathrm{M}_p\mathrm{Cl}_{pn}^{pz-}}}\gamma_{\mathrm{Cl}^-}^{pz}}{\gamma_{\mathrm{M}_p\mathrm{Cl}_{pn}^{pz-}}\gamma_{\overline{\mathrm{Cl}^-}}^{pz}} \tag{3.14}$$

a は活量，m は濃度，γ は活量係数である．陰イオン交換反応が平衡に達した場合の，液相中の全金属イオン濃度を m_{total} とすると，式(3.2)は次のように書き換えられる．

$$D = \frac{pm_{\overline{\mathrm{M}_p\mathrm{Cl}_{pn}^{pz-}}}}{m_{\mathrm{total}}} \tag{3.15}$$

式(3.15)を式(3.14)に代入し，D について整理して対数を取ると次式の関係を得る．

$$\log D = \log pK\frac{m_{\mathrm{M}_p\mathrm{Cl}_{pn}^{pz-}}\gamma_{\mathrm{M}_p\mathrm{Cl}_{pn}^{pz-}}}{m_{\mathrm{total}}\gamma_{\overline{\mathrm{M}_p\mathrm{Cl}_{pn}^{pz-}}}} - pz\log\left(\frac{m_{\mathrm{Cl}^-}\gamma_{\mathrm{Cl}^-}}{m_{\overline{\mathrm{Cl}^-}}\gamma_{\overline{\mathrm{Cl}^-}}}\right)^{pz} \tag{3.16}$$

液相中の錯陰イオンの割合，$\dfrac{m_{\mathrm{M}_p\mathrm{Cl}_{pn}^{pz-}}}{m_{\mathrm{total}}}$ の増加とともに D が増加する．一般に HCl 濃度の増加とともに Cl^- イオンの配位数は増える一方であるから，式(3.16)に従えば，平衡分配係数が減少することはない．しかし，図 3.3 からわかるように，おおよそのイオンの平衡分配係数は HCl 濃度の増加に伴って増加し，最大値に達した後減少する．減少の理由として，以下の四つが考えられる．

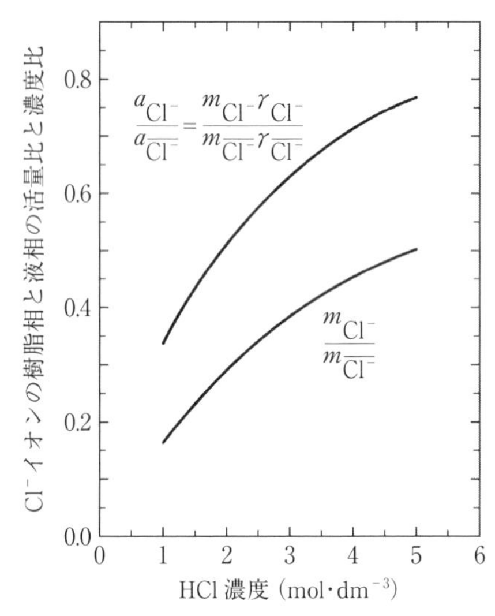

図 3.4　Cl^- イオンの樹脂相と液相の活量比と濃度比[9].

①Cl^- イオンの液相と樹脂相の活量比 $\left(\frac{a_{Cl^-}}{a_{\overline{Cl^-}}}\right)$ の増加.

②吸着可能種 $M_pCl_{pn}^{pz-}$ の活量係数比 $\left(\frac{\gamma_{M_pCl_{pn}^{pz-}}}{\gamma_{\overline{M_pCl_{pn}^{pz-}}}}\right)$ の減少.

③$M_pCl_{pn}^{pz-}$ の多量体化，すなわち p の増加.

④対イオンである吸着種 $M_pCl_{pn}^{pz-}$ と Cl^- イオンの競合.

まず①であるが，**図 3.4** に Cl^- イオンの液相と樹脂相の活量比と濃度比を示す[9]．測定範囲は 5 $mol \cdot dm^{-3}$ までしかないが，式(3.16)で表現される D の減少への寄与は小さいと考えられる．②を実験的に確かめることは難しく，③については前述のように金属クロロ錯体分布が不明なものが多いので，明確な判断を下せない．HCl 溶媒中の Cl^- イオンの活量は 1 $mol \cdot dm^{-3}$ を超えると指数関数的に増加し，10 $mol \cdot dm^{-3}$ では 100 程度になる．そのため，④の対イオンの競合の結果，$M_pCl_{pn}^{pz-}$ がはずれ Cl^- イオンが吸着する可能性は大いにある．残念ながら，これらの考察は推測の域を出ていない．今後の研究展開に期待する．

これまでは陰イオン交換反応について説明してきたが，視点を変えて，吸着等温線を

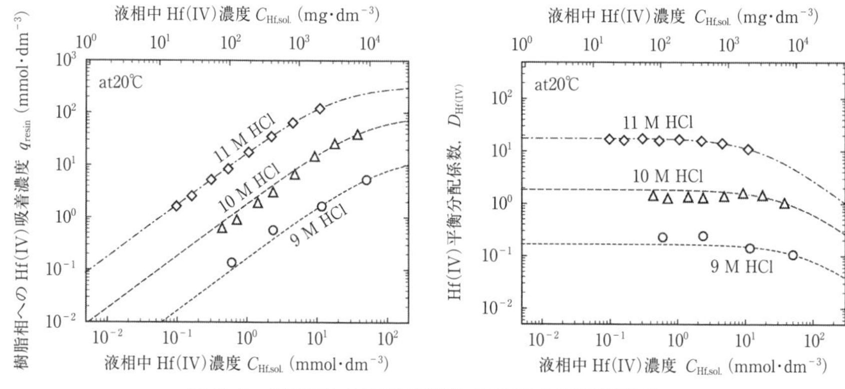

図 3.5 Hf(Ⅳ)の吸着等温線と平衡分配係数[14].

用いて吸着機構に関する要点について述べる.

図 3.5 に Hf(Ⅳ)の吸着等温線と平衡分配係数を示す[14]. 陰イオン交換反応は Langmuir 型の吸着に従うといわれている. すなわち,

①有限で等価な N 個の官能基(吸着サイト)がある.

②一つの官能基には一つの金属クロロ錯体が吸着する.

③交換反応(吸着反応, 式(3.13))には化学平衡が成立する.

これらの条件が満たされた場合における樹脂相中の吸着種濃度 $\overline{c_e}$ は, 次式で表される.

$$\overline{c_e} = \frac{ac_e}{1 + bc_e} = \frac{b\overline{c_{e,sat}}c_e}{1 + bc_e} \tag{3.17}$$

$\overline{c_{e,sat}}$ は樹脂相への最大吸着濃度, c_e は液相のイオン濃度であり, b は定数である ($a = b\overline{c_{e,sat}}$). **表 3.2** に HCl 溶媒中 Hf(Ⅳ)の陰イオン交換樹脂への吸着等温線を式(3.17)にフィッティングした場合のパラメータを示す. この結果から HCl 溶媒中に含まれる Hf(Ⅳ)の陰イオン交換樹脂への吸着は, Langmuir 型吸着機構で十分説明可能であることが理解できる.

式(3.17)を式(3.2)に代入し整理すると, 次式を得る.

$$D = \frac{\overline{c_e}}{c_e} = \frac{b\overline{c_{e,sat}}}{1 + bc_e} \tag{3.18}$$

さらに c_e について微分すると, 次式の関係を得る.

表 3.2　20℃における HCl 溶媒からの Hf(Ⅳ)の陰イオン交換樹脂への Langmuir 型吸着のパラメータ[14].

HCl 濃度 $(\mathrm{mol \cdot dm^{-3}})$	樹脂への最大吸着濃度 $\overline{c_{\mathrm{e,sat}}}$ $(\mathrm{mmol \cdot mL\text{-}resin^{-1}})$	b $(\mathrm{dm \cdot mmol^{-1}})$
9	14.6	0.0114
10	89.5	0.0207
11	322	0.0546

$$\frac{\mathrm{d}D}{\mathrm{d}c_{\mathrm{e}}} = -\frac{b^2\overline{c_{\mathrm{e.sat}}}}{(1+bc_{\mathrm{e}})^2} < 0 \tag{3.19}$$

すなわち，液相のイオン濃度の増加に伴い，平衡分配係数は単調減少する．図 3.5 の平衡分配係数の液相中イオン濃度依存性からも明らかである．ただし，液相中イオン濃度がある一定の濃度以下の場合は，平衡分配係数も一定となる．平衡分配係数が一定となる液相中イオン濃度は，平衡分配係数が大きくなると低濃度側に移動する傾向がある．陰イオン交換樹脂は陰イオン交換クロマトグラフィーの固定床として使用される．移動相による展開で液相中イオン濃度は減少し，平衡分配係数は増加する．したがって，イオンの溶出が予想よりも遅れ，さらにテーリングが長くなる[9]．従来の陰イオン交換クロマトグラフィーでは，こうした課題はあまり考慮されてこなかった．今後，より効率的な分離精製工程を構築する際に注意すべき点である．

本節では，イオン交換反応全般と 5.1 節に述べる超高純度金属製造の基礎となる陰イオン交換反応について説明した．主に吸着イオンの選択性が重要となる陽イオン交換反応の熱力学的理解は進んではいる．これに対して，主として負に帯電したクロロ錯体が吸着種となる陰イオン交換反応については，基盤となる研究結果が必ずしも十分とはいえない．複数の吸着種が存在する場合，すべてが吸着するのか，それとも優先的に吸着する種があるのかもわかっていない．陰イオン交換反応を系統的に理解するためには，吸着種の解明など反応の素過程について一つ一つ解き明かす，積み重ねが必要である．最近では，X 線吸収分光法など分析手法・解析手法の発達により，溶液中のクロロ錯体の構造解析なども可能となってきた[13]．また，最近の資源の枯渇に対する対策として，塩化揮発法による都市鉱山からの有価金属資源の回収などが試みられており[15]，塩化物水溶液中での分離の重要性は増しつつある．超高純度金属製造だけでなく，より工業的な分野での陰イオン交換分離の応用を考えると，陰イオン交換反応を正確かつ多面的に解析し，理解しておくことは，今後の持続性社会の実現のためにも肝要であり，この分野の研究展開が望まれ，かつ期待される．

3.2　溶媒抽出

溶媒抽出とは，混ざり合わない二つの液相を接触させ，その二相間に対象物質が分配する現象を利用した分離操作である．もっとも一般的に使われる溶媒の組み合わせとしては，極性溶媒である水と無極性溶媒である有機溶媒である．近年は極性の大きく異なる二つの有機溶媒間の溶媒抽出や，溶融塩さらには常温溶融塩とも解釈できるイオン性液体，また超臨界状態の二酸化炭素なども溶媒抽出の一相として用いられているが，本節では水相と有機相を用いた溶媒抽出について述べる．**図 3.6** に，一般的な溶媒抽出の基本概念を示す．図中の分液ロートには水相と有機相の二相が入っており，密度が低い有機相は上部相となる(ただし，水よりも高密度の有機溶媒を用いた場合は下部相となる)．初期状態では分離対象である溶質 A はどちらか一方の相に存在しているが，両相を接触させ撹拌し，溶質 A の両相への分配が平衡状態に達すると，水相中の平衡濃度は $[\mathrm{A}]_{\mathrm{aq}}$，有機相中の平衡濃度は $[\mathrm{A}]_{\mathrm{org}}$ となる．この場合の溶質 A の分配比 D は，次式で定義される．

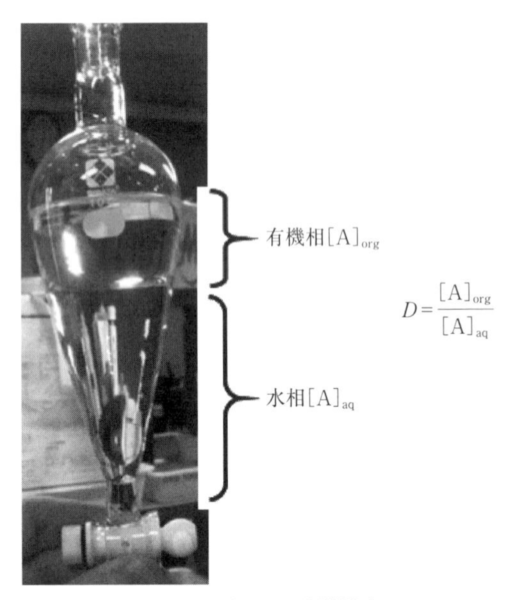

図 3.6　一般的な溶媒抽出．

$$D = \frac{[\mathrm{A}]_{\mathrm{org}}}{[\mathrm{A}]_{\mathrm{aq}}} \tag{3.20}$$

Dが1よりも大きければ溶質Aの大部分は，極性の低い化学種を形成し有機相に存在していることになり，1よりも小さければ溶質Aの大部分はイオン等の親極性溶媒の化学種を形成し，水相に存在していることになる．図3.6において，溶質Aの二相分配以外の反応がないと仮定すると，溶質Aの有機相および水相における化学ポテンシャル$\mu_{\mathrm{A,org}}$および$\mu_{\mathrm{A,aq}}$は，それぞれ以下の式で記述される．

$$\mu_{\mathrm{A,org}} = \mu^{\mathrm{o}}_{\mathrm{A,org}} + RT \ln \gamma_{\mathrm{A.org}}[\mathrm{A}]_{\mathrm{org}} \tag{3.21}$$

$$\mu_{\mathrm{A,aq}} = \mu^{\mathrm{o}}_{\mathrm{A,aq}} + RT \ln \gamma_{\mathrm{A,aq}}[\mathrm{A}]_{\mathrm{aq}} \tag{3.22}$$

ここで，$\mu^{\mathrm{o}}_{\mathrm{A,org}}$，$\mu^{\mathrm{o}}_{\mathrm{A,aq}}$はAの有機相，水相での標準化学ポテンシャル，$\gamma_{\mathrm{A,org}}$，$\gamma_{\mathrm{A,aq}}$はそれぞれの相におけるAの活量係数を表す．平衡時には両化学ポテンシャルがつり合い，$\mu_{\mathrm{A,org}} = \mu_{\mathrm{A,aq}}$となるため，次式の関係を得る．

$$\mu^{\mathrm{o}}_{\mathrm{A,org}} + RT \ln \gamma_{\mathrm{A,org}}[\mathrm{A}]_{\mathrm{org}} = \mu^{\mathrm{o}}_{\mathrm{A,aq}} + RT \ln \gamma_{\mathrm{A,aq}}[\mathrm{A}]_{\mathrm{aq}} \tag{3.23}$$

これを変形すれば，次式の関係を得る．

$$\frac{[\mathrm{A}]_{\mathrm{org}}}{[\mathrm{A}]_{\mathrm{aq}}} = \frac{\gamma_{\mathrm{A,aq}}}{\gamma_{\mathrm{A,org}}} \exp\left(\frac{\mu^{\mathrm{o}}_{\mathrm{A,aq}} - \mu^{\mathrm{o}}_{\mathrm{A,org}}}{RT}\right) \tag{3.24}$$

温度が一定で両相での活量係数が変化しない範囲では，式(3.24)の右辺は一定の値となり，平衡定数K_{D}を定義することができる．この結果，式(3.20)および式(3.24)を用いると，次式の関係を得るので，分配比は定数となることがわかる．

$$D = \frac{[\mathrm{A}]_{\mathrm{org}}}{[\mathrm{A}]_{\mathrm{aq}}} = K_{\mathrm{D}} \tag{3.25}$$

実際の溶媒抽出系では，分配比Dは溶質Aの二相分配以外にも，溶質の溶媒中での活量変化，錯生成およびその他の付加体形成反応といった，両溶媒内で起こる諸化学反応の物理化学によって支配されているため，分配比Dを表す式は複雑になる．図3.6の初期の水相中に溶質Aと溶質Bが存在している場合，先に述べた両溶媒内の諸反応の進行度は溶質Aと溶質Bで異なるため，抽出平衡後に得られるそれぞれの分配比も異なる値となる．この分配比の違いを利用すれば，溶質Aのみ，または溶質Bのみを有機相に抽出し，他方は水相に留めるといった，溶質A-B間の分離が可能となる．

溶媒抽出は現在，高純度試薬製造，医薬品製造，石油化学工業での精製工程，ダイオキシン等の環境影響物質の除去，高純度金属製造，さらには使用済核燃料の再処理プロセスといった多くの工学的利用がなされ，プロセス化学の中心技術の一つとなっている．また，分析化学分野では微量金属の定量分析や金属イオンと様々な配位子との錯生成定数評価など基礎研究にも用いられている．これらのことを背景に，本節では，初めに溶媒抽出反応の基本的な反応機構について，抽出系を(A)金属キレート抽出，(B)イオン対抽出に分類して説明する．次に応用面として(C)湿式製錬における溶媒抽出と(D)溶媒抽出の分析化学への応用について述べる．

A.　金属キレート抽出

キレート抽出系では，初期状態で有機相側に溶存しているキレート試薬が，抽出対象であり水相側に存在している金属イオンと，親有機溶媒性の無電荷な金属キレート錯体を形成し，これが有機相に抽出される．微量金属イオンの分析や，化学種同定といった分析化学分野でよく用いられるキレート抽出剤を**図3.7**にまとめて示す．キレート配位子に含まれる酸素や窒素，硫黄が電子供与原子となって金属イオンと安定な錯体を形成する．HSAB則(Hard and Soft Acids and Bases)による分類では酸素は固い塩基であり，窒素はそれよりもわずかに軟らかく，硫黄は軟らかい塩基である．したがって，硬い金属イオンを選択的に抽出する場合は酸素が電子供与体として働くキレート配位子を用い，軟らかい金属イオンを選択的に抽出する際は窒素や硫黄を電子供与体とする配位子を用いると，より有利となる．酸解離特性の鋭敏性や適当な強度から，図3.7の(a)に示すTTAは分析目的に広く使われている．一方，希土類元素の分離精製プロセスでは，カルボン酸系のVersatic Acid-911，Versatic Acid-10や有機リン酸系のHDEHPA(ジ(2-エチルヘキシル)リン酸)やPC-88A，Cyanex 272等が広く用いられている．これらの抽出系では，図3.7の(d)に示すように，有機相中で陽イオン交換型の抽出剤分子が二量体を形成し，この二量体が界面で水相中の陽イオンと二座配位によるキレート

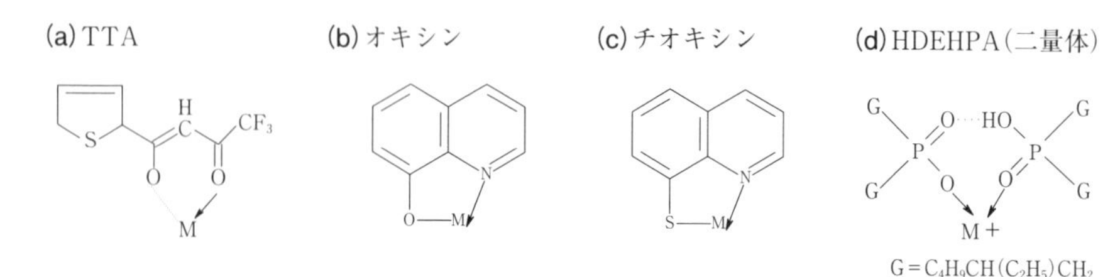

図3.7　キレート抽出剤の例((a)テノイルトリフルオロアセトンTTA，(b)オキシン(8-ヒドロキシキノリン，8-キノリノール)，(c)チオキシン(8-メルカプトキノリン))，(d)ジ(2-エチルヘキシル)リン酸の二量体．

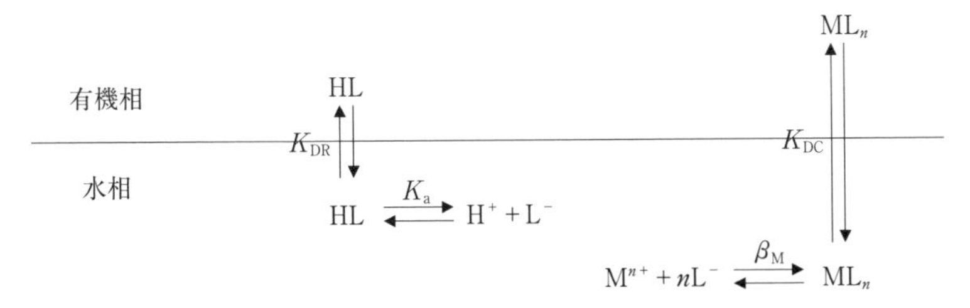

図 3.8　一般的な金属キレート抽出で進行する諸反応．

を形成することにより，金属イオンを有機相へ抽出する．

一般的なキレート抽出系で両相で進行する諸反応を**図 3.8** に示す．K_{DR} はキレート配位子 HL の有機相と水相間の分配の平衡定数であり，K_a は水相中でのキレート配位子 HL の酸解離反応の平衡定数，β_M は酸解離状態のキレート配位子 L と金属イオン M の錯生成定数，K_{DC} はキレート錯体 ML_n の有機相と水相間の分配の平衡定数である．通常の抽出系では K_{DC} が十分大きいため，$[ML_n]_{aq} \ll [M^{n+}]_{aq}$ となることから，これらの平衡定数を用いると，分配比 D は次のように表現できる．

$$D = \frac{[ML_n]_{org}}{[M^{n+}]_{aq} + [ML_n]_{aq}} \cong \frac{[ML_n]_{org}}{[M^{n+}]_{aq}} = \frac{K_{DC}K_a^n\beta_M}{K_{DR}^n} \cdot \frac{[HL]_{org}^n}{[H^+]_{aq}^n} \tag{3.26}$$

これを対数にすると，次式を得る．

$$\log D = \log K_{DC} + n\log K_a + \log\beta_M - n\log K_{DR} + n\log[HL]_{org} + n\,pH \tag{3.27}$$

ここで $\log D$ は，水相の pH および有機相中のキレート配位子濃度の対数値に対して，金属イオンの電荷数 n の傾きをもち比例することになる．この一例として，**図 3.9** に，TTA を用いる Ca(II)キレート抽出系における分配比($\log D$)の pH 依存性を示す．この場合は，水相中の Ca^{2+} を，代表的なキレート抽出剤である TTA と付加配位子として機能する TOPO(Tri-*n*-octylphosphine oxide)のシクロヘキサン溶液を有機相として用いている．ここでは，TOPO は有機相中で配位不飽和キレートと付加物を生成して溶媒効果を高め，抽出能向上の協同効果を起こす試薬である．このため，TOPO 濃度が高くなると，$\log D$ も増加する．TOPO の関与する反応は有機相内のみで起こるため，$\log D$ の pH 依存性は式(3.27)と同様に考えることができる．Ca^{2+} の電荷から，式(3.27)中の n は 2 となり，$\log D$ は pH に対して傾き 2 で比例すると考えられるが，実験で得られた $\log D$ は $4.5 < pH < 7.3$ の範囲で傾き 2 の直線とよく一致している．

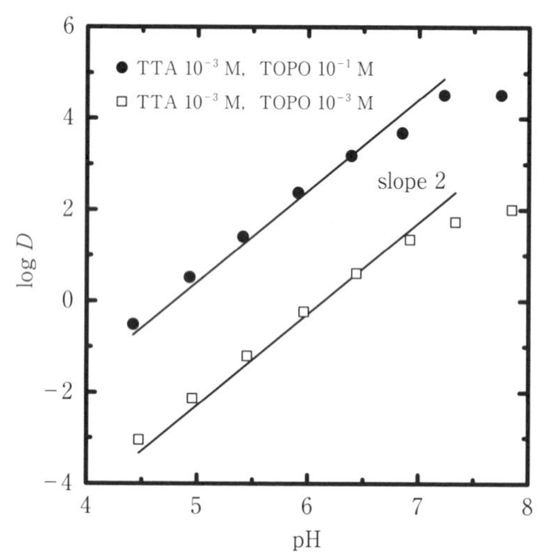

図 3.9　TTA を用いる Ca(Ⅱ)キレート抽出系における分配比($\log D$)の pH 依存性.
$I = 0.4$ M NaCl, $[Ca^{2+}]_{aq,int} \cong 10^{-10}$ M
●: 1.0×10^{-3} M TTA, 1.0×10^{-1} M TOPO in cyclohexane
□: 1.0×10^{-3} M TTA, 1.0×10^{-3} M TOPO in cyclohexane

図 3.10 には，希土類元素の高純度化精製プロセスでよく用いられる HDEHPA(ジ(2-エチルヘキシル)リン酸)を抽出剤として用いた際の，各元素の分配比の水相中の塩酸濃度依存性を示す．ここでは，HDEHPA にトルエンを希釈剤として加え，50% 溶液としたものを有機相として用いている．この抽出系では，有機相中で HDEHPA が二量体を形成し，この二量体が図 3.8 中の HL として振る舞い，界面にて水素イオンを一つ解離し，水相中の陽イオンと二座配位によるキレートを形成することにより，金属イオンを有機相へ抽出する．図 3.10 から明らかなように，各元素の分配比は塩酸濃度 0.001 M から 1 M 程度の範囲で塩酸濃度に非常に鋭敏に依存して直線的に変化し，アルカリ金属イオンに対しては $\log[H^+]$ に対して傾き -1，アルカリ土類金属に対しては -2 というように，イオンの価数に応じた依存性を示していることがわかる．このような分配比の溶液条件への依存性は，式(3.27)に示す各平衡定数が元素ごとにわかれば予測できるために，これらの情報に基づいて，金属イオン同士の定量的な分離が可能か否か，また，可能な場合は適切な抽出試薬濃度，水相の pH(または酸濃度)はどこかを判断することができる．

B．イオン対抽出

イオン対抽出では，水相中である陽イオン M^{n+} と陰イオン X^{m-} が電荷が釣り合う組成で会合し，中性のイオン対を形成する．ここに配位性溶媒が配位しイオン対を脱水和することで有機相への抽出が起こる．希土類元素の分離精製や使用済核燃料の再処理，さらには分析化学の研究分野でよく用いられているイオン対系抽出剤の例を**図3.11**にまとめて示す．TBPはリン酸の水素を三つのブチル基で置換したエステルである．リンと二重結合した酸素の電子密度が高く，電子供与体として強く働くため，希土類元素やアクチノイド元素を初めとして多くの金属イオンと強く相互作用する．TBP自体は粘度の高い溶媒であるが，ケロシン，キシレン，ドデカンといった多くの有機溶媒と親和性が高いため，これらを希釈剤として用いて50-30%程度に希釈し，低粘度の抽出用溶媒として用いられることが多い．**図3.12**に100%のTBPを有機相とし，硝酸溶液を水相として用いたときの各元素の分配比 $\log D$ を示す[16]．図から明らかなように，この抽出系では希土類元素やアクチノイド元素がよく抽出され，中でもU(Ⅵ)，Np(Ⅵ)，Pu(Ⅳ)といった高酸化状態のアクチノイド元素がよく抽出される．一方，アルカリ金属やアルカリ土類金属，遷移金属はあまり抽出されない．これに加えて，TBPは比較的良好な耐放射線性を示すことから，使用済核燃料の再処理プラントで利用されている．再処理プラントでは，使用済核燃料に含まれる様々な放射性・非放射性の元素のうち，核燃料物質であるU，Puのみを有機相に抽出し，他の核分裂生成物(FP)元素やマイナーアクチノイド(MA)元素は水相に残す分離を行う．抽出されたU，Puは回収され新しい核燃料の製造に利用される．一方，水相に残されたFPやMAはガラス固化され，高レベル放射性廃棄物となる．

図3.11(b)に示すリンに直接アルキル基が付加されたTOPOでは，リンに二重結合した酸素の塩基性はTBPよりも強く，このため，より強く金属イオンと相互作用するためキシレンやケロシンなどに溶解させたものが抽出溶媒として重宝されている．また，TOPOは図3.9に例示のとおりキレート抽出系の有機相に付加配位子として加えることにより，協同効果を発現させ，より抽出能を向上させることができる．図3.11(c)に示すTIOAやTOA(トリオクチルアミン)といったアミン系抽出剤は，窒素のもつ軟らかい塩基としての性質から，鉄あるいは銅などの遷移金属イオンの抽出能が高く，塩酸溶液と組み合わせて，これらの分離に用いられることが多い．

一般的なキレート抽出系において両相で進行する諸反応を**図3.13**に示す．K_{DR} は抽出試薬Bの有機相と水相間の分配の平衡定数であり，K_{IP} は水相中でのイオン対生成反

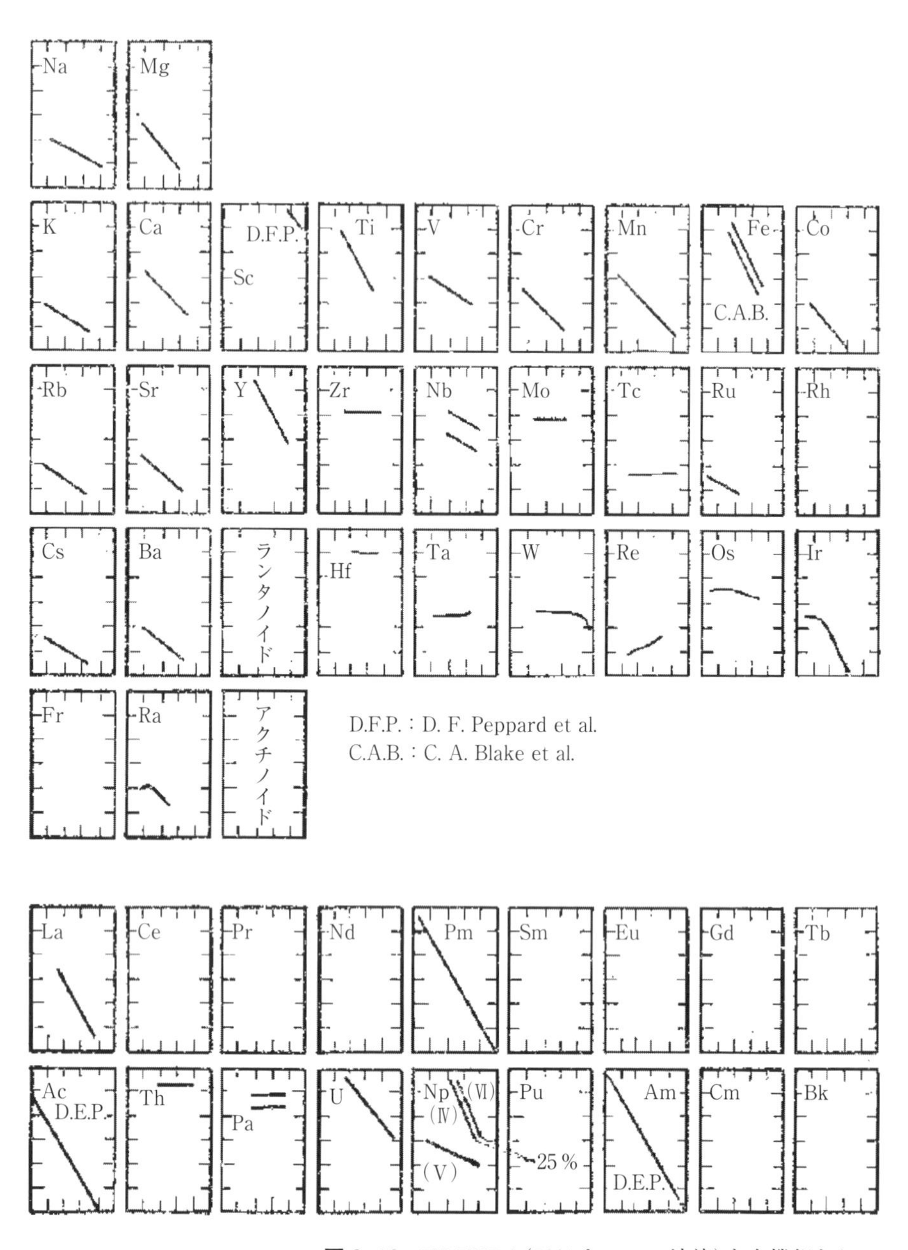

図 3.10　HDEHPA(50% トルエン溶液)を有機相として

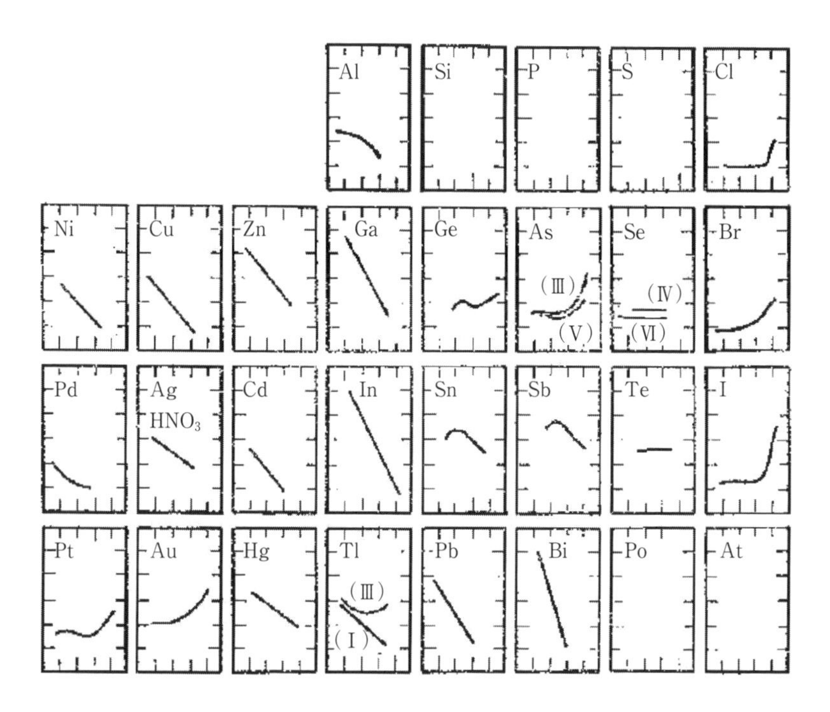

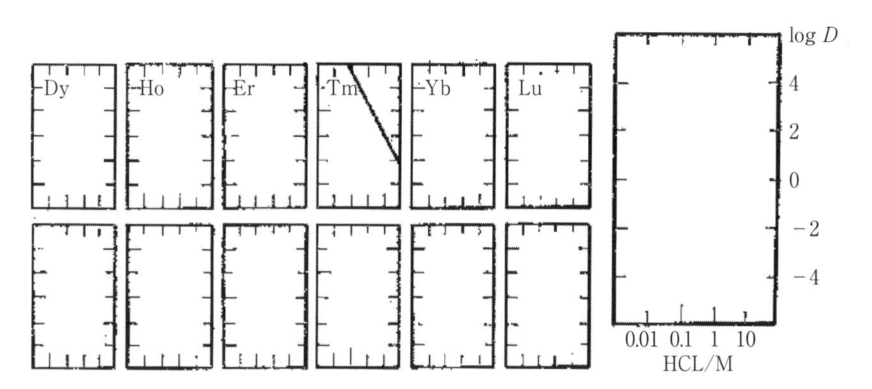

用いた際の，各元素の分配比の水相中の塩酸濃度依存性[16]．

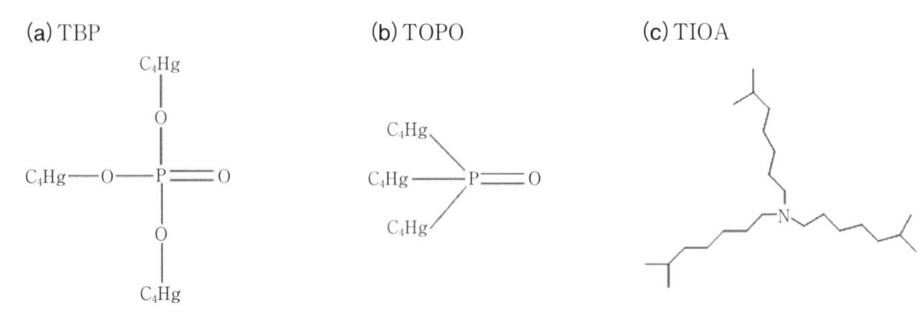

図 3.11　イオン対抽出に用いられる抽出剤の例．(a)リン酸トリブチル TBP，(b)トリオクチルホスフィンオキシド TOPO，(c)トリイソオクチルアミン TIOA．

応，つまり金属イオン M^{n+}，陰イオン X^- および抽出剤 B の相互作用の平衡定数である．ここでは簡単にするため，水相中の陰イオンの電荷を -1 としているが，実際には硫酸イオン SO_4^{2-} のように -2 の電荷をもつイオンが電荷中和に使われることもある．K_{DIP} は形成された錯体 MX_nB_b の有機相と水相間の分配の平衡定数である．通常の抽出系では K_{DIP} が十分大きいため，$[MX_nB_b]_{aq} \ll [M^{n+}]_{aq}$ となることから，これらの平衡定数を用いると，分配比 D は次のように表現できる．

$$D = \frac{[MX_nB_b]_{org}}{[M^{n+}]_{aq} + [MX_nB_b]_{aq}} \cong \frac{[MX_nB_b]_{org}}{[M^{n+}]_{aq}} = \frac{K_{DIP}K_{IP}}{K_{DR}{}^b} \cdot [X^-]^n \cdot [B]^b \qquad (3.28)$$

これを対数にすると，次式を得る．

$$\log D = \log K_{DIP} + \log K_{IP} - b \log K_{DR} + n \log[X^-]_{aq} + b \log[B]_{org} \qquad (3.29)$$

$\log D$ は水相中の陰イオン濃度の対数値および有機相中の抽出剤濃度の対数値に対して，金属イオンの電荷数 n や抽出剤の金属イオンへの配位数 b の傾きをもち，比例することになる．ただし，キレート抽出系と異なり，多くのイオン対型抽出は水相として 3 mol/L から 10 mol/L 程度の比較的高濃度の硝酸や塩酸などを用い，かなり高いイオン強度の水溶液からの抽出となるため，濃度と活量の差が大きく，活量係数も一定とはならないため，抽出系の挙動を式(3.29)のような単純な平衡式のみを用いて定量的に記述することは難しい．また，例えば 8 mol/L の硝酸溶液を水相として用いてイオン対抽出を行った場合，式(3.29)中の X^- にあたる陰イオンは硝酸イオン NO_3^- となるが，強酸の硝酸であってもこのような高濃度では，水素イオンが完全には解離しておらず(この場合の解離度は 0.62[17])，$[NO_3^-] \neq 8$ mol/L となる．このような理由から，図

3.12に示すTBPによる抽出系でもlog Dと硝酸濃度の関係が単純な直線にはなっていない．しかし，式(3.29)に用いる各平衡定数にある程度の不確かさを認めれば，log Dの増加または減少の傾向や，抽出対象イオンの電荷数の違いによるlog Dの差などを定性的に導くことが可能であり，実際の分離プロセス設計には有効である．

近年，分子設計・合成技術の進歩により，分離の目的に適した抽出剤をデザインし，これを合成し溶媒抽出プロセスへの適用を探る研究が進んでいる．この一例として，現行の使用済核燃料再処理プロセスで使われるTBPの代替抽出剤としてのジアミド抽出剤開発がある[18,19]．ジアミド化合物は，合成が比較的簡単で目的に応じて様々な構造の化合物を合成でき，比較的高濃度の硝酸溶液からイオン対型抽出が可能な抽出剤が開発されている．また，TBPには廃溶媒の焼却時に環境負荷が高いリンが含まれるが，ジアミド化合物は生体を構成する主要元素(C，H，N，O)からなり，焼却しても二酸化炭素，水，窒素酸化物しか発生しない．このような抽出剤のうち，TODGA(N，N，N′，N′-tetraoctyldiglycolamide)によるランタノイドおよびアクチノイド元素の硝酸溶液からの抽出挙動を構造式と併せて**図3.14**に示す．この化合物はアルキル基の長さを調節することにより，核燃料再処理に用いられる溶媒であるドデカンに対しても溶解度を大きくすることができる．さらに，二個のカルボニル酸素と間に挟まれたエーテル酸素が3座配位で金属イオンの中性イオン対に配位するため，この構造に適合する80-120 pmといった特定のサイズのイオンに対して非常に選択性が高くなっている[19]．この結果，核燃料再処理で重要となるランタノイドやアクチノイドイオンの抽出能に優れる抽出剤となっている．この例のように，今後は特定の分離対象に最適な抽出剤の構造を量子化学計算を利用して設計し，それを合成し分離に用いるという流れがさらに加速すると見られる．

C.　湿式製錬における溶媒抽出

現在，湿式製錬分野でも溶媒抽出技術が幅広い金属に対して用いられており，プロセス対象も通常の鉱石から低品位鉱，スクラップや廃棄物まで広がっている．工業スケールでの銅の精錬には**図3.15**(a)に示すオキシム系の抽出剤が使われている．硫酸などの酸性溶液からCu(Ⅱ)を抽出に適した抽出剤として開発されたLIX65 Nは抽出率および抽出速度で高い性能を示す．このオキシム抽出ではCu(Ⅱ)は図3.15(b)に示すように，2分子のオキシムが水素結合によりつながり，Cu(Ⅱ)イオンを取り囲むような平面構造の2：1のオキシム-銅キレート錯体となっている[20]．

溶液内の化学的類似性から分離が困難であったコバルトとニッケルの分離に対して

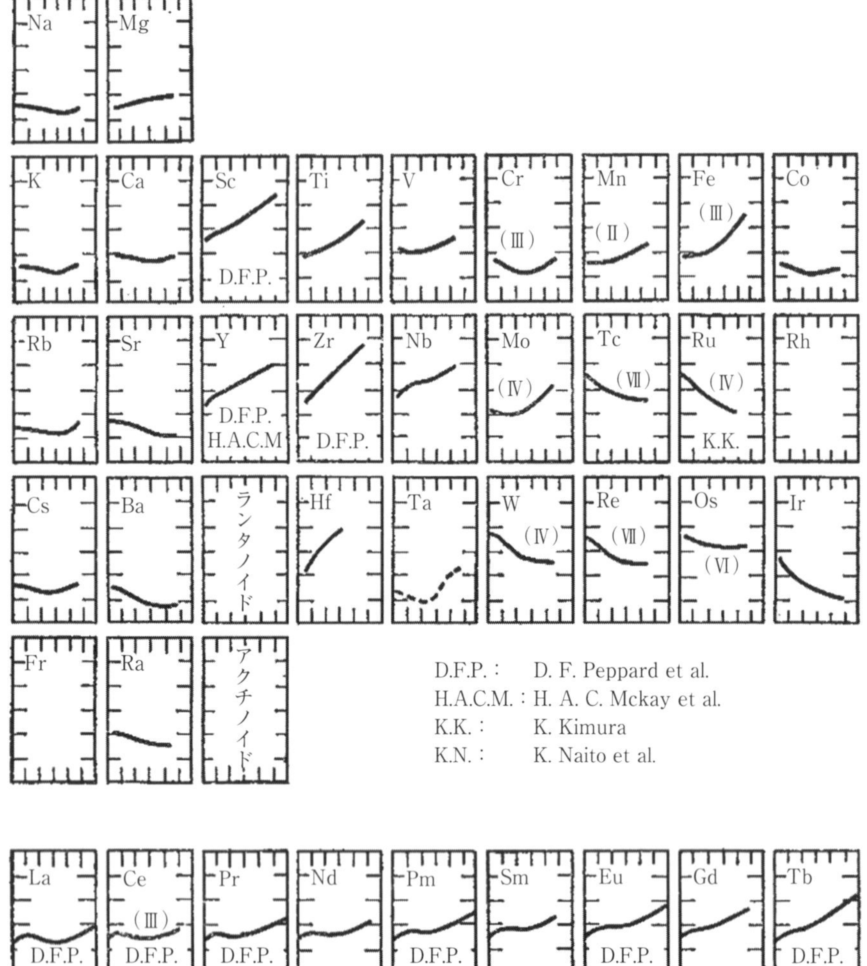

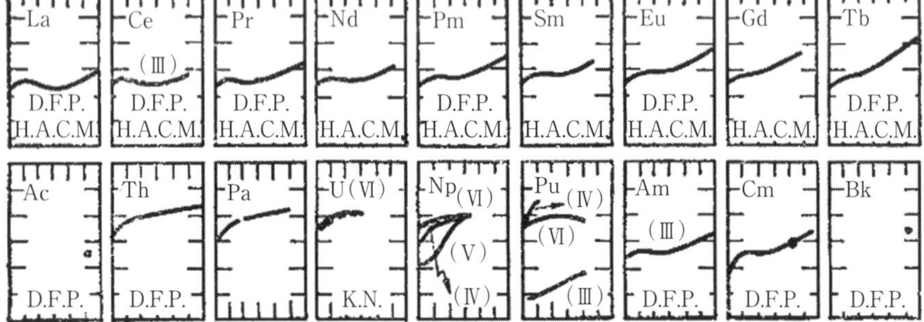

図 3.12　TBP を有機相として用いた際の,

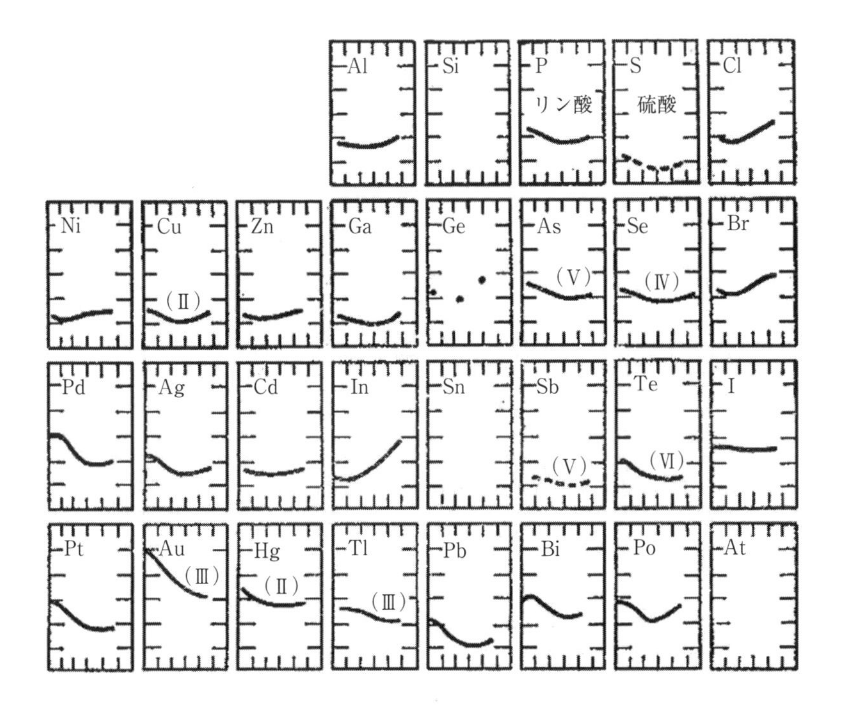

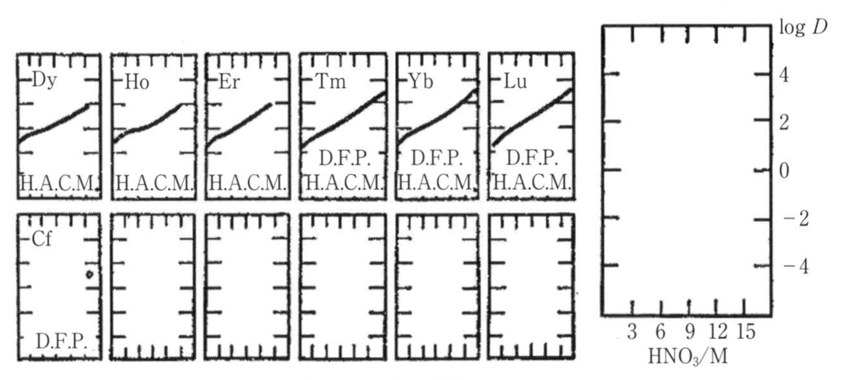

各元素の分配比の水相中の硝酸濃度依存性[16].

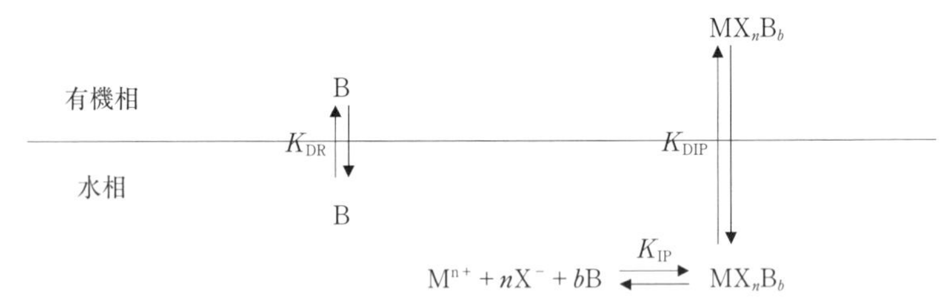

図 3.13　一般的なイオン対抽出で進行する反応.

は，現在いくつかの工業プロセスが確立されている．このプロセスに使われている抽出剤の一つはリン酸系抽出剤の CYANEX272 で，pH 5.5-6.0 で Co(Ⅱ)を Ni(Ⅱ)より優勢にキレート抽出する．別のプロセスではコバルトを Co(Ⅲ)に酸化したうえで，オキシム系抽出剤 LIX 84I で有機相に抽出し，Ni(Ⅱ)は水相に残す．ケロシンに溶解させたトリオクチルアミン(TOA)を抽出剤として用いて，Co(Ⅱ)と Ni(Ⅱ)を含む塩酸溶液から Co(Ⅱ)を $CoCl_4^{2-}$ として抽出するプロセスも実用化されている．ここでは，Co(Ⅱ)/Ni(Ⅱ)間の塩化物イオン錯体の生成しやすさの違いを利用して，塩酸濃度をコントロールすることにより Co(Ⅱ)の選択分離を実現している．

資源価値の高いパラジウムや白金は鉱石のみならず，廃触媒や精錬所の中間生成物といった二次資源からの回収も積極的に行われている．このような目的のためにパラジウムや白金の選択的抽出分離プロセスの開発が進んでおり，*n*-オクチルスルフィド(*n*-Octyl Sulfide)またはヒドロキシオキシムを抽出剤として Pd(Ⅱ)を抽出し，次に TBP またはアミン抽出剤を用いて Pt(Ⅳ)を抽出する方法が提案されている．さらに，ホスフィンスルフィド抽出剤である CYANEX 471X($(CH_3(CH_2)_6(CH_2)_3P{=}S)$)による Pd(Ⅱ)の選択的抽出も提案されている．

インジウムやロジウムも極めて高価値な金属であるが，一般的な精錬プロセスではこの両元素は白金やパラジウムを抽出した後の抽残液(水相)に残されている．このインジウムは In(Ⅳ)としてアミン系抽出剤や TBP で Rh(Ⅲ)から抽出分離可能である．

希土類元素，特にランタノイド元素の精製では，前述のとおりカルボン酸系の Versatic Acid-911，Versatic Acid-10 や有機リン酸系の HDEHPA(ジ(2-エチルヘキシル)リン酸)や PC-88A，Cyanex 272 を抽出剤として用いるプラントが，すでに各国で実用化されている．図 3.10 に例示の HDEHPA-トルエン-塩酸を用いる抽出系では，各元素の分配比は塩酸濃度 0.001 M から 1 M 程度の範囲で塩酸濃度に非常に鋭敏に依存して，直線的に変化する．ランタノイド系列中でも，軽希土類の La から中希土類の Pm

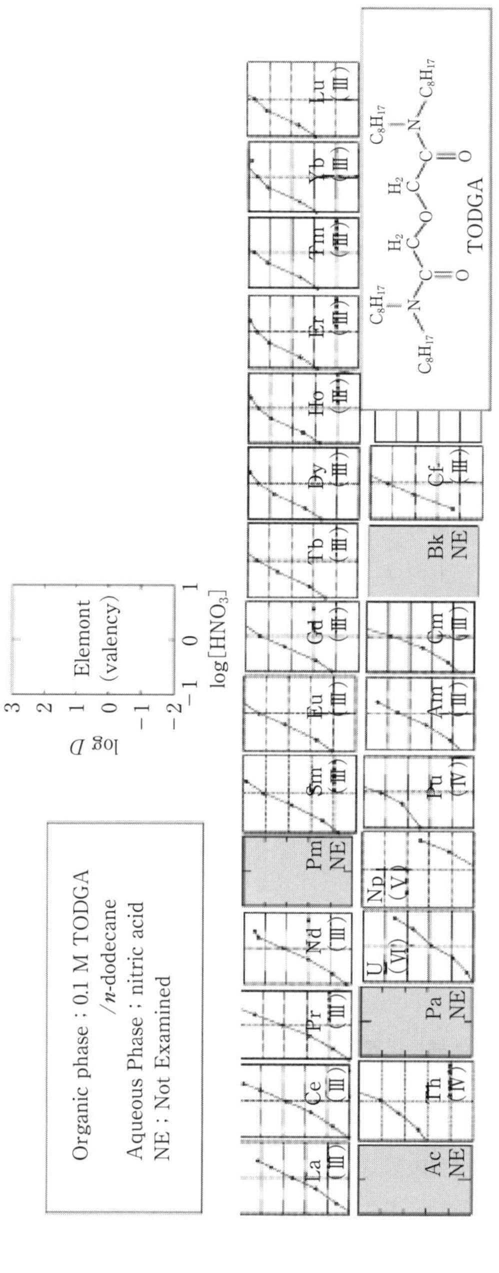

図3.14 ジアミド抽出剤TODGAによるランタノイドおよびアクチノイド元素の抽出挙動の硝酸濃度依存性[19].

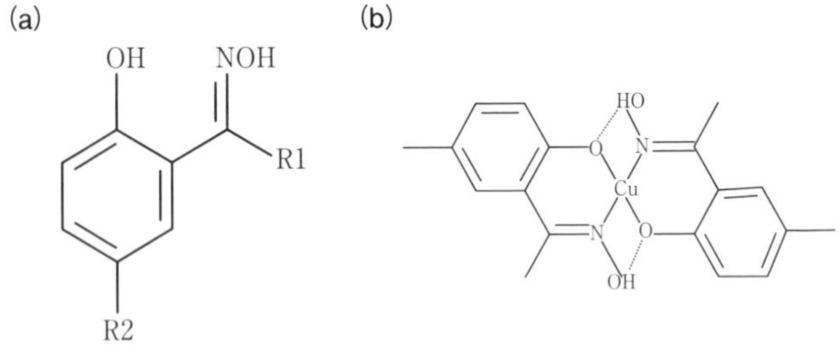

(a)　(b)

LIX65 N：R1 = pheny1, R2 = C_9H_{19}　LIX84：R1 = CH_3, R2 = C_9H_{19}

P1：R1 = H, R2 = C_9H_{19}　LIX860：R1 = H, R2 = $C_{12}H_{25}$

図 3.15　オキシム抽出剤の構造(a)と Cu(Ⅱ)の抽出化学種(b).

さらに重希土類の Tm に移るにつれて log *D* が大きくなる．後述する溶媒抽出プロセスシステムである，多段ミキサセトラシステムでは，分離対象元素間で log *D* の差が 0.5 以上(＝ 分離係数が 3 以上)あれば，分離精製が十分可能である．このためこのような希土類精製プロセスでは酸濃度をどれだけ細かく制御できるかがカギとなる．

湿式製錬あるいは核燃料再処理などの工業プラントでの溶媒抽出では，自動化され連続運転可能な大容量の抽出分離装置が必要となる．効率的な抽出のためには水相と有機相の接触面積を大きくする必要がある．このような抽出器として希土類元素の精製プラントではミキサセトラが実用化している．この装置は**図 3.16** の概念図のように，水相と有機相を混合撹拌させて溶媒抽出を行うミキサ部(抽出撹拌槽)と，重力により二相に比重分離するセトラ部(二相分離槽)から構成される．はじめに水相と有機相はそれぞれミキサ部に供給され，抽出を行い，次にセトラ部で分離される．図のように多段分離カスケードを組んだ場合，上部から有機相が取り出された前段のミキサ部に供給され，セトラ部の下部から取り出された水相は次段のミキサ部に供給されることによって連続多段分離が行われる．

青森県六ヶ所村の核燃料再処理工場の溶媒抽出工程では，有機溶媒の放射線損傷を少なくするために，溶媒の滞留時間がミキサセトラに比べて短いパルスカラムが採用されている．**図 3.17** にパルスカラムの概念図を示す．この装置ではカラムに満たされた有機相に，水相をパルス発生装置およびカラム内の多孔板を用いて液滴化させて，落下させる．水相は有機相内に効率よく分散するため，高い効率で溶媒抽出を行うことができる．この装置も多段分離カスケードを組み，連続多段抽出を行うことができる．

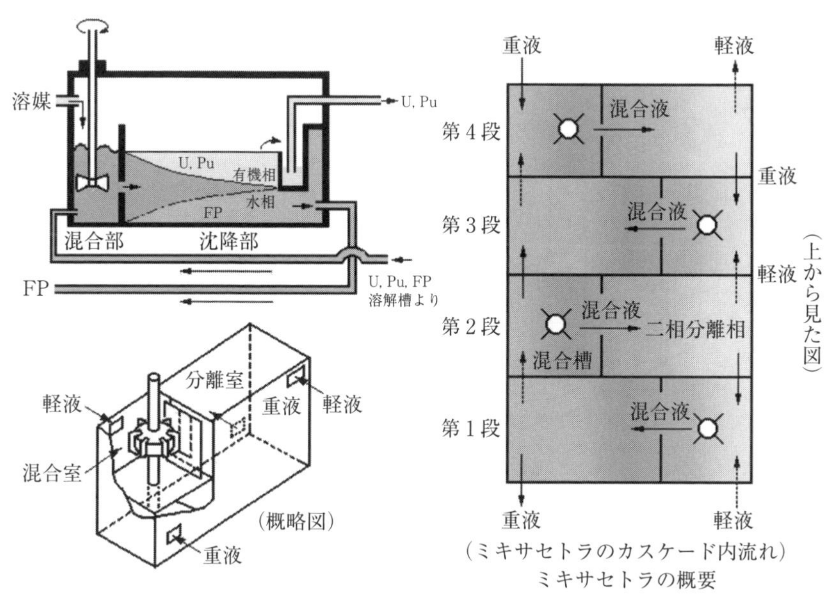

図 3.16　遠心抽出器の概念図[21].

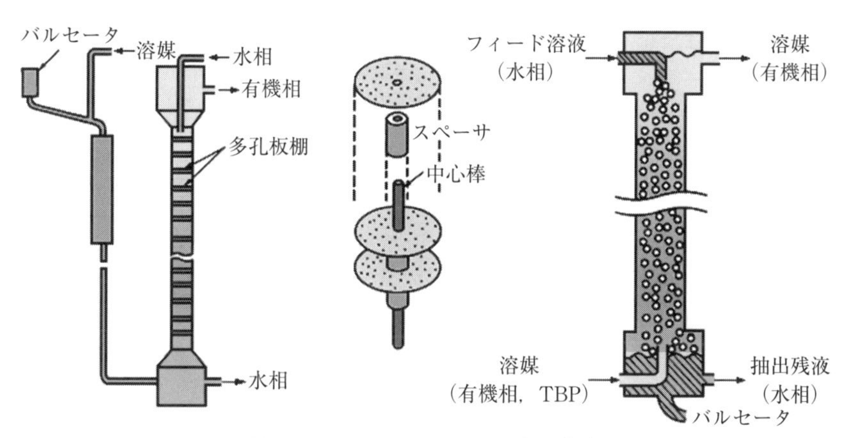

図 3.17　パルスカラムの概念図[21].

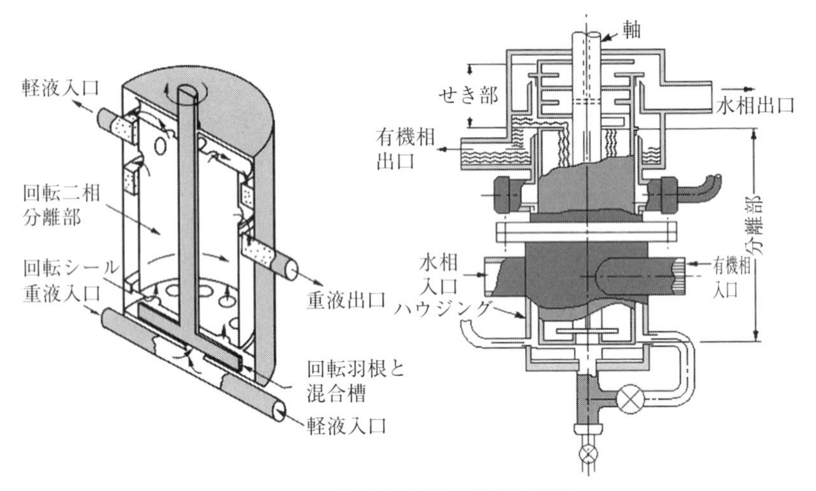

図 3.18　遠心抽出器の概念図[21].

石油精製プラント，金属精錬プラント，さらには米国の原子力関連の国立研究所では，従来の抽出器に比べ，省エネルギーで二相の密度差が少ない溶媒同士を用いる溶媒抽出でも使用可能な抽出器として，遠心抽出機が開発されている．この装置は**図 3.18** に示す概念図のように，二相混合を行う部分が遠心ローターになっている．二相分離時にはこのローターを回転させることにより遠心力を発生させ，水相と有機相を強制的に分離させる．このため，水相と有機相間の比重差が少なく重力による分離では分相に時間がかかるような抽出系でも短時間で分相ができる．図 3.18 に示す装置では，比重の大きい水相はローターの外周部に集まり，回転筒に開けられた孔を通って静止外筒とローターとの間の受液部に流れる．比重の小さい有機相は中心軸の近くに集まり，上端仕切り板の孔を通って上方へ流れ受液部に流出する[21]．遠心抽出器を用いる場合は，二相分離が短時間で行えるため二相の接触時間が短くなり，有機相や抽出剤の劣化を大幅に抑制することができる．この装置も多段分離カスケードを組み，連続多段抽出を行うことができる．

D.　溶媒抽出の分析化学への応用

溶媒抽出は，その歴史的経緯からも分析化学と深い関わりをもってきた．中でも 20 世紀半ばから後半にかけては金属元素の微量分析に溶媒抽出が果たした役割は大きい．

抽出試薬の選択や抽出溶液の条件を適切に行って溶媒抽出を行えば，特定の元素だけを有機相に高い効率で抽出さらには濃縮することができる．抽出にキレート試薬を用いれば，抽出された金属キレート錯体は特有の色をもつことが多く，この錯体の紫外・可視光の吸収スペクトルを測定すれば，特定の波長で非常に高感度な吸光光度法による金属イオンの定量を行うことができる．この抽出吸光光度定量法は，多くの元素の標準的な高感度定量法として使われていた．しかし，1970 年代以降には，原子吸光分析装置(AAS)，ICP 発光分光分析装置(ICP-AES)，さらには ICP 質量分析装置(ICP-MS)などの機器分析の開発・発展がなされた．これらの分析機器の普及に伴って，現在では分析化学研究の現場で抽出吸光光度定量法自体はあまり用いられなくなっている．ただし，例えば環境関連試料などに対して，先端機器分析を行う際の分析試料の前処理として，溶媒抽出による対象元素のマトリクス元素からの分離あるいは濃縮に溶媒抽出は，現在でも広く利用されている．

一方，溶媒抽出法は，水溶液内における金属イオンに対して進行する錯生成反応の熱力学平衡定数(錯生成定数)の決定に，広く用いられている．これは，例えば TTA のようなキレート抽出剤 T を溶解させた有機相と，金属イオン M^{n+} と水溶性の錯生成配位子 L^- が溶存している水相を接触させ溶媒抽出を行い，その分配比を様々な水相の溶液条件(pH やイオン強度，温度，配位子 L 濃度など)で測定することによって達成できる．水溶性の配位子 L^- が金属イオン M^{n+} と水相内で錯体を形成すると，金属イオン M が抽出剤 T に対してマスキングされ，有機相への抽出が阻害され分配比 D は減少する．この阻害効果は配位子 L の錯生成能が強ければより大きくなるため，配位子 L の存在による分配比 D の減少の程度を定量的に評価すれば，配位子 L^- と金属イオン M^{n+} との錯生成定数を評価できる．**図 3.19** に示す反応系を想定し，ここでは抽出試薬 T の分配平衡定数 K_{DR} とその酸解離定数 K_{Ta}，および水溶性配位子 L の酸解離定数 K_{La} は既知であり，評価対象の錯生成反応 $M^{n+} + nL^- \leftrightarrow ML_n$ の平衡定数 β_{LM} が未知とする．配位子 L の共存しない系での分配比を D_0，共存する系における分配比を D とすると，次式のように表される．ここでは，抽出剤 T の性能から $[MT_n]_{aq}$ の濃度は極めて低いので，$[M^{n+}]_{aq} \gg [MT_n]_{aq}$ としている．

$$D_0 = \frac{[MT_n]_{org}}{[M^{n+}]_{aq} + [MT_n]_{aq}} \cong \frac{[MT_n]_{org}}{[M^{n+}]_{aq}}, \quad D = \frac{[MT_n]_{org}}{[M^{n+}]_{aq} + [ML_n]_{aq}} \tag{3.30}$$

評価対象である錯生成定数 β_{LM} は，次式で定義される．

$$\beta_{LM} = \frac{[ML_n]_{aq}}{[M^{n+}]_{aq}[L^-]_{aq}^n} \tag{3.31}$$

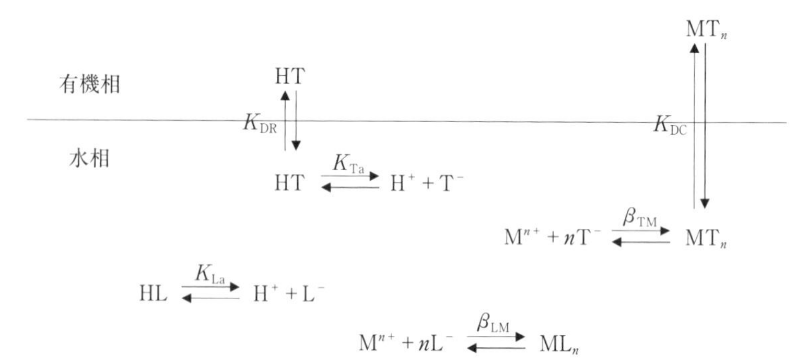

図 3.19　キレート抽出系による錯生成定数の決定(T がキレート抽出試薬，L が水相内の錯生成配位子，β_{LM} が評価対象とする).

式(3.30)と式(3.31)を合成すれば，D，D_0，β_{LM} の関係は次式で表すことができる.

$$D=\frac{D_0[M^{n+}]_{aq}}{[M^{n+}]_{aq}+\beta_{LM}[M^{n+}]_{aq}[L^-]_{aq}^n}=\frac{D_0}{1+\beta_{LM}[L^-]_{aq}^n} \tag{3.32}$$

この式の対数を取って次式を得る.

$$\log D=\log D_0-\log(1+\beta_{LM}[L^-]_{aq}^n) \tag{3.33}$$

ここで，金属イオンの全濃度が極めて低いトレーサー領域で実験を行えば，形成される錯体の濃度が十分低く $n[ML_n]_{aq} \ll [HL]_{aq}+[L^-]_{aq}$ となるので，平衡時の解離配位子基濃度 $[L^-]_{aq}$ は，配位子 L の酸解離定数 K_{La} および総濃度 C_L $(=[HL]_{aq}+[L^-]_{aq}+n[ML_n]_{aq})$ を用いて，$[H^+]_{aq}$ のみを変数とする次式の関係を得る.

$$[L^-]_{aq}=\frac{K_{La}C_L}{[H^+]_{aq}+K_{La}} \tag{3.34}$$

また，式(3.33)と式(3.34)を合成すれば，次式を得る.

$$\log D=\log D_0-\log\left\{1+\beta_{LM}\left(\frac{K_{La}C_L}{[H^+]_{aq}+K_{La}}\right)^n\right\} \tag{3.35}$$

ここで，水相の pH 測定から水素イオン濃度 $[H^+]_{aq}$ が得られれば，式(3.35)中の右辺の未知項は $\log D_0$ と評価対象である錯生成定数 β_{LM} のみとなる．したがって，例えば図 3.19 の系で溶媒抽出実験を行い，配位子 L 共存下および非共存下の抽出分配比 $\log D$ と $\log D_0$ を得て，水相の pH 測定を行えば，評価対象である錯生成定数 β_{LM} を決定することができる．この方法を使って，Np(V)イオン(NpO_2^+)と 5 種類の脂肪族ジカ

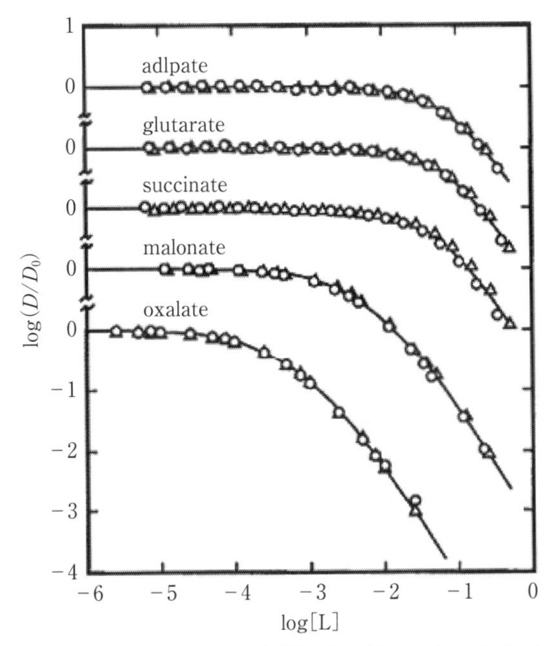

図 3.20　キレート抽出剤 TTA を用いた溶媒抽出実験により，水相での Np(V)の脂肪族ジカルボン酸との錯生成定数を評価した例[22].

ルボン酸の錯生成定数を決定した例を，**図 3.20** に示す[22]．この図の実験例では，有機相としてキレート抽出剤の TTA(10^{-3} または 10^{-4} M)および有機相内で付加配位子として機能し協同効果を発現するフェナントロリン(2×10^{-2} M)を含むイソアミルアルコールを用いている．このような有機相を，各濃度の脂肪族ジカルボン酸 L を溶解させた水相と接触させ，その際の ^{239}Np トレーサーの分配比 D を評価している．図 3.20 には実験で得られた分配比 D を，水相内に脂肪族ジカルボン酸 L が存在しない場合の分配比 D_0 により規格化した値について，水相中の配位子濃度[L]への依存性が示されている．この結果から，配位子 L の濃度が増加するに従い，水相中で NpO_2^+ と配位子 L との錯生成反応が進むことから，抽出試薬 TTA に対して Np がマスキングされ，分配比 D が D_0 に比べて減少することがわかる．この減少の程度を式(3.35)を用いて解析することにより，錯生成定数 β_{LM} の数値が決定されている．図 3.20 の例ではジカルボン酸が錯生成配位子であるため，2 段階目の酸解離(K_{a2})と 2 段階目の錯生成(β_2)の考慮が必要となり，分配比 D の記述も式(3.35)よりもやや複雑になる．しかし基本的な考え方は同様で，結果として図 3.20 の例では，Np(V)に対する錯生成定数が oxalate ($\log \beta_1 = 3.71$, $\log \beta_2 = 6.15$)，malonate ($\log \beta_1 = 2.62$, $\log \beta_2 = 4.22$)，succinate ($\log \beta_1 = 1.45$, $\log \beta_2 = 2.43$)，glutarate ($\log \beta_1 = 1.19$, $\log \beta_2 = 2.15$) および adipate ($\log \beta_1 = 1.22$, $\log \beta_2 = 2.05$) と決定されている．この図 3.20 の実験結果において，少ない配位子 L 濃度で $\log D/D_0$ の減少が始まる oxalate の錯生成定数が最も大きな値となっている．

この手法は多くの金属イオンに適用可能のため，分析化学分野で幅広く用いられている．また，例えば放射性廃棄物を地層処分した際の安全評価への貢献を目的として，Np(V)，Am(Ⅲ)，Eu(Ⅲ)，Ca(Ⅱ)と地下水中の溶存有機物であるフミン物質との錯生成相互作用の評価にも適用されている[23]．

放射化学分野でも溶媒抽出は微量の放射性同位体の分離や精製，また親核種からの子孫核種の分離，いわゆるミルキングに多用されている．一例として溶媒抽出法による ^{243}Am からの ^{239}Np のミルキングフローを紹介する．^{243}Am は 7370 年の半減期をもち，α 崩壊し半減期 2.3 日の ^{239}Np となる．この ^{239}Np は γ 線放出核種であり，かつ放射能としての半減期が短いため，実験室規模での Np の吸着挙動研究や熱力学量の測定といったアクチノイド化学研究に重宝な核種である[24]．このフローではトリオクチルアミン(TOA)を抽出剤として用い，濃塩酸溶液中から ^{239}Np のみを有機相に抽出し，^{243}Am を水相に残すことにより精製する．これを**図 3.21** に示す．ここでは，はじめに 5% の TOA キシレン溶液を濃塩酸で予備平衡させ，その有機相を ^{243}Am と ^{239}Np が永続放射平衡状態(両核種の放射能量が等しくなっている状態)となっている濃塩酸溶液と接触させて，^{239}Np の塩化物イオン錯体を TOA により有機相に抽出する(正抽出)．ここでは，^{243}Am は抽出されず水相に残る．次に水相と有機相を分け，溶媒洗浄をした後，有機相を逆抽出用の水相である純水と接触させる．この操作により有機相中の ^{239}Np は水相に NpO_2^+ イオンとして逆抽出され，溶液化学実験に使用可能なトレーサー溶液となる．一方，正抽出時の水相中に残る ^{243}Am は濃硝酸を添加して蒸発乾固することにより，混入した有機物を酸化分解すれば，再度使用可能な ^{243}Am 溶液となる．この溶液を ^{239}Np の半減期の約 5 倍，つまり 12 日程度放置すれば再度 ^{243}Am の壊変により ^{239}Np が生まれ永続放射平衡状態になる．この状態で再度，図 3.21 のフローを実施すれば ^{239}Np のトレーサーが得られ，文字通り継続的なミルキングが可能となる．放射化学分野ではこのほか，HDEHPA を用いる ^{90}Sr-^{90}Y 溶液からの ^{90}Y の分離などにも溶媒抽出が用いられている．

本節では湿式プロセスの中で重要な分離方法の一つである溶媒抽出について，その基

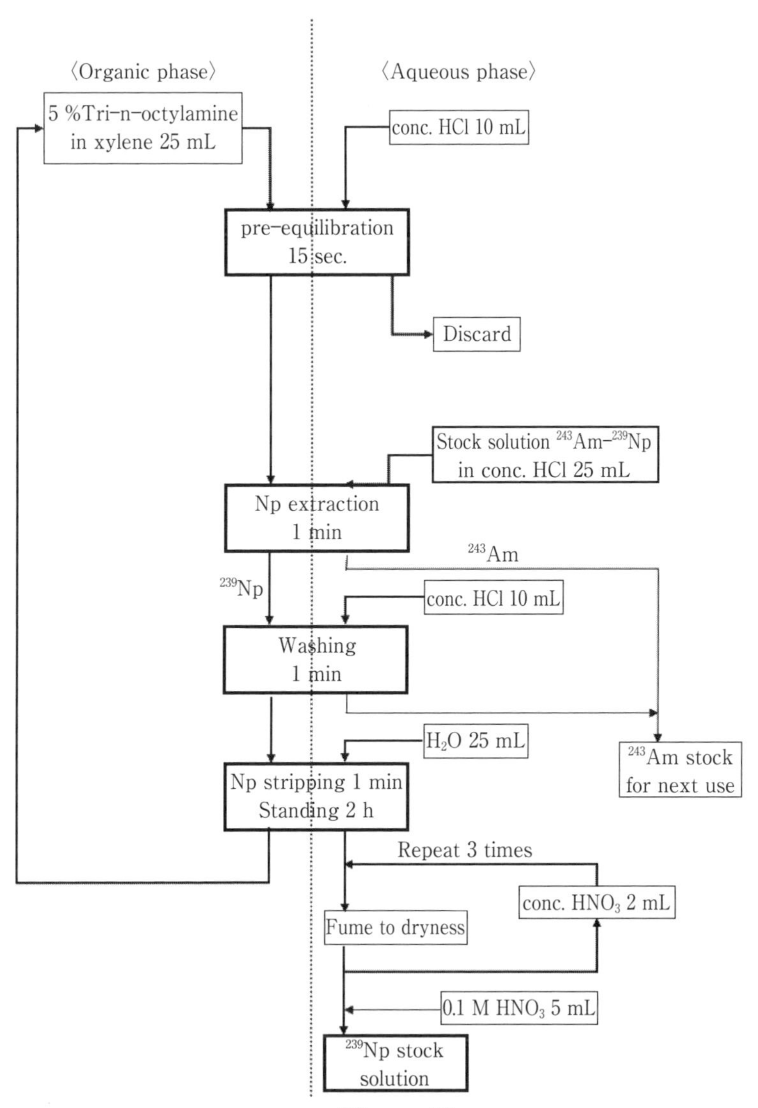

図 3.21 TOA 溶媒抽出法による ^{239}Np の ^{243}Am からのミルキングフロー．

礎的な反応機構および代表的な抽出剤について解説した．さらに，工学的分野における適用例，あるいはプラントに用いられている抽出器の紹介，分析化学や放射化学分野における溶媒抽出の応用例についても，その要点を紹介した．さらに詳細な基礎化学的議論および応用例に関する情報は，他の著書，V. Kislik[20]，J. Rydberg ら[25]，田中元治ら[26]などを参照されたい．また抽出分配平衡定数等の化学パラメーターは，文献[27]および文献[28]に多く収録されているので，必要に応じて参照いただきたい．

参考文献

［1］ 大井健太：無機イオン交換体—選択的分離機能の発現と応用—，エヌ・ティー・エス(2010)第1章.

［2］ Konrad Dorfner : Ion exchangers, de Gruyter, Berlin ; New York (1991) Chapter 1.

［3］ 三菱化学イオン交換樹脂事業部：DIAION™ 1 イオン交換樹脂・合成吸着剤マニュアル，三菱化学イオン交換樹脂事業部(2007) I 章.

［4］ G.-S. Lee, M. Uchikoshi, K. Mimura and M. Isshiki : Sep. Purif. Technol., **67** (2009) pp. 79–85.

［5］ A. Iizuka, Y. Yamashita, H. Nagasawa, A. Yamasaki and Y. Yanagisawa : Sep. Purif. Technol., **113** (2013) pp. 33–41.

［6］ K. A. Kraus and F. Nelson : in Proc. Int. Conf. Peaceful Uses of Atomic Energy, Geneve (1955) pp. 113–125.

［7］ T. Kékesi and M. Isshiki : Mater. Trans. JIM, **35** (1994) pp. 406–413.

［8］ M. Isshiki : Ph. D. Thesis (1976), Tohoku University.

［9］ T. Kékesi : Ph. D. Thesis (1994), Tohoku University.

［10］ K. A. Kraus and F. Nelson : J. Am. Chem. Soc., **76** (1954) pp. 984–987.

［11］ M. Nardin : Mem. Etud. Sci. Rev. Met., **67** (1970) p. 725.

［12］ 例えば，L. G. Sillén and A. E. Martell, Eds. : Stability Constants of Metal-Ion Complexes Section I : Inorganic Ligands, Special Publication No. 17., The Chemical Society, London (1964).

［13］ J. Brugger, D. C. McPhail, J. Black and L. Spiccia : Geochim. Cosmochim. Acta, **65** (2001) pp. 2691–2708.

［14］ M. Uchikoshi, K. Mimura and M. Isshiki : Proceedings of Fray International Symposium Metals and Materials Processing in a Clean Environment, Mexico, Cancún 2011, **6** (2011) pp. 269–281.

［15］ 柴山敦，渡辺勝央，芳賀一寿，細井明，高崎康志：環境資源工学，**61** (2015) pp. 90–99.

［16］ T. Ishimori and E. Nakamura : Data of Inorganic Solvent Extraction (I), JAERI Research Report no. 1047 (Japan Atomic Energy Research Institute, Japan (1963).

［17］ W. Davis, Jr. and H. J. De Bruin : J. Inorg. Nucl. Chem., **26** (1964) pp. 1069–1083.

［18］ Y. Sasaki, Y. Sugo, Y. Kitatsuji, A. Kirishima, T. Kimura and G. R. Choppin : Analytical Sci., **23** (2007) pp. 727–731.

［19］ Y. Sasaki, Y. Tsubata, Y. Kitatsuji, Y. Sugo, N. Shirasu, Y. Morita and T. Kimura :

Solvent Extraction and Ion Exchange, **31** : (2013) pp. 401-415.
[20] V. S. Kislik : Solvent Extraction : Classical and Novel Approaches, Elsevier (2012).
[21] 原子力百科事典 ATOMICA，一般財団法人 高度情報科学技術研究機構 http://www.rist.or.jp/atomica/
[22] O. Tochiyama, Y. Inoue and S. Narita : Rdiochimica Acta, **58/59** (1992) pp. 129-136.
[23] 例えば，O. Tochiyama, Y. Niibori, K. Tanaka, T. Kubota, H. Yoshino, A. Kirishima and B. Setiawan : Radiochimica Acta, **92** (2004) pp. 559-565.
[24] A. Kirishima, O. Tochiyama, K. Tanaka, Y. Niibori and T. Mitsugashira : Radiochim. Acta, **91** (2003) pp. 191-196.
[25] J. Rydberg, M. Cox, C. Musikas and G. R. Choppin : Solvent Extraction Principles and Practice, second edition, Marcel Dekker, Inc., New York (2004).
[26] 田中元治，赤岩英夫：溶媒抽出化学，裳華房(2000)．
[27] J. Stary and H. Freiser : Equilibrium Constants of Liquid-Liquid Distribution reactions, Part Ⅳ : Chelating Extractants, IUPAC Chemical data series no. 18, Pergamon Press, Oxford (1978).
[28] Y. Marcus, A. S. Kertes and E. Yanir : Equilibrium Constants of Liquid-Liquid Distribution reactions, Part Ⅰ : Organophosphorus Extractants, IUPAC, Butter-Worths, London (1974).

4

第4章

電解製錬

4.1　電極反応論

A.　金属電極の分極挙動—電荷移動過程[1-5]

第1章の電気化学反応では金属電極に見掛け上電流が流れていない平衡電位を扱っていたので，電解液中の金属イオンの増減は起こらず，金属電極，電気化学二重層周辺の電位のみを考えればよかった．電極を通じて電流を流すと，すなわち電気分解を行うと，電荷の担い手であるイオンや電子の移動を生じ，電極と電解液の境界層で電荷の移動に応じた電極反応が起こる．

$$\mathrm{Ox}^{\nu+} + \nu_e^- = \mathrm{Red} \tag{4.1a}$$

ここで，Ox は価数 ν の酸化体，Red は還元体である．この電気分解の様子を**図4.1**に示す．実際の電気分解では，半電池反応式(単極反応式)(4.1a)は単独では機能せず，電解液に浸漬した二つの電極が必要である．電流が電極から電解液の方向へ流れる電極をアノード電極，逆方向に流れる電極をカソード電極と決める．電極反応式(4.1b)において，右へ進行する反応がカソード反応，左へ進行するのがアノード反応である．電気化学的平衡状態では，カソード反応とアノード反応の速度が逆向きで等しい．両方向成分で等しい電流の絶対値を交換電流という．

電極と電解液の境界には，図に示したように電極から電解液方向に電気化学二重層，拡散層，溶液相が存在する．電気化学二重層はさらに移行層とび散層に分かれ，イオンは移行層(内部相)に吸着する．び散層は移行層と拡散層間の電位差を吸収する層であり，層内には常に電気ポテンシャルと化学ポテンシャルの勾配が存在する．拡散層は電荷移動が起こる際に現れる層で電解質の一部であり，電気ポテンシャルと化学ポテンシャルの勾配は存在するが，び散層内部の勾配に比べるとかなり小さい．移行層は，溶液相中の水和イオンが最も近づくことができる外部ヘルムホルツ層(電極表面から 0.2-0.3 nm＝2-3 Å)と，ハロゲンイオンなどの陰イオンが特異吸着する内部ヘルムホルツ層(電極表面から 0.1 nm＝1 Å 程度)とに分けられ，電極反応は外部ヘルムホルツ層と内部ヘルムホルツ層の間で起こるとされている．

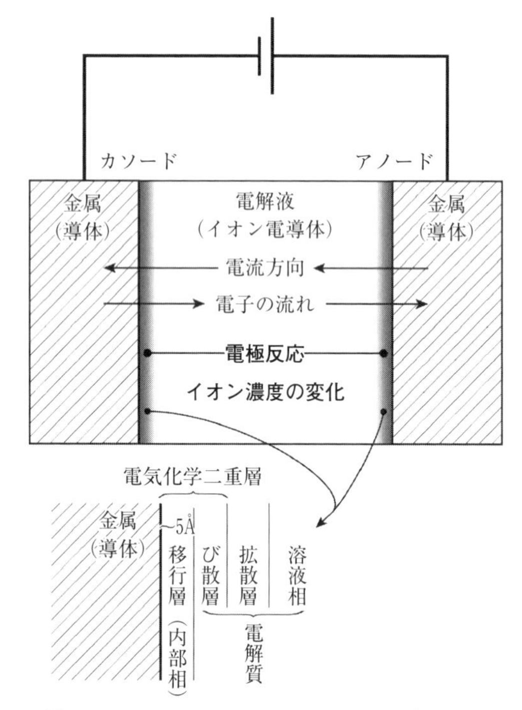

図4.1　アノードおよびカソードと電気分解.

電極反応の素過程は次のように考えられている.

1. 溶液相に存在する溶媒和イオンが電極面に向かって拡散する.
2. 溶媒和イオンが電極面で脱溶媒して裸イオンになる.
3. 裸イオンが,電極と電子の授受を行って,酸化還元反応を起こす.
4. 酸化還元反応により生成した物質が電極面から離れる.

この他に錯イオンの解離,イオンや反応生成物の吸着,二次的な化学反応などが考えられる.以上の速度過程の中で,他の過程よりも格段に大きい活性化エネルギーをもつものが律速過程になる.活性化エネルギーは外的要因により変化し,その結果反応速度も変化する.電極反応の場合,反応速度は電極面における電流密度jで論じられるから,印加電圧,すなわち過電圧が外的要因として作用することになる.

回路に電流を流すと,電流の方向と反対に働く電位差が生ずる.この現象を分極と呼ぶ.この分極にうちかって所定電流を流すために必要な電圧を過電圧という.過電圧η

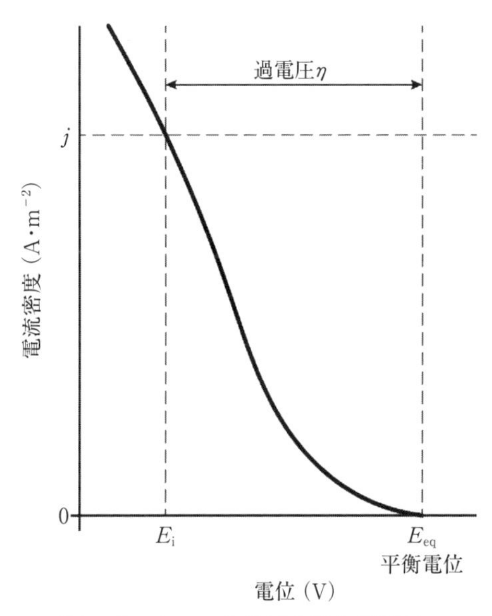

図 4.2 カソード分極曲線と過電圧．

は単極における電気化学反応が速度(電流密度)jで起こる電位と平衡電位E_{eq}との電位差である．**図 4.2** に示すカソード分極曲線と過電圧の関係を考えると，電流密度jでカソード反応を起こさせるためには，平衡電位よりも過電圧の大きさηだけ電位を下げる必要がある(アノード分極曲線では，正負が逆転する)．電極反応に伴う過電圧は次の三つの要因に起因すると考えられる．

・濃度過電圧：電荷移動の際，電極表面近傍の反応物の活量変化を補うために要求される．

・遷移過電圧：電荷を運ぶ電位決定イオンが界面を横断して，電荷移動反応(電極反応)を起こすために要求される．

・抵抗過電圧：電極に抵抗が生ずる場合，抵抗を乗り越えて反応を起こすために要求される．

全過電圧は，以上三つの過電圧の総和として測定される．濃度過電圧は，さらに拡散過電圧と反応過電圧に分けられる．金属が関わる電極反応の場合，以上の他に金属相を結晶化，非結晶化するための結晶過電圧が考慮される．結晶過電圧は三つの基本過電圧と独立のものではなく，いずれかと連携して表される．

ここで，電流あるいは電流密度と過電圧の関係について，電荷移動を基にして考えてみよう．

電極反応式(4.1b)のアノード反応速度定数を k_{a^0}，カソード反応速度定数を k_{c^0} とする．

$$Ox^{\nu+} + \nu e^- \underset{k_{a^0}}{\overset{k_{c^0}}{\rightleftarrows}} Red \tag{4.1b}$$

時間当たりに流れる電荷量が電流であるから，それぞれの反応で流れる電流は，

$$\text{カソード反応：} i^- = \nu F v_c = -\nu F k_{c^0} C_{Ox} \tag{4.2a}$$

$$\text{アノード反応：} i^+ = \nu F v_a = \nu F k_{a^0} C_{Red} \tag{4.2b}$$

ここで，v_a，v_c は反応速度，C_{Ox}，C_{Red} はそれぞれ酸化体，還元体の移行層のすぐ外側における濃度，F はファラデー定数である．実際に観測される電流の通り道は，電極と溶液相との界面のみに限定されるから，式(4.2a)，(4.2b)で表される電流 i^- と i^+ は電流密度 j^- と j^+ として差し支えない．これら速度定数はアレニウスの式で表される．

$$k_{c^0} = A \cdot \exp\left(-\frac{\Delta G_{c^0}}{RT}\right) \tag{4.3a}$$

$$k_{a^0} = A' \cdot \exp\left(-\frac{\Delta G_{a^0}}{RT}\right) \tag{4.3b}$$

ΔG_{c^0}，ΔG_{a^0} は活性化エネルギー，A，A' は頻度因子である．電位差 $\Delta\phi$ がかかっている電極-電解液の界面を電荷 e_0 が動くときに必要な静電エネルギーは $e_0\Delta\phi$ であるから，1 mol 当たりの電荷移動には $F\Delta\phi$ のエネルギーを要する．その結果，電位差 $\Delta\phi$ がかかっている界面でのポテンシャルは 1 mol 当たり $F\Delta\phi$ だけ上げられる．その結果，カソード反応に関わる活性化エネルギーは，次式の変化をする．

$$\left.\begin{aligned} &\Delta G_{c^0} - \alpha\nu F\Delta\phi = \Delta G_c - \nu F\Delta\phi \\ \therefore\quad &\Delta G_c = \Delta G_{c^0} + (1-\alpha) F\Delta\phi \end{aligned}\right\} \tag{4.4a}$$

ここで，α は通過係数と呼ばれ，活性化エネルギーへ寄与する割合 $(1-\alpha)$ を示しており，$0<\alpha<1$ である．一方で，アノード反応の速度定数 k_a に関わる活性化エネルギー ΔG_a は，式(4.46)のようになる．

$$\Delta G_a = \Delta G_{a^0} - \alpha\nu F\Delta\phi \tag{4.4b}$$

ここで，ポテンシャルエネルギー曲線の電界による変化は，**図 4.3** のように示される．

式(4.2a)，(4.2b)および式(4.3a)，(4.3b)より，界面での電解を考慮した速度定数は，次のように表される．

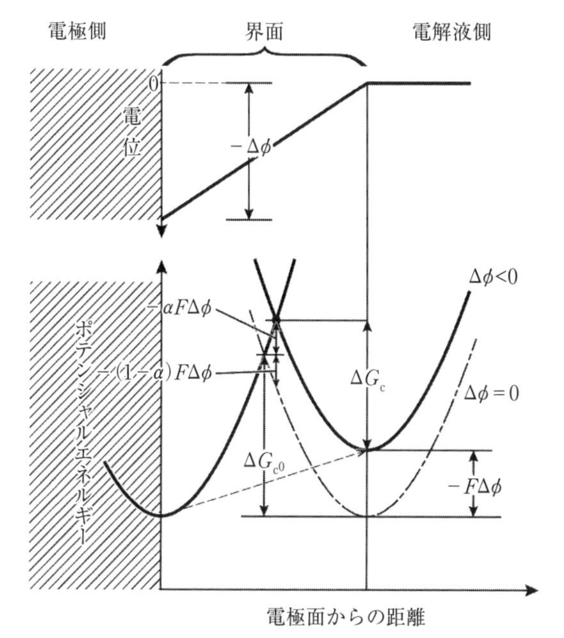

図 4.3　ポテンシャルエネルギー曲線の電界による変化.

$$k_c = k_{c0} \exp\left(-\frac{(1-\alpha)\nu F\Delta\phi}{RT}\right) \tag{4.5a}$$

$$k_a = k_{a0} \exp\left(\frac{\alpha\nu F\Delta\phi}{RT}\right) \tag{4.5b}$$

$\Delta\phi$ は移行層にかかる電位差で，実際には参照電極との相対電位 E として測定される．このとき，速度定数は参照電極に依存する量となり，これを k_{R+}，k_{R-} とすると，式(4.5a)と(4.5b)は次のように書き直せる．

$$k_c = k_{R-} \exp\left(-\frac{(1-\alpha)\nu EF}{RT}\right) \tag{4.6a}$$

$$k_a = k_{R+} \exp\left(\frac{\alpha\nu EF}{RT}\right) \tag{4.6b}$$

式(4.6a)と(4.6b)を式(4.2a)と(4.2b)に代入すると，それぞれカソード反応，アノード反応時に流れる電流が得られ，式(4.1b)で左から右向きの正味の電流密度 j は次のように表現される．

$$j = j^{-} + j^{+}$$
$$= -\nu F\left\{k_{\mathrm{R}^-} C_{\mathrm{Ox}} \exp\left(-\frac{(1-\alpha)\nu FE}{RT}\right) - k_{\mathrm{R}^+} C_{\mathrm{Red}} \exp\left(\frac{\alpha\nu FE}{RT}\right)\right\} \tag{4.7}$$

正味の電流密度が0であるときの電位が平衡電位 E_{eq} であり，このときの反応物の移行層のすぐ外側における濃度を $C^{\mathrm{e}}_{\mathrm{Ox}}$，$C^{\mathrm{e}}_{\mathrm{Red}}$ とすると，式(4.8)が導かれる．

$$j_0 = \nu F k_{\mathrm{R}^-} C^{\mathrm{e}}_{\mathrm{Ox}} \exp\left(-\frac{(1-\alpha)\nu F}{RT} E_{\mathrm{eq}}\right) = \nu F k_{\mathrm{R}^+} C^{\mathrm{e}}_{\mathrm{Red}} \exp\left(\frac{\alpha\nu F}{RT} E_{\mathrm{eq}}\right) \tag{4.8}$$

つまり，外部から観測される電流密度は0であっても，電極ではカソード方向，アノード方向，逆向きの方向に絶対値の等しい電流密度 j_0 が流れている．これを交換電流密度と呼ぶ．加えて，式(4.8)から式(4.9)の関係が導かれる．

$$E_{\mathrm{eq}} = \frac{RT}{\nu F} \ln \frac{k_{\mathrm{R}^-}}{k_{\mathrm{R}^+}} + \frac{RT}{\nu F} \ln \frac{C^{\mathrm{e}}_{\mathrm{Ox}}}{C^{\mathrm{e}}_{\mathrm{Red}}} \tag{4.9}$$

ここでは，活量係数は速度定数に含まれている．

電極反応を起こすためには，平衡電位 E_{eq} から過電圧 η だけ電位を動かす必要がある．また，溶液沖合，すなわちバルク溶液中の反応物濃度 C^{*}_{Ox}，C^{*}_{Red} が平衡濃度 $C^{\mathrm{e}}_{\mathrm{Ox}}$，$C^{\mathrm{e}}_{\mathrm{Red}}$ に等しいとすると，実際に電極反応が起こるときの電流密度 j は式(4.7)，式(4.8)から次のように求められる．

$$j = -j_0\left[\frac{C_{\mathrm{Ox}}}{C^{*}_{\mathrm{Ox}}} \exp\left\{-\frac{(1-\alpha)\nu F}{RT}\eta\right\} - \frac{C_{\mathrm{Red}}}{C^{*}_{\mathrm{Red}}} \exp\left(\frac{\alpha\nu F}{RT}\eta\right)\right] \tag{4.10}$$

物質移動速度が十分に速く，電荷移動律速の場合(例えば溶液相を十分に攪拌して濃度ムラをなくしておく)，電極表面濃度とバルク溶液中濃度は等しくなる．このときの過電圧を η_{act} とすると，電流密度 j は式(4.11)で表される．

$$j = -j_0\left[\exp\left\{-\frac{(1-\alpha)\nu F}{RT}\eta_{\mathrm{act}}\right\} - \exp\left(\frac{\alpha\nu F}{RT}\eta_{\mathrm{act}}\right)\right] \tag{4.11}$$

この式は，バトラー-フォルマーの式[5]と呼ばれ，電流と過電圧の関係を表す基本式である．この式を用いて，電極反応の様々な挙動を説明できる．

図4.4にアノード反応，カソード反応の電流密度と測定される正味の電流密度の関係を示す．過電圧が平衡電位から離れるほど，逆反応の電流密度の影響は小さくなることがわかる．

式(4.11)の指数関数をテイラー展開し*1，電流密度が十分に小さいときには第3項以降を無視できるので，次式のように j と η_{act} の間には直線関係が得られる．

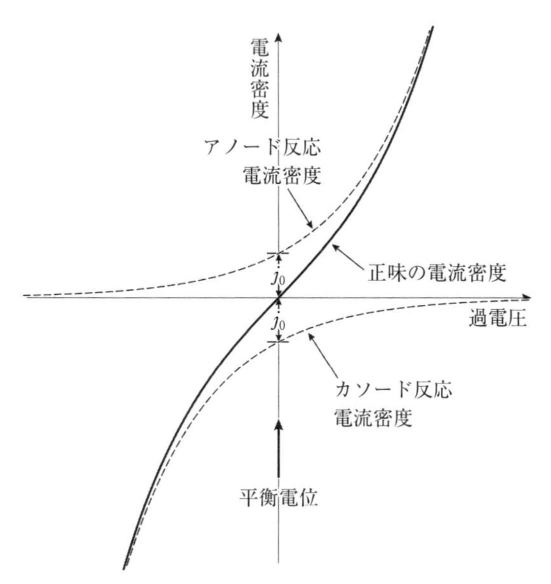

図 4.4 過電圧のアノード ↔ カソード遷移時の過電圧-電流密度曲線.

$$j = j_0 \frac{\nu F}{RT} \eta_{\mathrm{act}} \tag{4.12}$$

また，平衡電位における式(4.11)の傾きは，次式で表される.

$$\left.\begin{aligned} \left(\frac{\partial j}{\partial \eta_{\mathrm{act}}}\right)_{\eta_{\mathrm{act}} \to 0} &= j_0 \left(\frac{\alpha \nu F}{RT} + \frac{(1-\alpha)\nu F}{RT}\right) = \frac{\nu F}{RT} j_0 \\ \left(\frac{\partial \eta_{\mathrm{act}}}{\partial j}\right)_{j \to 0} &= \frac{RT}{\nu F} \cdot \frac{1}{j_0} \end{aligned}\right\} \tag{4.13}$$

ここで，$\dfrac{RT}{\nu F} \cdot \dfrac{1}{j_0}$ は遷移抵抗と呼ばれ，交換電流密度 j_0 の決定に使用される.

次に，電流密度が十分に大きい場合，すなわち正に大きい過電圧が与えられる(大きなアノード分極を与える)，あるいは負に大きい過電圧が与えられる(大きなカソード分極を与える)場合を考えてみる.

---

*1 $e^x = \sum_{n=0}^{\infty} \frac{1}{n!} x^n = 1 + x + \frac{x^2}{2!} + \frac{x^3}{3!} + \frac{x^4}{4!} + \frac{x^5}{5!} + \cdots$

$$|\eta_{act}| \gg \frac{RT}{\nu F} \tag{4.14}$$

式(4.14)の場合，式(4.11)の対数を取り，η_{act} を j の関数として表す.

$$\text{アノード分極：}\eta_{act} = -\frac{RT}{\alpha\nu F}\ln j_0 + \frac{RT}{\alpha\nu F}\ln j \tag{4.15a}$$

$$\text{カソード分極：}\eta_{act} = \frac{RT}{(1-\alpha)\nu F}\ln j_0 - \frac{RT}{(1-\alpha)\nu F}\ln j \tag{4.15b}$$

これらは，Tafel が実験的に見出したターフェルの式である.

$$\eta_{act} = a + b\ln j \tag{4.16}$$

式(4.15)と式(4.16)を比較して，式(4.17a)および(4.17b)を得る.

$$\text{アノード分極：}a \equiv -\frac{RT}{\alpha\nu F}\ln j_0,\quad b \equiv \frac{RT}{\alpha\nu F} \tag{4.17a}$$

$$\text{カソード分極：}a \equiv \frac{RT}{(1-\alpha)\nu F}\ln j_0,\quad b \equiv -\frac{RT}{(1-\alpha)\nu F} \tag{4.17b}$$

通過係数 α は，$\ln j$ と η_{act} の曲線の直線部分すなわちターフェル線の勾配から求められる．**図 4.5** に示すように，交換電流 j_0 はターフェル線を平衡電位まで外挿することでも求められる.

B.　電極反応と物質移動[2]

電極反応が持続的に進行するためには，反応種がバルク溶液相から電極表面近傍，詳

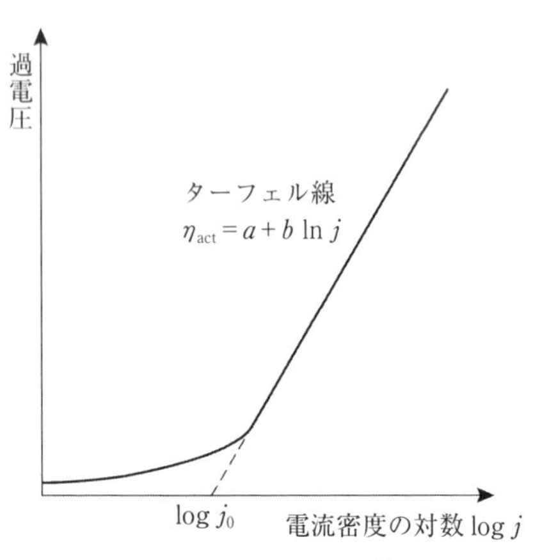

図 4.5　ターフェル線.

しくは拡散層を通じて電気化学二重層にまで常に供給され続けなければならない．電極反応が十分に速い場合，反応速度は反応種の供給過程に律速される．したがって，反応種の消費される速度は，溶液相からの供給速度に等しく，供給は拡散によりなされる．この場合，電極反応に与る反応種による泳動電流は無視できるほど小さくなくてはならない．そのため電極反応には関わらず電流を流すだけの支持電解質が過剰に存在すると仮定する．

物質移動が拡散のみによってなされると考えるとき，ネルンストの拡散層の概念から，次のような条件を仮定する．

1. 電極表面には厚さ δ の拡散層が存在し，反応種は拡散層を通過する．
2. 拡散層中の反応種濃度は電極表面からの距離 x の 1 次関数で表現される．
3. 電荷移動過程は物質移動過程に比較して速やかに進行する．

よって，反応種 M^{z+} はフィックの第一法則に従って，溶液相から拡散層を通じて移行層に供給され，これが反応種の消費速度に等しくなる．カソード反応を考える．

$$\frac{dn_{M^{\nu+}}}{dt} = -D \cdot A \frac{dC_{M^{\nu+}}}{dx} = D \cdot A \frac{C_{M^{\nu+}}^{sol} - C_{M^{\nu+}}}{\delta} \tag{4.18}$$

ここで，D は拡散係数，A は電極面積，$n_{M^{\nu+}}$ は反応種のモル数，$C_{M^{\nu+}}$ は反応種の電極表面における濃度，$C_{M^{\nu+}}^{sol}$ はバルク溶液相における濃度である．カソード電流 I_c は，ファラデーの第二法則から式(4.19)で表される．

$$I_c = \nu F \frac{dn_{M^{\nu+}}}{dt} = \frac{\nu FDA\,(C_{M^{\nu+}}^{sol} - C_{M^{\nu+}})}{\delta} \tag{4.19}$$

対象の拡散による物質移動によって生ずる過電圧 η_d は，反応種の電極表面における活量を a，バルク溶液相における活量を a^{sol} とすると，次のように表される．

$$\eta_d = \frac{RT}{\nu F} \ln \frac{a}{a^{sol}} = \frac{RT}{\nu F} \ln \frac{f_{M^{\nu+}} C_{M^{\nu+}}}{f_{M^{\nu+}}^{sol} C_{M^{\nu+}}^{sol}} \tag{4.20}$$

上式を $C_{M^{\nu+}}$ について解き，式(4.19)に代入する．

$$I_c = \frac{\nu FDAC_{M^{\nu+}}^{sol}}{\delta} \left(1 - \frac{f_{M^{\nu+}}^{sol}}{f_{M^{\nu+}}} \exp \frac{\nu F \eta_d}{RT}\right) \tag{4.21}$$

アノード電流について濃度勾配は逆転するので，同様の処理をすると，式(4.22)を得る．

$$I_a = \frac{\nu FDAC_{M^{\nu+}}^{sol}}{\delta} \left(\frac{f_{M^{\nu+}}^{sol}}{f_{M^{\nu+}}} \exp \frac{\nu F \eta_d}{RT} - 1\right) \tag{4.22}$$

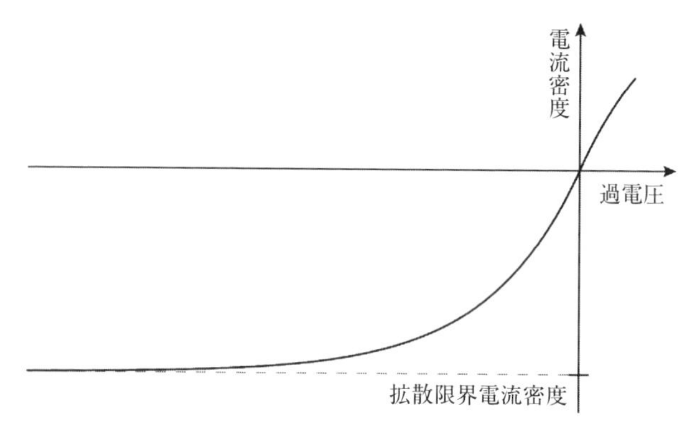

図 4.6　拡散限界電流密度と過電圧の関係.

カソード電流密度が十分に大きい場合，式(4.19)を考慮すると，$C_{M^{\nu+}} \to 0$ である．すなわち，電極表面に拡散によって供給された反応種は電極反応によりすぐに消費されてしまう．これは，反応全体の速度が拡散による物質移動に支配されており，拡散律速であるという．**図 4.6** に拡散限界電流密度と過電圧の関係を示す．この場合，式(4.20)において $a \to 0$ となり，η_d が $-\infty$ に近づく．すると式(4.21)の exp 項が消え，カソード電流は式(4.23a)となる．

$$I_{\mathrm{lim}} = \frac{\nu FDAC^{\mathrm{sol}}_{\mathrm{M}^{\nu+}}}{\delta} \equiv kC^{\mathrm{sol}}_{\mathrm{M}^{\nu+}} \tag{4.23a}$$

この電流 I_{lim} を拡散限界電流と呼び，溶液相の反応種濃度に比例する．ただしカソード電流であるので，$k < 0$ である．実際には，電極表面の面積に制限を受けるため，式(4.23b)に示すように拡散限界電流密度 j_{l} が用いられる．

$$j_{\mathrm{l}} = \frac{I_{\mathrm{lim}}}{A} = \frac{\nu FDC^{\mathrm{sol}}_{\mathrm{M}^{\nu+}}}{\delta} \equiv k'C^{\mathrm{sol}}_{\mathrm{M}^{\nu+}} \tag{4.23b}$$

アノード電極では，$\mathrm{M}^{\nu+}$ の活量は $\mathrm{M}^{\nu+}$ を含む主塩の溶解度に制限されるため，η_d およびその関数である電流密度 j_a も制限を受け，限界電流密度が得られる．また，アクセプタの電極表面への拡散の限界速度により，限界電流密度が得られる場合もある．

以上のように電流密度が十分高い場合は，電極反応速度は反応種の拡散律速であり，過電圧がある値を超えるとそれ以上大きな電流密度が得られない限界電流密度が存在する．

C. 化学反応過程

拡散律速とは別に，電極反応速度はその前後に電極表面で起こる副次的な化学反応の速度に影響されることがある．反応種が関係する弱酸の解離反応，錯体形成などが副次的な化学反応に当たる．ここでは，錯体形成が電位-電流曲線に与える影響について考察する．

電極反応式(4.1a)が可逆的に進行しているとする．

$$\mathrm{O}+\mathrm{e}^{-}=\mathrm{R} \tag{4.24}$$

$$E_{\mathrm{e}}=E_{0(4.24)}+\frac{RT}{F}\ln\frac{a_{\mathrm{O}}}{a_{\mathrm{R}}} \tag{4.25}$$

ここに錯形成剤 Y を添加すると，次のように錯体が形成される．

$$\mathrm{O}+\mathrm{Y}=\mathrm{OY} \tag{4.26}$$

$$K_{(4.26)}=\frac{a_{\mathrm{OY}}}{a_{\mathrm{O}}\cdot a_{\mathrm{Y}}} \tag{4.27}$$

形成された錯体が関与する第二の酸化還元系が生ずる．

$$\mathrm{OY}+\mathrm{e}^{-}=\mathrm{R}+\mathrm{Y} \tag{4.28}$$

$$E_{\mathrm{e}}=E_{0(4.28)}+\frac{RT}{F}\ln\frac{a_{\mathrm{OY}}}{a_{\mathrm{R}}\cdot a_{\mathrm{Y}}} \tag{4.29}$$

$E_{0(4.24)}$ と $E_{0(4.28)}$ の間には次の関係が成立する．

$$E_{0(4.28)}=E_{0(4.24)}-\frac{RT}{F}\ln K_{(4.26)} \tag{4.30}$$

還元体のバルク溶液相における濃度は 0 に近似できるから，アノード方向の拡散電流は考えなくともよい．このときの電極反応式(4.24)の電位は式(4.31)で表される．

$$E=E_{1/2(4.24)}+\frac{RT}{F}\ln\frac{j_{\mathrm{l}(4.24)}^{\mathrm{c}}-j}{j} \tag{4.31}$$

錯形成剤 Y を添加したとき，$K_{(4.26)}>10^{8}$ とすると，ほぼ全量が OY になるので，Y に関する拡散も無視できる．

$$E=E_{1/2(4.28)}+\frac{RT}{F}\ln\frac{j_{\mathrm{l}(4.28)}^{\mathrm{c}}-j}{j} \tag{4.32}$$

ここで，$j_{\mathrm{l}}^{\mathrm{c}}$ はカソード方向の限界拡散電流，$E_{1/2}$ は半波電位 *2 である．拡散限界電流密度はバルク溶液相の濃度に比例するから(式(4.23b))，バルク溶液相の酸化体初期濃度を $C_{\mathrm{O}}^{\mathrm{Ini}}$ とし，そのうち x mol が錯体を形成すると，拡散限界電流密度は，

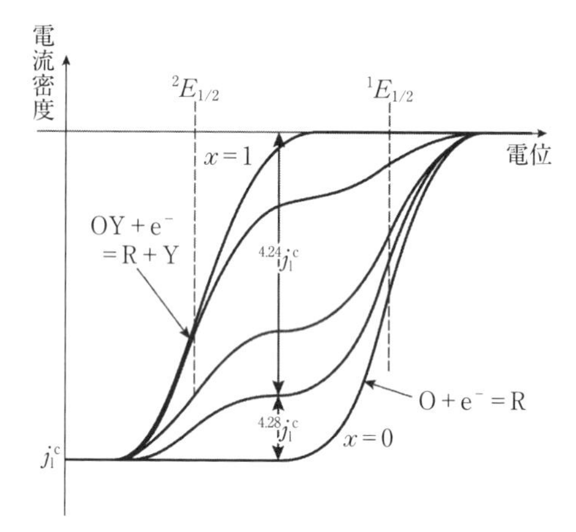

図 4.7　錯形成剤を添加して行ったときの電位-電流密度曲線の変化.

$$j^{c}_{1(4.24)} = -k_{O}(1-x)\,C^{Ini}_{O} \tag{4.33}$$

$$j^{c}_{1(4.28)} = -k_{OY}xC^{Ini}_{O} \tag{4.34}$$

k_O, k_{OY} は式(4.23b)における比例定数であるから，これを等しいと仮定すると，全体の拡散限界電流密度は次のようになる.

$$j^{c}_{1} = j^{c}_{1(4.24)} + j^{c}_{1(4.28)} = -k_{O}C^{Ini}_{O} = \text{const.} \tag{4.35}$$

図 4.7 に電極反応式(4.24)に錯形成剤 Y を加えていった場合の電流-電位曲線の変化を示す. Y の添加とともに $j^c_{1(4.24)}$ の寄与が減って $j^c_{1(4.28)}$ の寄与が増加し，電流-電位曲線の立ち上がりは遅くなっていく. ただし，最終的な限界電流密度は変化しない. ここでは，錯体における Y の配位数が 1 である場合を述べたが，現実には配位数は 1 とは限らず，配位数の異なる複数の錯体が同時に存在する場合の方が多い. そのため，測定される電流-電位曲線もより複雑な形状を示す.

D. 結晶化過程[2,3]

カソード反応により金属が析出したり，アノード反応により金属酸化物が生成する場合，結晶化過程が重要である. ここでは，金属イオンの還元による金属結晶の析出につ

---

*2　半波電位：j^a_1, j^c_1 をアノード方向，カソード方向の拡散限界電流密度としたとき，電流密度 $j = \dfrac{j^a_1 - j^c_1}{2}$ であるときの電位.

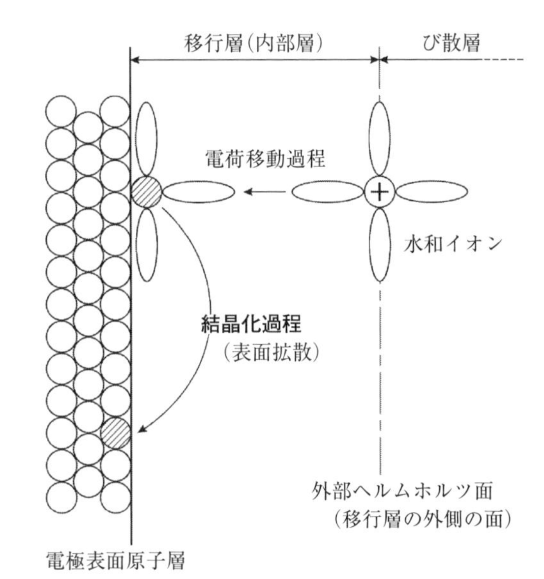

図 4.8 金属イオンの電解析出過程[3].

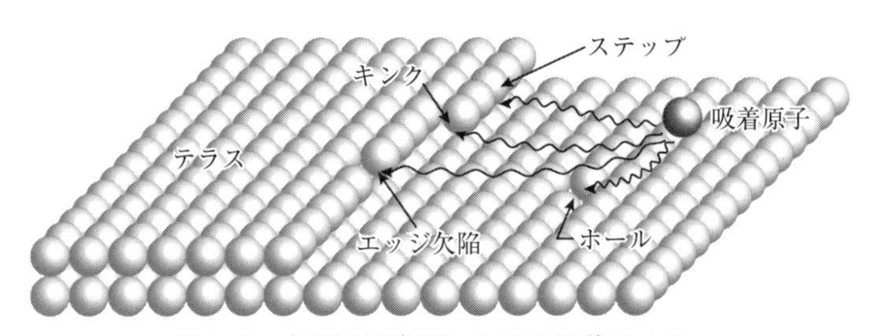

図 4.9 金属電極表面における吸着サイト.

いて述べる.

図 4.8 に電解析出過程のモデルを示す．外部ヘルムホルツ層まで移動してきた水和金属イオンは，電界の影響を受けて中心金属イオンを電極側にいくぶん押し出し，電子トンネル効果により電子の授受が行われ，金属に還元される．還元された金属原子は電極表面に吸着し，表面拡散により最終的に金属格子に組み込まれる．

図 4.9 に金属電極表面の微視的な様子を示す．金属電極表面は平坦ではない．無数の粒界が存在し，粒内の面においても所々単原子層の段になっている．この場所をステップという．ステップとステップに囲まれた比較的平坦な場所をテラスと呼ぶ．キン

クはステップに生じた段になっている場所で，吸着原子が最も落ち着きやすい場所である．ステップよりもキンクの方が吸着原子への配位数が多いため結合力がより強く，再び外へ拡散する可能性は小さい．組み込まれた原子は新たなキンクとして働き，結晶成長は持続する．このような結晶面をコッセル結晶面と呼ぶ．

以上より，金属イオンは，以下の4段階を経て電極表面に金属として析出する．

1. 脱水
2. 放電(還元)
3. 成長点(主にキンク)への表面拡散
4. 格子形成

測定される過電圧は，上記4過程のうちの律速過程により決定される．そこで過電圧の時間変化を求めてみる．

電析における電流密度 j はバトラー-フォルマーの式(4.11)に吸着原子の濃度変化を考慮した項をかけた次式で与えられる．ここでは，簡単のため電極反応に関わる電子の数を1とする．

$$j = -j_0\left[\exp\left\{-\frac{(1-\alpha)F}{RT}\eta\right\} - \frac{\bar{C}(t)}{C^{\mathrm{sub}}}\exp\left(\frac{\alpha F}{RT}\eta\right)\right] \tag{4.36}$$

ここで，$\bar{C}(t)$ は t 時間後の吸着原子濃度，C^{sub} は平衡電位における吸着原子濃度であり，次式の関係にある．

$$\bar{C}(t) - C^{\mathrm{sub}} = -\frac{j}{\kappa F}\{1-\exp(-\kappa t)\} \tag{4.37}$$

κ は吸着原子濃度に関する適当な比例定数である．式(4.36)の第1項はカソード反応，すなわち吸着原子の生成に対応し，第2項はアノード反応，すなわち吸着原子の溶解に寄与する．今，過電圧が十分小さく電流密度が線形に近似できる場合，式(4.38)で与えられる．

$$j \approx j_0\left(\frac{\bar{C}(t)-C^{\mathrm{sub}}}{C^{\mathrm{sub}}} + \frac{\alpha F}{RT}\eta\right) \quad \because \ \frac{\alpha F}{RT}\eta \ll 1 \tag{4.38}$$

過電圧の時間変化は，式(4.38)を式(4.37)に代入して得られ，さらに $t\to\infty$ の定常状態では次のようになる．

$$\left.\begin{aligned} \eta &= \frac{RT}{F}\frac{j}{j_0} + \frac{RT}{F^2}\frac{j}{\kappa C^{\mathrm{sub}}}\{1-\exp(-\kappa t)\} \\ t\to\infty \quad \eta_\infty &= \frac{RT}{F}\frac{j}{j_0} + \frac{RT}{F^2}\frac{j}{\kappa C^{\mathrm{sub}}} \end{aligned}\right\} \tag{4.39}$$

η_∞ を式(4.38)に代入して変形すると式(4.40)を得る.

$$\ln(\eta-\eta_\infty)=-\ln\left(\frac{RT}{F^2}\cdot\frac{j}{\kappa C^{\mathrm{sub}}}\right)-\kappa t \tag{4.40}$$

したがって，電流密度が十分に小さく $\ln(\eta-\eta_\infty)$ と t の間に直線関係が認められるとき，表面拡散律速であるといえる．この場合，連続的な格子を形成可能なキンクへの表面拡散が余裕をもって行われ，緻密な結晶面を形成することが期待される.

電流密度が大きいときには，$-\kappa t$ 項は過電圧変化には寄与せず，$\ln(\eta-\eta_\infty)$ は一定値となる．この場合は，表面拡散律速ではなく，脱水，放電，格子形成のいずれかが律速過程となる．しかしながら，吸着原子濃度は過飽和状態となっているため新たな核が多く生成し，電極面の成長ではなく微細結晶が生成する．また，電極面の特定の点で優先的に放電・格子形成が生じると，電析物の先端が溶液相に向かって樹枝状に成長する．その結果，反応種が電極面へ拡散する前に電析物先端で放電し，樹枝状晶の成長に

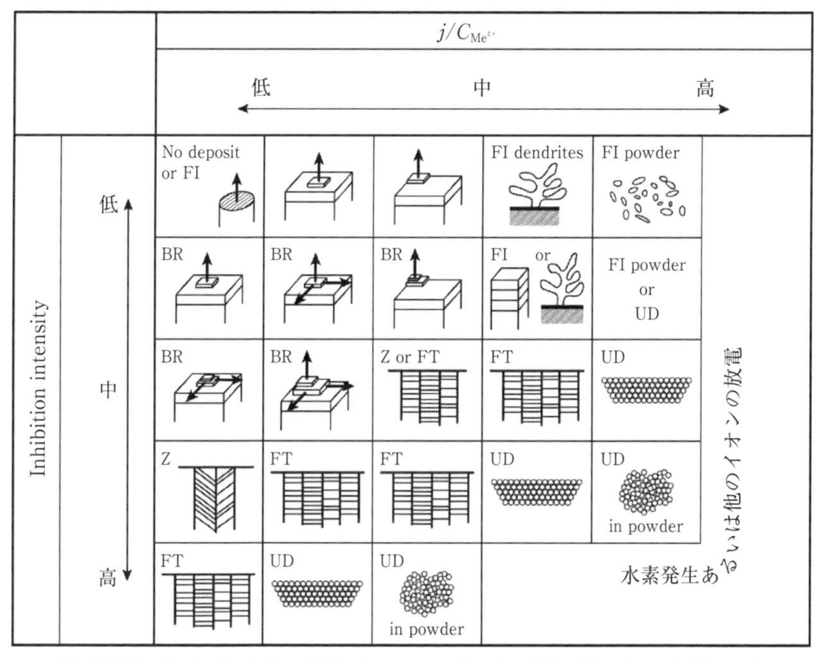

FI : Field oriented isolation, BR : Base reproduction, UD : Unoriented dispersion, Z : Twin crystals, FT : Field oriented texture.

図 4.10 電析条件による電着物形状の分類.

つながる．

過電圧の他に，結晶化過程の速度は，電解液に加えられる光沢剤，反応抑制剤など様々な添加剤に影響を受ける．この組み合わせにより，電析物の形状は様々に変化する．この関係を定性的に分類したものを**図 4.10**[6]に示す．この図から，平滑電着面を得るためには最適な範囲が存在することがわかる．

4.2 電解採取と電解精製[3, 4]

これまで，電極反応を平衡電位からカソード方向，アノード方向に分極させたときの反応について述べた．本節では水溶液中の電解製錬を取り扱う．電気分解とは，図4.1に示したようにイオン伝導体である電解質水溶液に，電流の出入口となる2本の電極を浸漬して電流を流すことで，電子の授受を介した還元反応，酸化反応を起こさせ，カソード，アノード上で金属を析出させたり，溶解させたりするプロセスをいう．電解液に酸性水溶液を用いる場合，H^+の電位である0Vよりも卑な方向に電位を動かすと，次式の電極反応により水素が発生する．

$$2H^+ + 2e^- = H_2 \tag{4.41}$$

すなわち，H^+よりも卑な金属を水溶液中で還元電析しようとすると，まずH_2が発生してしまい，目的金属の回収は困難である．このような場合は，より卑な金属イオンであるLi^+，Na^+，K^+などのアルカリ金属類のハライドを溶媒とする溶融塩電解(4.3節で詳述)が行われる．しかし，分極挙動は使用される電極の種類に依存し，例えばZn上では電極反応式(4.41)の反応抵抗が非常に大きい．これを特に水素過電圧と呼ぶ．Zn電析の反応抵抗は小さく，小さい過電圧でもカソード反応が進行する．したがって，H_2発生よりもZnの電析が優先され，Znの水溶液からの電析が可能となる．Znほどの明確な効果はなくとも，FeなどでもH_2発生と競合しながらではあるが，電極反応式(4.41)よりも卑な標準電極電位をもつ金属でも水溶液からの電析が可能である．Zn，Feの他にCo，Ni，Mn，Crなどの電析も可能である．

電解を利用した金属製錬法である電解製錬は，電解精製と電解採取に分類できる．一例として**図4.11**に硫酸酸性水溶液中のCuの電解製錬における電極反応を示す．金属の析出はカソード上で行われるが，電解製錬全体の物質収支はアノード反応との組み合わせで決まる．アノード反応が粗金属の溶解である場合，カソード上にはより純度の高い金属が電析し，このプロセスを電解精製と呼ぶ．

$$\mathrm{Cu}(\text{粗 Cu アノード}) = \mathrm{Cu}(\text{純 Cu カソード}) \tag{4.42}$$

アノードに不溶性電極を用いて酸素発生電極として用いると，全体の電極反応は，次式で与えられる．

$$CuSO_4 + H_2O = \frac{1}{2}O_2 + H_2SO_4 + Cu \tag{4.43}$$

アノードではO_2，H^+が生成し，H^+はさらにH_2SO_4生成に消費される．カソードで

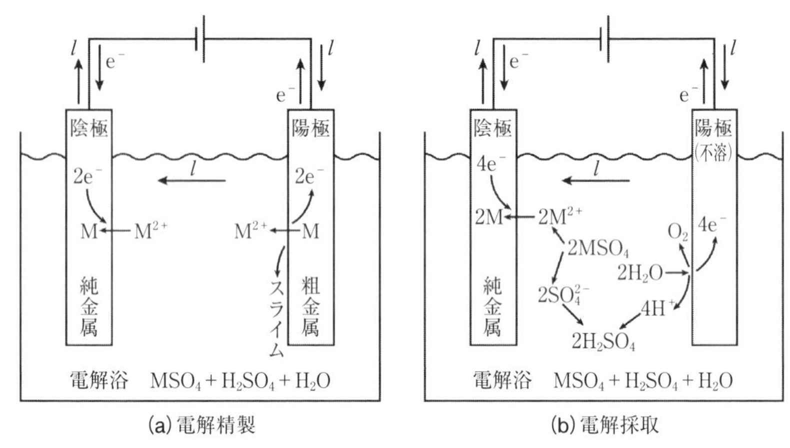

(a) 電解精製　　(b) 電解採取

図 4.11　電解精製と電解採取.

は Cu が電析する．このように電解液中に溶解している金属塩の電解還元を行うことを電解採取と呼ぶ．電解精製は，Bi，Cu，Au，In，Pb，Ni，Ag，Sn，Tl の純化によく用いられる．電解採取は，Cd，Cr，Co，Cu，In，Mn，Tl，Zn の回収に応用される．

A.　電解精製

電解精製は，元素により標準電極電位が異なるためにアノード溶解，カソード電析に難易の差があることを利用して，金属を精製する方法である．原料となるアノード電極は，あらかじめ他の方法で得た粗金属を鋳込んで作製する．**表 4.1** に金属電極，金属イオンの活量を 1 としたときの標準電極電位を示す．与えられた電位はすべて標準水素電極基準の電位(vs. SHE(standard hydrogen electrode))である．標準電極電位が正の方向に大であるほど貴な元素(イオン)であり，負の方向に大であるほど卑な元素(イオン)であるという．より貴な金属はアノード溶解しづらく，より卑な金属はカソード析出しづらい．この反応性の差を利用して，アノード溶解時に目的金属よりも貴な金属を金属状態で残して電解液への混入を防ぎ，カソード析出時には卑な金属を電解液中に残存させることで，金属の精製を行う．

アノード反応，カソード反応の平衡電位を $E_{\mathrm{eq}}^{\mathrm{a}}$，$E_{\mathrm{eq}}^{\mathrm{c}}$ とすると電解に必要な理論最低電圧 E_{r} は次式で計算される．

$$E_{\mathrm{r}}=E_{\mathrm{eq}}^{\mathrm{a}}-E_{\mathrm{eq}}^{\mathrm{c}} \tag{4.44}$$

表4.1　金属イオンの標準電極電位.

金属イオン	標準電極電位(V)	金属イオン	標準電極電位(V)	金属イオン	標準電極電位(V)
Li^{+}	−2.9578	Er^{3+}	−2.30	Fe^{2+}	−0.4402
Rb^{+}	−2.9242	Tm^{3+}	−2.28	Cd^{2+}	−0.4025
Cs^{+}	−2.923	Yb^{3+}	−2.27	Re^{+}	−0.4
K^{+}	−2.9224	Lu^{3+}	−2.25	In^{3+}	−0.3455
Ra^{2+}	−2.92	Sc^{3+}	−2.08	Tl^{+}	−0.3360
Ba^{2+}	−2.912	Pu^{3+}	−2.03	Co^{2+}	−0.277
Sr^{2+}	−2.886	Th^{4+}	−1.90	Ni^{2+}	−0.232
Ca^{2+}	−2.868	Np^{3+}	−1.86	Mo^{3+}	−0.2
Na^{+}	−2.7125	Be^{2+}	−1.85	Sn^{2+}	−0.136
La^{3+}	−2.52	U^{3+}	−1.80	Pb^{2+}	−0.1251
Ce^{3+}	−2.48	Hf^{4+}	−1.70	H^{+}	0
Pr^{3+}	−2.47	Al^{3+}	−1.66	Ge^{2+}	0.231
Nd^{3+}	−2.44	Ti^{2+}	−1.63	Cu^{2+}	0.337
Pm^{3+}	−2.42	Zr^{4+}	−1.53	Cu^{+}	0.521
Sm^{3+}	−2.41	Mn^{2+}	−1.182	Rh^{+}	0.6
Eu^{3+}	−2.41	V^{2+}	−1.18	Hg^{2+}	0.7925
Gd^{3+}	−2.40	Nb^{3+}	−1.1	Ag^{+}	0.7994
Tb^{3+}	−2.39	Se^{2+}	−0.92	Os^{2+}	0.85
Am^{3+}	−2.38	Ti^{4+}	−0.88	Pd^{2+}	0.987
Y^{3+}	−2.37	Zn^{2+}	−0.7628	Te^{2+}	1.14
Mg^{2+}	−2.358	Cr^{3+}	−0.74	Au^{3+}	1.50
Dy^{3+}	−2.35	Ga^{3+}	−0.560		
Ho^{3+}	−2.32	Cr^{2+}	−0.557		

電解精製では，アノード，カソードとも同種の金属を用いるため，$E^{a}_{eq}=E^{c}_{eq}$ である．そのため $E_{r}=0$ となるが，アノードの純度が低い分だけアノードの活量がカソードの活量よりも低く，ごくわずかであるが，正の E_{r} を生じる．実際には生産性を考慮して，電流密度で制御される反応速度を上げるために，より大きな過電圧をかける．最終的には精製金属の表面性状や純度などを考慮して適切な過電圧を設定する．

電解精製の目的はその名称が示すとおり，不純物の除去である．前述のとおり，目的金属よりも貴な金属は電解液に溶解せず，アノードに取り残されるか，アノードスライム(陽極泥)として電解槽の底に沈む．卑な金属はアノード溶解するがカソード析出せず，電解液内に蓄積する．ただし，電解液中を拡散するため，目的金属のカソード析出の際に一部が巻き込まれることもある．そこで，工程の途中で電解液の一部を取り出し，浄液などを行うことが必要である．さらにカソードを隔膜で覆い，不純物の巻き込みを防ぐ工夫も状況に応じてなされる．不純物として混入しているものの中には，有価金属も存在し，これを回収することも電解精製の主な目的の一つである．

アノード溶解では，電流密度を必要以上に大きくすると，電極近傍のイオン濃度が飽和濃度以上に達し，電解液を構成する陰イオンとの固体塩が析出することがある．このような固体塩は通常導電性をもたないため，電極表面に密着して析出すると，これ以降電解のための通電が阻害され，分極が増加，最終的には電解が停止する．この現象を機械的不働態化と呼ぶ．Cu の電解精製では，近年の鉱石の品質劣化に伴いアノードに混入する不純物量が増加している[7]．そのため，機械的不働態化は目的金属の塩だけではなく，不純物が原因で生じることが多くなっている．

電解液組成決定の際には，次にあげる性質を考慮する必要がある．

1. アノード溶解性がよいこと．
2. 目的金属イオンの溶解度が大きいこと．
3. 電導度が大きいこと(浴抵抗が小さいこと)．消費電力の削減につながる．
4. 適切な添加剤．不純物イオンと共沈反応を起こすものや，電着面の平滑化，光沢化を図る目的で加えられる．にかわ，界面活性剤が使用される．
5. 比重，粘度が小さいこと．比重，粘度が小さいと，アノードスライムが槽底に沈降しやすい．

電解精製工程の評価にはいくつかの指標が用いられる．

(ｉ)浴電圧：電解槽にかかる電圧をいう．電解精製にかかる理論分解電圧は粗金属と純金属の活量の比で決まるが(式(4.43))，前述のとおり最低理論分解電圧E_{r}は大きくない．しかしながら，実際に電解反応を起こさせるためには，遷移分極，濃度分極など各種分極，回路中に存在する導体の接触抵抗などに打ち勝ち，適切な電流密度に制御するための過電圧などが必要である．浴電圧はこれらの和であると考えられる．

(ⅱ)電流効率：電極反応を評価する際に使用される電流効率は，通電した電流を１としたときに目的の電極反応に消費された電流の割合である．一方，工業電解では製品回収量基準の平均電流効率である．一定時間内に W(kg)の金属が生産され，そのとき Q

表 4.2　金属イオンの電気化学当量.

イオン（原子価）	電気化学当量		イオン（原子価）	電気化学当量		イオン（原子価）	電気化学当量	
	mg/C	g/A·h		mg/C	g/A·h		mg/C	g/A·h
Li(Ⅰ)	0.0719	0.259	Ho(Ⅲ)	0.570	2.05	Ga(Ⅲ)	0.241	0.867
Rb(Ⅰ)	0.886	3.19	Er(Ⅲ)	0.578	2.08	Fe(Ⅱ)	0.289	1.04
Cs(Ⅰ)	1.38	4.96	Tm(Ⅲ)	0.584	2.10	Cd(Ⅱ)	0.583	2.10
K(Ⅰ)	0.405	1.46	Yb(Ⅲ)	0.598	2.15	Re(Ⅰ)	1.93	6.95
Ra(Ⅱ)	1.17	4.22	Lu(Ⅲ)	0.604	2.18	In(Ⅲ)	0.397	1.43
Ba(Ⅱ)	0.712	2.56	Sc(Ⅲ)	0.155	0.559	Tl(Ⅰ)	2.12	7.63
Sr(Ⅱ)	0.454	1.63	Pu(Ⅲ)	0.843	3.03	Co(Ⅱ)	0.305	1.10
Ca(Ⅱ)	0.208	0.748	Th(Ⅳ)	0.601	2.16	Ni(Ⅱ)	0.304	1.09
Na(Ⅰ)	0.238	0.858	Np(Ⅲ)	0.819	2.95	Mo(Ⅲ)	0.331	1.19
La(Ⅲ)	0.480	1.73	Be(Ⅱ)	0.047	0.168	Sn(Ⅱ)	0.615	2.21
Ce(Ⅲ)	0.484	1.74	U(Ⅲ)	0.822	2.96	Pb(Ⅱ)	1.07	3.87
Pr(Ⅲ)	0.487	1.75	Hf(Ⅳ)	0.462	1.66	H(Ⅰ)	0.0104	0.0376
Nd(Ⅲ)	0.498	1.79	Al(Ⅲ)	0.093	0.336	Ge(Ⅱ)	0.376	1.36
Pm(Ⅲ)	0.501	1.80	Ti(Ⅱ)	0.248	0.893	Cu(Ⅱ)	0.329	1.19
Sm(Ⅲ)	0.519	1.87	Zr(Ⅳ)	0.236	0.851	Cu(Ⅰ)	0.659	2.37
Eu(Ⅲ)	0.525	1.89	Mn(Ⅱ)	0.285	1.02	Rh(Ⅰ)	1.07	3.84
Gd(Ⅲ)	0.543	1.96	V(Ⅱ)	0.264	0.950	Hg(Ⅱ)	1.04	3.74
Tb(Ⅲ)	0.549	1.98	Nb(Ⅲ)	0.321	1.16	Ag(Ⅰ)	1.12	4.02
Am(Ⅲ)	0.840	3.02	Se(Ⅱ)	0.409	1.47	Os(Ⅱ)	0.986	3.55
Y(Ⅲ)	0.307	1.11	Ti(Ⅳ)	0.124	0.446	Pd(Ⅱ)	0.551	1.99
Mg(Ⅱ)	0.126	0.453	Zn(Ⅱ)	0.339	1.22	Te(Ⅱ)	0.661	2.38
Dy(Ⅲ)	0.561	2.02	Cr(Ⅲ)	0.180	0.647	Au(Ⅲ)	0.680	2.45

(A·h)の電力量が消費されたとき，1 kg 当たりの金属生産に必要な電力量 q(A·h·kg^{-1}) は Q/W である．金属元素の原子量を M_a(g·mol^{-1})，価数を ν とするとき，1 C あるいは 1 A·h 当たりの金属の還元量，電気化学当量 q_0 は3600 $M_a/\nu F$ で与えられ(**表 4.2**)，平均電流効率 ε_F は次式で与えられる．

表4.3(1) 電解精製諸元表.

金属	カソード アノード	電解液主成分	電解液組成	電解槽
Au (Whohlwill法)	Au 粗Au	塩化金-塩酸溶液 $HAuCl_4+HCl$	Au 50-80 $g \cdot dm^{-3}$ HCl 30-60 $g \cdot dm^{-3}$	磁器または硬質ガラス
Ag (Moebius法)	ステンレス鋼板 3%Au-Ag	硝酸銀-硝酸溶液 $AgNO_3+HNO_3$	Ag 40 $g \cdot dm^{-3}$ HNO_3 5-10 $g \cdot dm^{-3}$	磁器，コンクリート製アスファルト裏付け，鉄製ゴム内張など，隔膜使用
Cu	Cu(電着銅板) 98-99% Cu	硫酸銅-硫酸溶液 $CuSO_4+H_2SO_4$	Cu 36-44 $g \cdot dm^{-3}$ H_2SO_4 160-190 $g \cdot dm^{-3}$	木製硬鉛内張，コンクリート製アスファルト硬鉛またはゴム内張
Pb (Betts法)	Pb 98% Pb	ケイフッ化水素酸溶液 $PbSiF_6+H_2SiF_6$	Pb 80-100 $g \cdot dm^{-3}$ H_2SiF_6 80-120 $g \cdot dm^{-3}$	木製タールまたはアスファルト裏付け，コンクリート製アスファルト裏付けまたは鉄製硬質ゴム内張
Sn	Sn 96% Sn	硫酸-ケイフッ化水素酸溶液 $Sn+H_2SO_4+H_2SiF_6$	Sn 30 $g \cdot dm^{-3}$ H_2SO_4 60 $g \cdot dm^{-3}$ H_2SiF_6 55 $g \cdot dm^{-3}$	木製タールまたはアスファルト裏付け，コンクリート製アスファルト裏付けまたは鉄製硬質ゴム内張
		硫酸-スルホン酸溶液 $Sn+H_2SO_4+$ スルホン酸	Sn 30 $g \cdot dm^{-3}$ H_2SO_4 80 $g \cdot dm^{-3}$ クレゾールスルホン酸 40 $g \cdot dm^{-3}$	
Ni (Hybinette法)	Ni 70%Ni	硫酸塩-ホウ酸溶液 $NiSO_4+H_3BO_3$	Ni 40-50 $g \cdot dm^{-3}$ H_3BO_3 10-20 $g \cdot dm^{-3}$	木製鉛内張，またはコンクリート製耐酸タイル内張，隔膜陰極室
Fe	鋼板 灰銑	硫酸塩溶液 $FeSO_4+(NH_4)_2SO_4$	$FeSO_4 \cdot 7H_2O$ 150 $g \cdot dm^{-3}$ $(NH_4)_2SO_4$ 100 $g \cdot dm^{-3}$	木製またはコンクリート製アスファルト裏付け
		塩化物溶液 $FeCl_2+CaCl_2$	$FeCl_2 \cdot 4H_2O$ 300-400 $g \cdot dm^{-3}$ $CaCl_2$ 300-500 $g \cdot dm^{-3}$	鋼板製硬質ゴム内張，デュリロン容器，ガラスなど
Bi		塩化物-塩酸溶液 $BiCl_3+HCl$	Bi 3-4 $g \cdot dm^{-3}$ HCl 100 $g \cdot dm^{-3}$	陶器(AgのThum電解槽)
		ケイフッ化水素酸溶液 $BiSiF_6+H_2SiF_6$	Bi 20-35 $g \cdot dm^{-3}$ H_2SiF_6 250-300 $g \cdot dm^{-3}$	木製(PbのBetts法と同じ)，隔膜使用
Sb		硫酸塩-フッ化物溶液 $SbF_3+H_2SO_4+HF$	Sb 25-30 $g \cdot dm^{-3}$ H_2SO_4 200-300 $g \cdot dm^{-3}$ HF 20 $g \cdot dm^{-3}$	

表 4.3(2) 電解精製諸元表.

金属	添加剤	温度 (℃)	電流密度 $(A \cdot m^{-2})$	浴電圧 (V)	電流効率 (%)	電流消費量 $(kW \cdot h \cdot t^{-1})$	析出金属純度 (%)
Au (Whohlwill 法)		60-70	DC:500-1200 AC:1100-1500	1	95-99	300-400	99.9-99.99
Ag (Moebius 法)		50-60	200-400	1.4-2.0	95-98	400-700	99.95-99.98
Cu	にかわ，ゼラチン，亜硫酸パルプ廃液，NaCl または HCl	45-60	200-220	0.24-0.36	90-93	210-420	99.97-99.98
Pb (Betts 法)	にかわ，ゼラチン	25-35	80-180	始 0.3-0.4 終 0.6-0.7	90-95	160-200	99.988-99.993
Sn	にかわ＋ナフトール，にかわ＋クレシル酸乳剤，アロイン，HF	30	40-80	0.15-0.33	75-85	180-200	99.96-99.98
		35	80-100	0.3-0.35	85		
Ni (Hybinette 法)		50-60	100-120	2.6-3.0	92-93	2500-4000	99.3-99.9
Fe	にかわ，糖蜜，ホウ酸，マンガン塩	30-50	200(<1000)	(陰極間欠振動) 2.5	90	4000	99.98(0.01%C)
	木炭粉 界面活性剤	>90		(回転ドラム陰極) 4.5		6000	
			1000(<2000)	2.8		3000	
Bi		50-60	—	—	—		99.93-99.986
		35	50	3.8	90-96	110	
Sb			220	始 0.4 終 2-3	99		96-98 (Ag+Cu 5.5-16%)

$$\bar{\varepsilon}_F = \frac{q_0}{q} = \frac{3600\,M_a}{\nu F} \cdot \frac{W}{Q} \times 100/\% \tag{4.45}$$

$\bar{\varepsilon}_F$が高いほど，効率のよい電解精製工程である．**表4.3**(1)，(2)に主な電解精製法の諸元表を示す．

B．電解採取[4]

電解精製ではアノードに粗金属を用いたが，電解採取ではアノードに不溶性電極を用い，電解液中の金属イオンから目的金属をカソード上に電析させる．アノードに不溶性電極を用いるため，電解精製に比して浴電圧は大きくなり，電流効率は低く，消費電力量は大きい．したがって，鉱石，精鉱，焼鉱などの原材料から金属成分を浸出させ，不純物成分を種々の方法で除去した電解液を使用する．採取目的金属をMとするとき，カソードの電極電位E_Mは，

$$E_M = E_0 + \frac{RT}{\nu F} \ln a_{M^{\nu+}} - \eta \tag{4.46}$$

ここで，E_0はMの標準電極電位，$a_{M^{\nu+}}$は電解液中$M^{\nu+}$イオンの活量，ηは過電圧である．E_Mは，$a_{M^{\nu+}}$とηに依存するため，これらを適宜調整して電位を設定すれば，目的金属のみをカソード上に電析できる．しかし，この電位では目的金属より貴な金属はすべて電析してしまうので，このような不純物イオンはあらかじめ取り除いておく必要がある．このような前処理には溶媒抽出法がよく用いられる．

不溶性アノードを用いる場合，例えば$ZnCl_2$-HCl水溶液からZnを電解採取する回路は，$Zn|ZnCl_2(aq)|Cl_2$(不溶性アノード)という電池と同等になる．この電池の起電力は$Zn + Cl_2 \rightarrow ZnCl_2(aq)$によって系のエネルギーを低くする方向に働いて放電する．電解採取ではこの反応を左に進行させてZnとCl_2を電解により生成させる．そのため，少なくとも電池の起電力と同じ大きさで逆向きの電解電圧をかける必要がある．この理論上の最小の電圧を理論分解電圧E_rという．

例えば，H_2SO_4酸性電解液からのCuの電解採取を行うとき，総括反応，カソード反応，アノード反応は次のようになる．

$$\text{総括反応：} CuSO_4 + H_2O \rightarrow Cu + H_2SO_4 + \frac{1}{2}O_2 \tag{4.47}$$

$$\text{カソード反応：} Cu^{2+} + 2e^- \rightarrow Cu \tag{4.48}$$

$$\text{アノード反応：} SO_4^{2-} + H_2O \rightarrow H_2SO_4 + \frac{1}{2}O_2 + 2e^- \tag{4.49}$$

各物質の活量を1とすると式(4.47)の自由エネルギー変化 ΔG は171658 J であるから，理論分解電圧 E_r は次のように求められる．

$$E_r = \frac{\Delta G}{\nu F} = \frac{171658}{2 \times 96485} = 0.89 \text{ V} \tag{4.50}$$

電解精製の場合と同様に，この E_r にアノードでの酸素過電圧，浴抵抗などが加わるため，実際の電解に必要な浴電圧は E_r よりも大きくなる．さらに電解採取では，不溶性アノードを使用するため，無条件に大きな E_r が必要となる．この場合でも図4.10に示した傾向を考慮して適切な電流密度を設定する過電圧をかける．実際，Cuの電解採取の場合，1.7から2.4 V 程度になる．

電解採取の場合でも後工程での処理を考慮すると平滑電着面が得られることが望ましい．そのため，電流密度による反応の制御が行われる．電解精製の場合は，原理上，カソード上に析出した量と同量がアノードより溶解するため，電解液中の目的金属イオン濃度の変化はないが，電解採取では時々刻々減少し，酸濃度は濃厚化する．その影響を受け最適電流密度に対応する浴電圧(実際には過電圧)も変化する．そのため，上述のように実際の浴電圧は理論電解電圧とは相当異なる．同様に電流効率も時々刻々変化する電解液組成に伴って変化し，正確な値を知ることは難しい．電解精製も含め，工業規模の電解となると，カソードの部位により電解液組成，電流密度も異なり，実験室規模の結果をそのまま当てはめることができず，工程の最適化のためには実機による試験が必要となる．

電解採取工程は，エネルギー効率 $\bar{\varepsilon}_W$ で評価される．これは電気化学当量 q_0 の実際の消費量に対する割合で示される．

$$\bar{\varepsilon}_W = q_0 / \frac{QV_B}{E_r} \times 100 = \bar{\varepsilon}_F \cdot \frac{E_r}{V_B} \times 100\% \tag{4.51}$$

ここで，V_B は浴電圧，E_r/V_B は電圧効率である．**表4.4**(1)，(2)に主な電解採取法の諸元表を示す．

C.　塩化物水溶液を介するCu電解製錬―Intec法[8]

Cuは黄銅鉱 $CuFeS_2$ を乾式処理して生産される．乾式製錬は大量生産に適しているが，設備が大規模であり，原料であるCu精鉱の低品位化などの変化への対処が難しい．オーストラリアのIntec社により開発された Cu^{2+} イオンによる黄銅鉱の酸化浸出(式(4.52))とCuCl浴からのCuの電解採取(式(4.53))を組み合わせた湿式製錬プロセス(以下Intec法)は，次に示すような利点を有する．

表 4.4(1)　電解採取諸元表.

<table>
<tr><th>金属</th><th>カソード
アノード</th><th>電解液主成分</th><th colspan="4">電解液組成</th><th>電解槽</th></tr>
<tr><td rowspan="2">Zn</td><td rowspan="2">Al
Pb or Pb alloy</td><td rowspan="2">$ZnSO_4+H_2SO_4$</td><td></td><td>低酸法</td><td>中酸法</td><td>高酸法</td><td rowspan="2">磁性，鉄板製ゴム内張，コンクリート製硬質塩化ビニール板内張</td></tr>
<tr><td>Zn
H_2SO_4</td><td>20-55
45-120</td><td>55-60
150-160</td><td>80 $g \cdot dm^{-3}$
220 $g \cdot dm^{-3}$</td></tr>
<tr><td>Cd</td><td></td><td>$CdSO_4+H_2SO_4$</td><td colspan="4">Cd 60-80 $g \cdot dm^{-3}$
H_2SO_4 80-100 $g \cdot dm^{-3}$</td><td>磁性，鉄板製ゴム内張，コンクリート製硬質塩化ビニール板内張</td></tr>
<tr><td>Cu</td><td>Cu
8%Sn-Pb</td><td>$CuSO_4+H_2SO_4$</td><td colspan="4">Cu 25-35 $g \cdot dm^{-3}$
H_2SO_4 30-48 $g \cdot dm^{-3}$</td><td>磁性，鉄板製ゴム内張，コンクリート製硬質塩化ビニール板内張</td></tr>
<tr><td>Mn</td><td>17%Cr Steel
Pb alloy</td><td>$MnSO_4+H_2SO_4+(NH_4)_2SO_4$</td><td colspan="4">Mn 25-35 $g \cdot dm^{-3}$
$(NH_4)_2SO_4$ 120-150 $g \cdot dm^{-3}$
pH=7.2-7.6</td><td>木製，鉄板製，コンクリート製Pb板または硬質塩化ビニール板内張，隔膜使用</td></tr>
<tr><td>Co</td><td></td><td>$CoSO_4+H_2SO_4+(NH_4)_2SO_4$</td><td colspan="4">Co 25-50 $g \cdot dm^{-3}$
$(NH_4)_2SO_4$ 10-30 $g \cdot dm^{-3}$
pH=4-6</td><td>隔膜使用</td></tr>
<tr><td>Cr</td><td></td><td>$Cr_2(SO_4)_3+H_2SO_4+(NH_4)_2SO_4$</td><td colspan="4">Cr 130 $g \cdot dm^{-3}$
NH_3 43 $g \cdot dm^{-3}$
pH=2.4-2.6</td><td>木製，鉄板製，鉄筋コンクリート製Pb板または合成樹脂板内張，隔膜使用</td></tr>
<tr><td>Ni</td><td></td><td>$NiSO_4+H_2SO_4+Na_2SO_4$</td><td colspan="4">アノード室 Ni 60 $g \cdot dm^{-3}$
H_2SO_4 50 $g \cdot dm^{-3}$
カソード室 Ni 90 $g \cdot dm^{-3}$
Na_2SO_4 150 $g \cdot dm^{-3}$</td><td>Pb陽極，隔膜使用</td></tr>
</table>

表 4.4(2) 電解採取諸元表.

<table>
<tr><th rowspan="2">金属</th><th rowspan="2">添加剤</th><th rowspan="2">温度
(℃)</th><th colspan="3">電流密度
($A \cdot m^{-2}$)</th><th rowspan="2">浴電圧
(V)</th><th rowspan="2">電流効率
(%)</th><th rowspan="2">電流消費量
($kW \cdot h \cdot t^{-1}$)</th><th rowspan="2">析出金属純度
(%)</th></tr>
<tr></tr>
<tr><td>Zn</td><td>にかわ，クレゾール，大豆蛋白</td><td>30-45</td><td>低酸法
250-350</td><td>中酸法
500-700</td><td>高酸法
950-1100</td><td>3.3-3.7</td><td>80-92</td><td>3200-3500</td><td>99.98-99.99</td></tr>
<tr><td>Cd</td><td>にかわ</td><td>20-35</td><td colspan="3">70-150</td><td>2.4-2.6</td><td>80-95</td><td>1800-2800</td><td>99.95-99.98</td></tr>
<tr><td>Cu</td><td>にかわ，チオ尿素，アビトン</td><td>30-60</td><td colspan="3">100-200</td><td>2.0-2.3</td><td>70-92</td><td>2000-2500</td><td>99.98</td></tr>
<tr><td>Mn</td><td>SO_2，ギ酸，にかわ</td><td>35-40</td><td colspan="3">350-500</td><td>5.0-5.3</td><td>60-65</td><td>8000-9900</td><td>99.95-99.97</td></tr>
<tr><td>Co</td><td>$CoCO_3$(pH 調整用)
活性炭，酢酸ソーダ，ギ酸ソーダ</td><td>45-65</td><td colspan="3">150-350</td><td>3.0-5.5</td><td>75-90</td><td>4200-4700</td><td>99.86
(0.03%Ni)</td></tr>
<tr><td>Cr</td><td>亜硫酸ソーダ，ゴーラック</td><td>50-60</td><td colspan="3">750-860</td><td>4.2-4.8</td><td>45-60</td><td>12000-16000</td><td>99.8
(0.15%Fe)</td></tr>
<tr><td>Ni</td><td></td><td></td><td colspan="3">220</td><td>3.7</td><td>96-97</td><td><4000</td><td>99.95</td></tr>
</table>

図 4.12　Cu(I)-NaCl 濃厚水溶液からの Cu 電析物.

1. 回収する Cu の半分を 2 価まで酸化させずに，1 価の状態から電解採取できるため，エネルギー消費を抑えることができる.
2. S を元素状で回収できる.
3. 浸出工程で貴金属の回収が可能である.

Intec 法の基礎式は，以下のとおりである.

$$CuFeS_2 + Cu^{2+} + \frac{3}{4}O_2 + \frac{1}{2}H_2O \rightarrow 2Cu^+ + FeOOH + 2S \tag{4.52}$$

$$CuCl_n^{1-n} + e^- \rightarrow Cu + nCl^- \tag{4.53}$$

Intec 法では Cu^+ イオンを可溶にするため，NaCl 濃厚水溶液を用いる．Cu^+ イオンは水溶液中の溶存酸素により容易に酸化されるため，不活性ガスによる脱気が必要である．カソードには直径 2 mm の円形電極が 10 mm 間隔で 2 次元配置された特殊形状電極を用いる．電析物はこの特殊形状カソード上に，樹枝状晶として電着する．負に大きな過電圧をかけて電析速度が速いほど，樹枝状晶の先端は枝分かれし，表面積が増加する傾向にある(**図 4.12**)．また，過電圧が負の方向に大きいほど，電極への密着性は弱く，容易にカソードから脱離する.

NaCl 濃厚水溶液を電解液に使用するため，Na の巻き込みによる汚染が心配される．電析速度を速めると，電析物の表面積増加に伴い，一般的には汚染が増加する傾向にあるが，Intec 法では逆に電析速度が遅い場合の方が Na 汚染は多かった．樹枝状晶では結晶間の空隙が多いが，電析速度が遅くなるにつれて空隙は埋まっていく．この密に詰まった結晶間に電解液が取り残されることにより Na 汚染が生じると考えられる．生産性向上のためには，電析速度が速い方が有利であり，電析速度が速い方が汚染が少ないことは望ましい結果であるといえる.

Cu^+ イオン濃度の濃厚化に伴い，電析速度も大きくなると期待されるが，一定の濃度以上では電析速度は変わらなかった．この理由は不明であり，今後の研究課題である．

最近では，アンモニウム浴や HCl 浴を用いた Cu^+ イオンの電解挙動に関する研究成果も報告されているが，詳細については明らかになっていないことが多い．電解製錬自体は成熟した技術であるが，Intec 法のようにこれまであまり活用されてこなかった化学的特性に着目し，低品位鉱への対策を講じるうえで新たな工程を開発した例もある．さらに近年では，都市鉱山からの有価金属の回収も重要な研究課題である[9]．鉱石とは異なり，製品や廃棄物回収方法，地域などにより，含有成分は様々である．このような種々雑多な原材料を扱うのには乾式製錬法よりも多様な分離手法が応用できる湿式製錬法の方が得意である．最終回収品として金属を想定する場合には，電解精製工程，電解採取工程は欠くことのできない重要な工程であり，都市鉱山などの 2 次資源からの金属回収工程の一つとして今後も持続的に研究開発を行う必要がある．

4.3　溶融塩電解

イオン結合性の金属塩を加熱・溶融すると，粘度が低く導電率が高い，イオンの移動度が高い液体になる．これを一般に溶融塩(molten salt)と呼ぶ．**表4-5**に典型的な溶融塩であるNaClの性質を示す[10-12]．この表には，比較として水の性質も示す．NaClの粘度は水とさほど変わらず，さらさらとした液体である．蒸気圧が低く，分解電圧も大きく，安定した媒体であることがわかる．溶融塩に適当な電極を浸漬して電圧を加えると電極反応が起こり，水溶液電解と同様に金属が析出する．このことを利用して水素より酸化還元電位が低く，しかも水素過電圧も小さいために水溶液から電解析出させることのできないAlやMgなどの金属や，H_2あるいはCで還元しにくい金属を電解採取したり，電解精製する製錬法を溶融塩電解(molten salt electrolysis)と呼ぶ．

溶融塩電解採取によって金属を得るには，まず鉱石などの原料から金属塩を抽出し精製する．これは，主として湿式法によって行われ，十分に精製された塩を得ることが必要である．例えば，Alの電解では純Al_2O_3，Mgの電解では純無水$MgCl_2$を製造する．溶融塩電解はアルカリ金属(Li，Na，K)，アルカリ土類金属(Mg，Ca)，土類金属(Al)などの製造に利用されている．とくに，AlはFeについで2番目に多量に製造されている金属であり(2015年における世界生産量は5千8百万トン[13])，Al電解は大規模工業の一つである．また，希土類金属(Nd等)の製造に利用されるほか，Ti等レアメタルの製造に利用する研究が進められている．水溶液電解では分離の困難なF_2ガスも常

表4.5　溶融NaClと水の性質*．

項目	NaCl(850℃)	H_2O(16℃)
粘度(mPa·s)	1.20	1.11
表面張力(mN·m^{-1})	110.8	73.3
密度(kg·m^{-3})	1.5295×10^3	9.989×10^2
蒸気圧(Pa)	118.7	1817
熱伝導率(W·m^{-1}·K^{-1})	0.5	0.6
標準生成ギブズエネルギー(kJ·mol^{-1})	−309	−238
理論分解電圧(V)	3.21	1.23

*　特性温度(絶対温度で表した融点の1.06倍)での比較．

温溶融塩電解によって得られている．

日本では，戦後隆盛を極めた Al 電解工場が 2014 年に完全閉鎖し，Na 電解工場は 2006 年に完全閉鎖するなど，溶融塩電解工業は縮小している．しかし，Ti の製造において Mg 再生電解は最も重要な工程の一つで，年間数万トン規模で生産されている(Ti を 1 t 製造するのに約 1 t の Mg が必要)．また，希土類金属のリサイクル電解に利用さるほか，原子力発電の燃料リサイクルにも適用が検討されており，持続的社会の確立のためにも，溶融塩電解法の重要性は低下していない．

Al 電解については優れた総説が多く，詳細は文献[14-18]等を参照されたい．Mg 電解については，文献[19]が詳しい．溶融塩電解全般については文献[20]を，金属製造への溶融塩電解の利用や歴史的経緯については文献[21-23]を参照されたい．

A．水溶液電解と溶融塩電解の相違

電解質水溶液と溶融塩電解質の根本的な相違は，水溶液では溶媒として水が存在し，極性をもつ水分子中に分散したイオンが電場で移動して電気伝導するのに対し，溶融塩の場合は溶融によって移動度が大きくなったイオンが空孔を通して熱振動によって移動し電気伝導する点である．水の分解電圧より大きな分解電圧をもつアルカリ金属やアルカリ土類金属の水溶液を電解しても，水の電解の方が容易であり，H_2，O_2 が発生するだけで金属は析出しない．一方，溶融塩電解では水のような溶媒が存在しないので，どんな卑な金属でも析出させることができる．前述のように溶融塩電解は主として軽金属の製錬に利用されている．重金属の製錬に利用される場合は，C や H_2 等，還元剤による汚染を避けるといった意図がある．

溶融塩電解は高温で行われるため，電解浴の導電率が大きく，濃度分極が小さく，高電流密度で電解できる点は有利であるが，高温電解装置の設置や溶融塩による装置材料の溶損，腐食や電解発生ガス(Cl_2 等)による装置材料の劣化といった問題がある．また，浴成分の蒸発，酸化があり，多量のエネルギーを消費するのが欠点である．

電解温度は，装置上からも副反応をできるだけ抑制する観点からも低い方がよいので，原料塩を他の塩に溶かし，混合溶融塩にして融点を下げる場合が多い．また，導電率の高い塩や，目的金属と溶融塩の分離をよくするため適当な密度差を与えるような塩を混合することも行われている．このような意味で添加する塩の分解電圧は目的金属塩の分解電圧よりも大きく，それ自体分解しないことが必要で，このような塩を電解支持塩(supporting electrolyte)と呼ぶ．適当な電解支持塩に溶解して初めてイオン性になり電解が可能になるものもある．例えば，Al 電解において，導電率が小さく融点の高い酸化物(Al_2O_3)を溶融フッ化物(氷晶石：Na_3AlF_6)に溶解して電解することが行われている．

溶融塩電解では浴を電解温度に保持するのに多量の熱を必要とする．この熱を補給する方法に，電解浴の抵抗によって発生するジュール熱を利用する内部加熱法と電解槽の外部から燃料等によって加熱する外部加熱法がある．Al 電解では内部加熱法の電解槽が用いられ，Mg 電解では内部加熱法，外部加熱法の両方の電解槽がある．このように，多量の熱を必要とすることも水溶液電解と根本的に異なる点である．

B．溶融塩電解における特異現象

溶融塩電解は，高温で行われるため水溶液電解では見られない金属霧やアノード効果のような特異現象がある．また，溶融塩電解では析出金属も溶融状態でこれが塩浴と接している場合が多いので，電解浴中に存在する不純物との間の平衡によって混入する不純物も無視できない．

(1)　金属霧

溶融塩電解ではカソードで析出する金属も溶融状態の場合が多い．溶融金属と溶融塩が接しているときに，溶融金属が特有の色を呈して溶融塩中に溶けていくことが認められる．この状態が，あたかも溶融金属面に霧が立ちのぼるように見えたことから，金属霧(metal fog)と呼ばれている．Al と氷晶石では白色，Pb と $PbCl_2$ では黄褐色，Ag と AgCl では黒色，Na と NaCl では赤褐色，Zn と $ZnCl_2$ では青色を呈する．これは，析出金属が溶融塩中に溶解・拡散する現象で，高温ほど溶解度が大きく，同族金属で比較するとイオン半径の大きい金属ほど塩化物への溶解度が大きい．また，卑な金属の塩を加えると溶解度は小さくなり，減少の度合いはカチオンに対するアニオン数の少ない塩(例えば KCl などのような単純塩)ほど大きい．一定温度では平衡状態に達するとそれ以上の溶解が止み，冷却すると上の経路の逆をたどって金属状態に戻る．金属霧の本質については，低原子価の化合物(低級塩)の生成，コロイドの生成，錯化合物の生成等，いくつかの原因があると考えられている．金属霧は反応性に富み，空気中の酸素や水蒸気によって酸化を受けやすく，アノードガスと接触して元の化合物に戻りやすい．塩化物浴のときは，生成した酸化物がオキシ塩化物(例えば AlOCl)となって析出することもある．いずれにしても金属霧の生成は析出金属の損失となり電流効率を低下させるので，金属霧が発生しにくい浴組成，電解条件が選ばれる．金属霧は適当な添加剤を加えると発生を防ぐことができる．その理由としては，塩に対する金属の溶解度の減少，複塩の形成，金属霧の凝集沈殿などが考えられている．

(2) アノード効果

溶融塩電解は通常，不溶性アノードを用い，アノードではガスが発生する．正常状態では発生するガスは気泡となって連続的に電極面から離脱し，浴上に放散される．排ガスは，乾式あるいは湿式法で排ガス処理される．ある程度以上に電流密度を上げて電解すると，アノードが発生ガスの膜で覆われて，電極と浴の電気的接触が絶たれた状態になる．この場合通電が困難となり，浴電圧が急上昇する．例えば，フッ化物電解浴中ではアノードガスが黒鉛アノードと反応して，絶縁性のフッ化黒鉛を生成し，通電を妨げることもある．このような現象をアノード効果(anode effect)と呼ぶ．アノード効果の起こり始める臨界電流密度 D_C は溶融塩の種類，温度，組成などによって異なり，通常は D_C が高くなるようにする．フッ化物は塩化物より D_C が低く，アルカリ金属ハロゲン化物よりもアルカリ土類ハロゲン化物の方が D_C が低い．また，温度が高いと D_C は高くなり，少量の可用性酸化物を添加すると D_C が高くなる．Al 電解では電解浴中のアルミナが 2% を切るとアノード効果が起こり，電解できなくなる．アノード効果の機構の理解は徐々に進んできたが，電極と溶融塩の濡れ性も重要な要素である．アノード材料によっても異なり，炭素アノードでは黒鉛化度が高いほど D_C は低下する．一方で，わざとアノード効果を利用して電極面の凸部を燃焼・平滑化させ，電解を安定化させることも行われている．

(3) 分解電圧

水溶液の場合は，導電率の値からある程度，電離状態を知ることができるが，溶融塩の場合は会合イオン，錯イオン，低級酸化状態のイオンなど，種々のイオンが溶融によって生じ，それぞれが異なる寿命で解離会合を繰り返しているので，非常に複雑で電離状態が明確でない場合が多い．例えば，研究の進んだ Al 電解においても溶融氷晶石およびアルミナの電離状態には諸説ある[24]．近年の研究では AlF_4^-，AlF_5^{2-}，AlF_6^{3-}，F^-，$Al_2OF_6^{2-}$，$Al_2O_2F_4^{2-}$ 等があると考えられている[25]．しかし，溶融塩の場合も水溶液の場合と同様に，溶融塩中に金属を浸漬するとある一定の電位を示す金属極となり，導電極とガスとを接するとガス電極になる．またそれらを組み合わせた電池の起電力を測定すると溶融塩の生成ギブズエネルギー変化を求めることができ，混合溶融塩系では各成分の活量が求まる．また，電解に関するファラデーの法則も適用される．

一例として，Al の電解温度(1223 K)におけるアルミナの分解電圧，$E°$ をギブズエネ

ルギー変化 ΔG° から求める．各極の電極反応を還元規約で書くと式(4.54)，(4.55)のとおりである．

$$\text{カソード}:2\mathrm{Al(III)}+6\mathrm{e}=\mathrm{Al(l)} \tag{4.54}$$

$$\text{アノード}:3/2\,\mathrm{O_2(g)}+6\mathrm{e}=3\mathrm{O(II)} \tag{4.55}$$

つまり，反応に関与する電子数は6で，総括反応は次式となる．

$$2\mathrm{Al(l)}+3/2\mathrm{O_2(g)}=\mathrm{Al_2O_3(s)} \tag{4.56}$$

$$\Delta G^\circ=-1287456\ \mathrm{J{\cdot}mol^{-1}}\ \text{at}\ 1223\ \mathrm{K}\,[12] \tag{4.57}$$

ここで，$\Delta G^\circ=-zFE^\circ$ の関係より式(4.58)が得られる．

$$E^\circ=\frac{1287456}{6\times96485}=2.22\ \mathrm{V} \tag{4.58}$$

この値は p_{O_2} が1，氷晶石中のアルミナが飽和状態($a_{Al_2O_3}$)で溶解しており，固体アルミナと平衡しているときの値，つまり理論分解電圧である．酸素分圧とアルミナの活量を考慮すると，分解電圧は式(4.59)のようになる．

$$E=2.22-\frac{RT}{6F}\ln a_{Al_2O_3}+\frac{RT}{4F}\ln p_{O_2} \tag{4.59}$$

ホール-エルー(Hall-Hérout)法によるAlの電解製錬では炭素アノードを用いているので，アノードで発生する O_2 はCと反応してCOと CO_2 を生成する．これは，発生する酸素の分圧が1まで上昇しなくても反応が進むことを意味する．発生するガスがすべて CO_2 になると仮定すると(実際の電解槽でも CO_2 発生優勢である)，次式の反応が成立する．

$$\mathrm{C(s)}+\mathrm{O_2(g)}=\mathrm{CO_2(g)} \tag{4.60}$$

$$\Delta G^\circ=-396024\ \mathrm{J\cdot mol^{-1}}\ \text{at}\ 1223\ \mathrm{K}\,[12] \tag{4.61}$$

この反応の ΔG° に相当する電圧は，以下のように算出できる．

$$E^\circ=\frac{396024}{4\times96485}=1.03\ \mathrm{V} \tag{4.62}$$

この分だけ分解電圧は小さくなる．したがって，炭素アノードを用いた場合の理論分解電圧は式(4.63)となる．

$$E=2.22-1.03\ \mathrm{V}=1.19\ \mathrm{V} \tag{4.63}$$

一方で，炭素アノードを用いた実操業条件下での実測値は理論値よりも高く，1.6-1.9 Vの値が報告されている．カソードにおいてAlが析出する際の過電圧は極めて小さいと評価されており，理論値と実測値の差は主にアノードでの過電圧が原因である．

(4) 溶融金属と溶融塩の平衡

溶融塩電解においては，通常，目的金属の塩を適当な電解支持塩に溶かして電解するので，混合溶融塩と析出した溶融金属との間に平衡関係が成立する．目的金属 A の塩 AX_m(例として X はハロゲンとする)を支持塩 BX_m に溶解して電解すると，溶融金属相 A-B と溶融塩相 AX_m-BX_m の間に次の平衡関係が成立する．

$$mB + nAX_m = mBX_n \times nA \tag{4.64}$$

$$K = \frac{a_A^n a_{BX_n}^m}{a_B^m a_{AX_m}^n} \tag{4.65}$$

平衡定数 K が大きければ目的金属 A の純度は高くなる．つまり，目的金属の純度は支持塩に左右されるので，支持塩の選択は平衡定数を考慮して行う．K を実測することは困難な場合が多いが，塩の ΔG_f° や分解電圧がわかっている場合は次のようにして求める．

一例として，Al 電解で析出した Al と氷晶石(Na_3AlF_6)中の成分 NaF の平衡を考える．平衡式は次式となる．

$$3Na + AlF_3 = 3NaF + Al \tag{4.66}$$

$$\Delta G_f^\circ = -137285\ J \cdot mol^{-1}\ at\ 1223\ K \tag{4.67}$$

[12]

ここで，$\Delta G^\circ = -RT \ln K$ の関係より平衡定数が求められる．

$$K = 7.3 \times 10^5 \quad at\ 1223\ K \tag{4.68}$$

Na_3AlF_6 組成における塩浴成分の活量は，およそ $a_{NaF} = 0.4$，$a_{AlF_3} = 4 \times 10^{-4}$[26]，Al の活量は $a_{Al} \approx 1$ なので，Na の活量 a_{Na} は，以下のとおり求められる．

$$K = \frac{a_{Al} a_{NaF}^3}{a_{Na}^3 a_{AlF_3}} = \frac{1 \times 0.2^3}{a_{Na}^3 \times 10^{-3}} = 1.60 \times 10^6 \tag{4.69}$$

$$a_{Na} = \gamma_{Na} x_{Na} = 0.028 \tag{4.70}$$

溶融 Al 中の γ_{Na} は 200 前後[27]なので，Al 中の Na は 0.014 mol% 程度と推定される．

C. 代表的な溶融塩電解

Li，Na，Mg，Ca，Al，Nd 電解について，溶融塩電解採取の電解条件を**表 4.6** に示す[16, 23]．また，Al 電解槽の模式図を図 4.13-4.14，Li 電解槽を図 4.15，Na 電解槽を図 4.16-4.17，Mg 電解槽を図 4.18-4.20，Ca 電解槽を図 4.21，Nd 電解槽を図 4.22，Al 電解精製槽を図 4.23 に示す[16, 20, 23, 28]．また以下に，電解浴，電極，電解槽，浴電圧について概説する．

表 4.6　溶融塩電解採取の電解条件.

金属	原料	電解浴 (mass%)	浴温度 (K)	電流密度 ($A \cdot m^{-2}$)	浴電圧 (V)	電流効率 (%)	電力源単位 ($kWh \cdot t^{-1}$)	析出金属純度 (%)
Li[a]	かん水, リシア輝石	LiCl-48% KCl	683	4000	6-6.5	(85-90)[c]	34000	98-99
Na[a]	岩塩 (NaCl)	NaCl-58% $CaCl_2$ (Downs)	853-873	11000-12000	7	85-90	9100-9600	99.8
Mg[a]	チタン副生物 ($MgCl_2$)	$MgCl_2$-55-58% NaCl-20-25% $CaCl_2$-2% MgF_2 (bipolar)	927	6000	17	70-75	10000	99.9
Ca[a]	石灰 ($CaCO_3$)	$CaCl_2$-15% KCl	1053-1073	10000-11000	25	65-82	40000-50000	98
Al[b]	ボーキサイト ($Al_2O_3 \cdot xH_2O$)	2.0-3.5% $Al_2O_3 \cdot NaAlF_6 \cdot AlF_3 \cdot CaF_2$ (Prebaked)	1233-1238	7000-12000	4.14-4.24	93-96.5	13000-14000	99.8
Nd[a]	バストネサイト ($Ln(CO_3)F$) 等	2-3% $Nd_2O_3 \cdot NdF_3 \cdot LiF \cdot CaF_2$	1173-1273	不明	9-12	80-85	11000	98

a : O. Takeda, T. Uda, T. H. Okabe : “Ttreatise on Process Metallurgy” Vol. 3, ed. by Seshadri Seetharaman, Elsevier (2014) pp. 995-1069.
b：増子昇，眞尾紘一郎：軽金属，**65** (2015) pp. 66-71.
c：小型炉成績からの推定.

(1)　電解浴

溶融塩電解では，一般的に，融点が比較的低く，導電率の大きな塩化物およびフッ化物が電解浴として用いられる．酸化物の電解には，ある程度の溶解度をもつフッ化物が溶媒として用いられる．高温では，金属霧，酸化，蒸発や腐食性が増し，消費エネルギーが増大するので，適当な塩を加え融点を下げて電解する．混合塩を用いる場合は，状態図に基づいて融点降下を検討するだけでなく，密度，導電率，粘度，分解電圧，表面張力，金属霧や陽極効果の発生のしやすさ，金属との平衡関係を考慮する．溶融塩電解では析出する金属が融体の場合，金属を電解浴の下に沈めるか，あるいは浮上させて捕集するので，分離凝集が容易になるような密度差を与える塩を選ぶ．析出金属を効率よく分離凝集させるためには，塩の粘度が低い方がよいが，まれに気化防止のために粘度を大きくすることもある．表面張力は電極と電解浴の界面現象や析出金属の分離などと関連する．また，デンドライトのような固相で析出する場合は，電極間の短絡を防止するために，析出金属を電極から剥ぎ取る必要がある．

(2) 電極および電解槽

電解槽の構造材料としては，可能であれば鉄鋼材料を用いることが望ましいが，溶融塩の性質によっては耐火物，主として黒鉛を用いる．アノードは，黒鉛または炭素材料が用いられることが多いが(**図 4.13**，**図 4.14** 参照)，NaOH から Na を製造する Castner 法(歴史的には過去の電解槽；**図 4.15** 参照)では Fe，Ni または Ni 鋼が用いられる．Na 電解槽については，Ni をアノードとする Castner 電解槽を**図 4.16** に，黒鉛をアノードとする Downs 電解槽を**図 4.17** に示す．カソードは，$MgCl_2$ 浴(**図 4.18-4.20** 参照)や NaOH 浴のように Fe と反応しない場合には Fe を，その他の電解浴は黒鉛ま

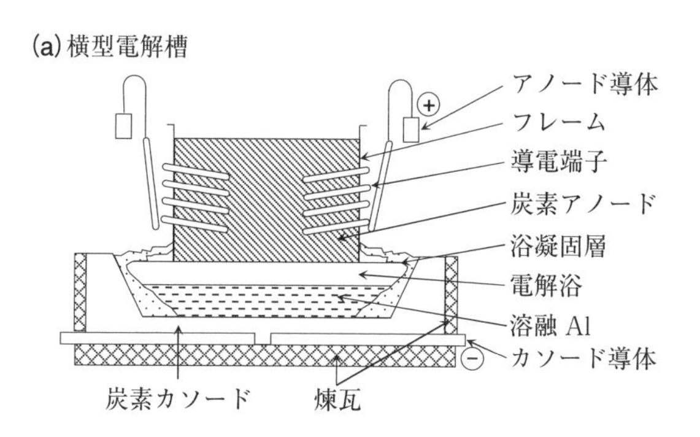

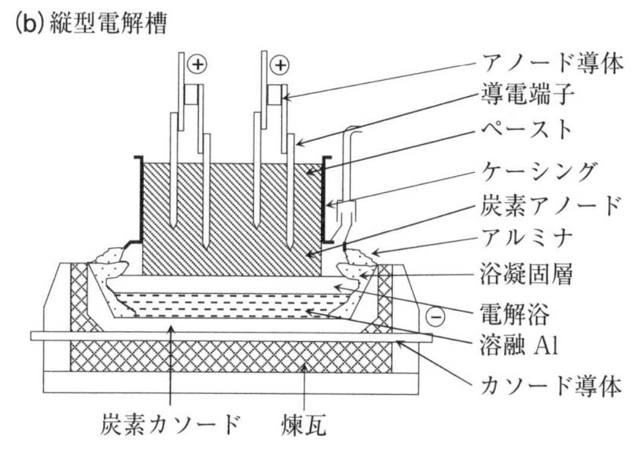

図 4.13 Soderberg(ゼーダーベルグ)式アルミニウム電解槽[20]．

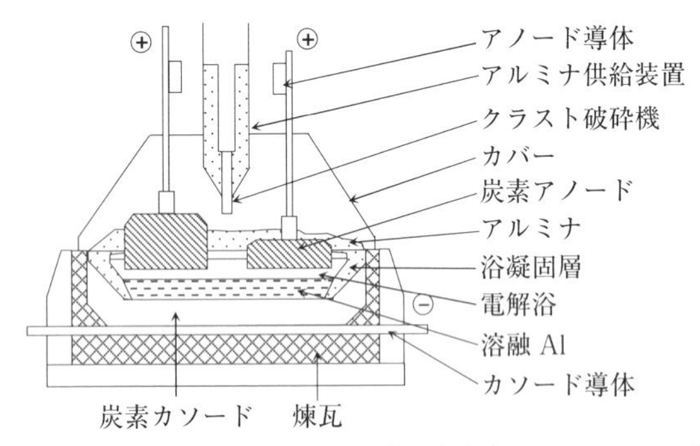

図 4.14　Prebaked(プリベーク，既焼成電極)式アルミニウム電解槽[20].

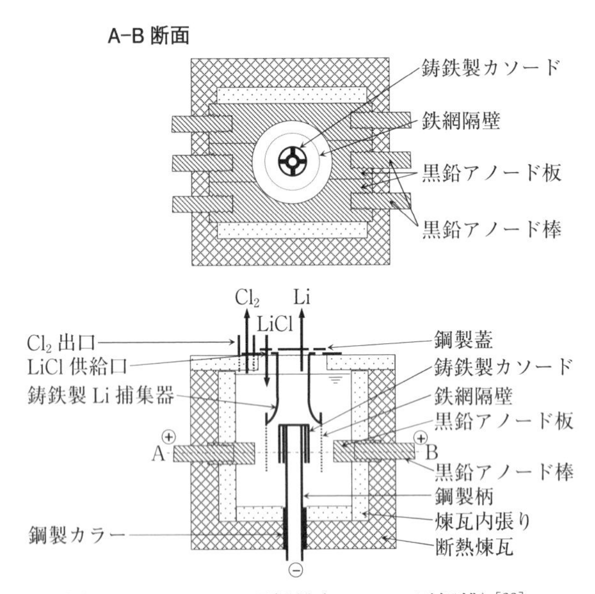

図 4.15　リチウム電解槽(Degussa 電解槽)[23].

たは炭素材料を用いる．なお，図 4.19 は電解槽自体がカソードまたはアノードを兼ねた構造のものである．炭素アノードを使用する場合，発生ガスが Al 電解のように O_2 であるときは，アノードの炭素と O_2 が反応して消耗するので極間距離の調整や電極の交換が必要になる．

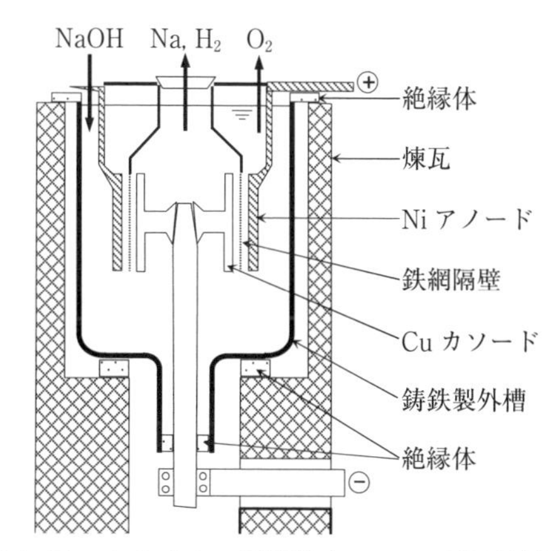

図 4.16　ナトリウム電解槽(Castner 電解槽)[23].

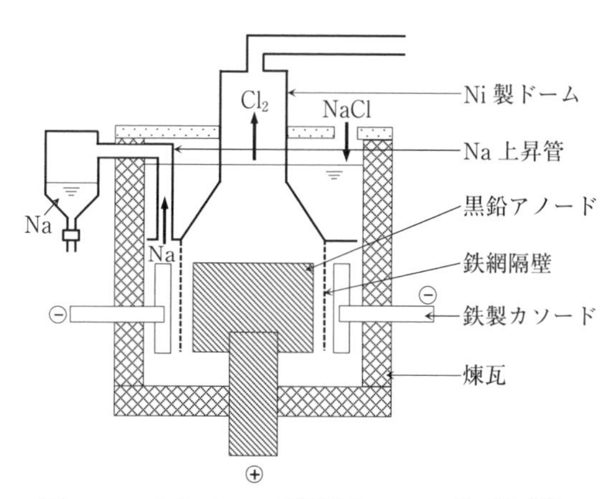

図 4.17　ナトリウム電解槽(Downs 電解槽)[23].

電解槽，アノード，カソードの形状は，目的金属の種類によって大きく異なり，水溶液電解よりも形状や操業様式が様々である．析出した溶融 Al の方が電解浴より密度の大きい Al 電解では電解槽の底をカソードにしているが，Mg および Na 電解では析出金属の密度が電解浴のそれよりも小で，浴面上に浮上するため酸化したり，アノードガスと反応して元の化合物に戻りやすい．これを防ぎながら析出金属の液滴を捕集するために，浴の流動を考慮した特殊な形状の電解槽を使用している．

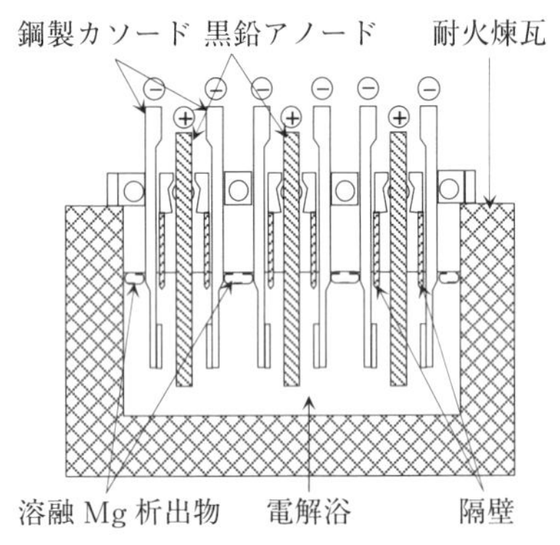

図 4.18　マグネシウム電解槽(IG Farben 電解槽)[23].

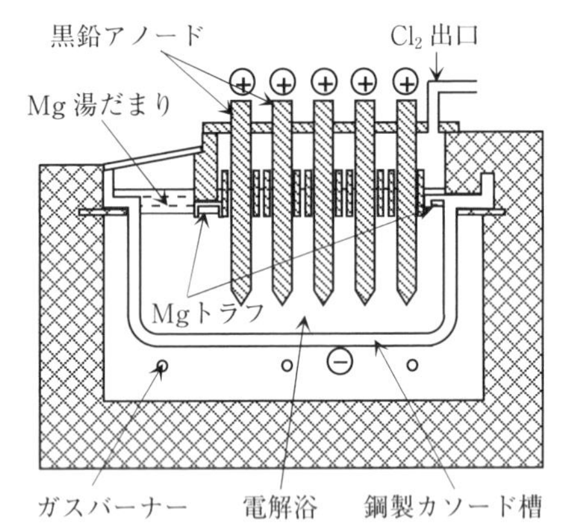

図 4.19　マグネシウム電解槽(Dow 電解槽)[23].

Al 電解槽は，使用するアノードの形式によって Soderberg(ゼーダーベルグ)式(図 4.13)と Prebaked(プリベーク，既焼成電極)式(図 4.14)とに分けられる．いずれも矩形の槽に黒鉛を内張りしてカソードを兼ねさせている．この中にアルミナを 2.0-3.5% 溶解した溶融氷晶石を入れ，アノードを吊り下げて電解する．溶融氷晶石系のフッ化物浴はアルミナですら溶解するほど浸食性が著しいので，これに対して共存し電気的絶縁性を有する浴自体の凍結塩で電解槽の側壁内面を保護している．このため電解槽は内熱式をとり，内部から外部へ熱を放散させて保護凍結塩を維持する必要がある．しかし，

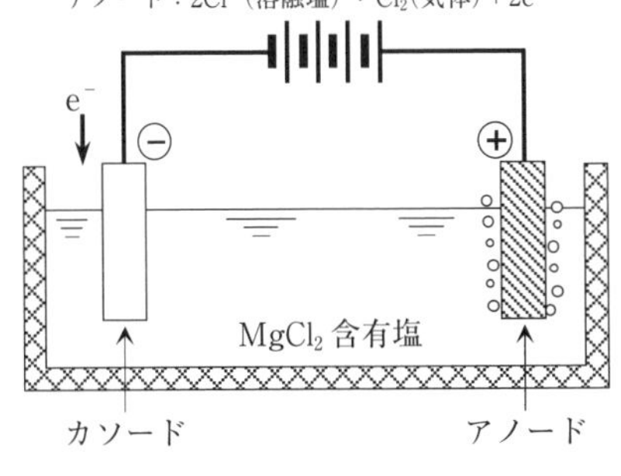

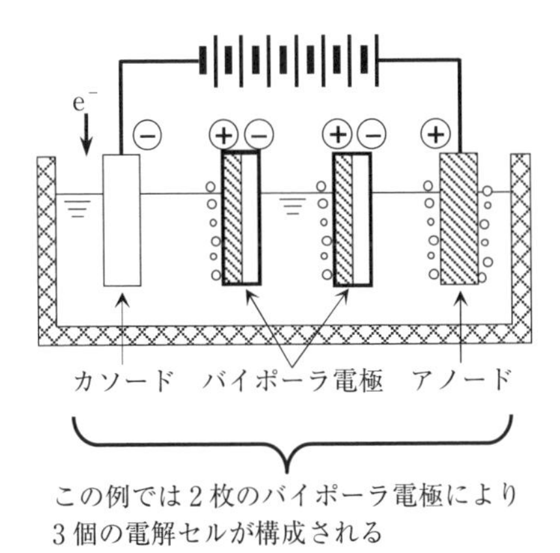

図 4.20 (a)一次金属マグネシウムを生産するための従来型電解法の原理，(b)チタン製錬におけるバイポーラ電極を用いたマグネシウムの再生電解の原理[23].

高温であるためカソードの膨張隆起，破損が起こるので定期的に張り替える．ゼーダーベルグ式の電極は，Fe 製の電極ケースの上部から生ペーストを装入し，導電用 Fe 棒(peg や spike と呼ばれる)を打ち込んで落下を防止すると同時に通電し，浴からの熱と電極に発生するジュール熱とで下方から焼成するようにしたもので，消耗すると Fe 棒を抜いて降下させて上部に生ペーストを補充して Fe 棒を打ち直す．導電用 Fe 棒を側面から斜めに打ち込む方式を横型，上方から打ち込む方式を縦型と呼ぶ．一方，プリベーク式は粉末炭素を圧縮成形し，焼成した電極を一槽当たり多数使用する方式である．ゼーダーベルグ式，プリベーク式，それぞれ長所・短所はあるが，プリベーク式の方が極間距離を短くでき，アノード中での電圧降下がゼーダーベルグ式に比べて小さいため，浴電圧を若干下げることができる．電力源単位は浴電圧が低いほど低いので，近年は省エネルギーの観点から電解槽の大型化が可能なプリベーク式が主流である．

電解槽の電気量は kW で表すのが普通であるが，Al 電解では浴電圧がほぼ一定なので，例えば 300 kA の電解槽と呼ばれる．最近では，プリベーク式で 600 kA の電解槽も出現している[16]．このような電解槽を 300 槽，あるいはそれ以上直列にして直流電源に接続して操業する．個々の電解槽でアノード効果が起こっても，全回路の電圧変化はわずかで，著しい障害が生じないようにする．

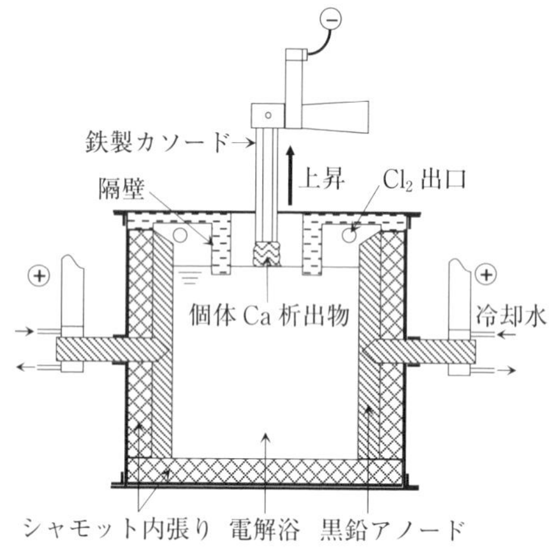

図 4.21　カルシウム電解槽[23].

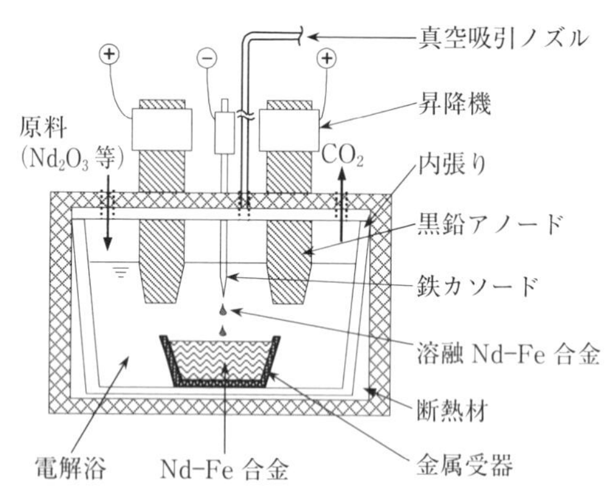

図 4.22　希土類金属電解槽(溶融フッ化物中の酸化物電解)[23].

析出金属が電解浴上に浮上する例としては Na(図 4.16, 図 4.17)や Mg(図 4.18-4.20)がある. Ca 電解(**図 4.21**)では, 浴温を Ca の融点より少し低くし, 水冷した Fe カソードを浴にわずかに接触させ析出すると同時に凝固させるようにし, これを徐々に引き上げて棒状 Ca(carrot と呼ばれる)を得る. これは接触電解法と呼ばれる. 希土類金属電解(**図 4.22**)では, Fe-Nd 合金が希土類磁石産業で多量に利用されているので, Fe が消耗式カソードとして用いられている. Fe カソード表面で析出した Nd 等は, 直ちに合金化・液滴となってカソード表面を伝って流れ落ちる．滴った液滴は炉底に設置したMoあるいはW製受器で回収する．

チタン製錬におけるMgの再生電解にはバイポーラ電解槽が用いられている(図4.20)．従来のIG Farben法やDow法は一対のアノード・カソード(シングルセル)を複数個直列につないだ方式(図4.20(a))であるのに対し，バイポーラ法ではアノードとカソードの間に炭素製のバイポーラ電極(複極)を挿入する(図4.20(b))．このため，原理的に一つの溶融塩電解槽を複数の電解セルに分割することができ，一定電流条件下でもMgの生成量を増大させることができる．さらに，シングルセルに比べて電解による熱的なロスが低減され，空間利用効率を大幅に増大できるため，少ない量の溶融塩で生産性を向上できる．従来法と比べ，一炉当たりの生産量が顕著に大きく，Tiの製造コストの低減に大きな役割を果たしている．

(3) 浴電圧・電流効率・電力消費量

溶融塩電解では，Al電解を代表として内熱式の電解槽を用いる場合が多いので，電解槽の駆動に必要なエネルギーはエンタルピー変化，ΔHである．一例としてAl電解槽を駆動するのに最低必要とされる電圧は，反応のΔHから1.89 Vと算出される．実際の操業では，アノード，カソードでの過電圧や電圧降下等を含めて約4 Vになる．電流効率は水溶液電解の場合より低いが，最近のプリベーク式では93-96.5%まで向上している．電流効率を低下させる原因は，金属霧の生成，析出金属の酸化等である．Al電解では，式(4.71)のように，カソードのAlから発生した金属霧がアノード近傍でCO_2ガスにより酸化される．

$$2Al + 3CO_2 = Al_2O_3 + 3CO \tag{4.71}$$

溶融塩電解では一般に槽電圧が大きく，電流効率が低いために電力消費量が大きい．これは，電解槽が内熱式で電解浴の加熱に多量の電力を要するほか，電極自体の抵抗も大きいためである．極間距離の短縮により槽電圧を下げることができれば熱損失は低下し，エネルギー効率は向上するがそれには限界がある．保温性を高めすぎると浴や電極の温度が上昇し，蒸発や酸化による損失，保護凍結塩の溶解などの障害が増す．槽電圧，V_{pot}と電流密度，iの間には，次式の関係がある．

$$V_{pot} = \alpha + \beta i \tag{4.72}$$

ここで，αは理論分解電圧とカソード分極曲線・アノード分極曲線の定数項の和であり，構成材料それぞれのβは比抵抗ρと電流通路の長さhとの積で表される．槽電圧を下げるには，最も大きな影響をもつ電解浴抵抗を含めた，回路全体の抵抗を総合的に

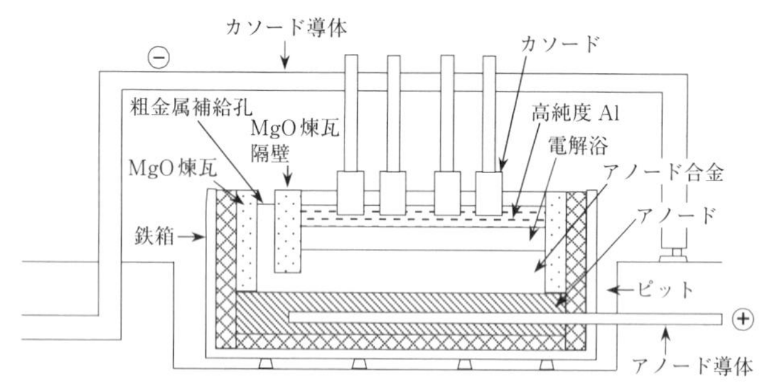

図 4.23　アルミニウム電解精製槽[28].

低下させる必要がある.

(4) 溶融塩電解精製

溶融塩電解による精製は Al について工業的に行われている. Hall-Hérout 法では, アルミナ中の SiO_2, Fe_2O_3, TiO_2, 電極灰分中の SiO_2, Fe_2O_3, 氷晶石中のSiO_2 などの不純物から, Si, Ti, Fe などが混入してくるので, 得られる Al の純度は約 99.8% である. したがって, それ以上の純度が要求される場合, または Al 屑から地金を再生するようなときには, **図 4.23** に示す三層式溶融塩電解法によって精製する. 精製しようとする Al に 30–35% の Cu を合金化させ密度を大きくしたもの(約 3.0 $g \cdot cm^{-3}$)を浴底においてアノードとし, その上にフッ化物またはフッ化物–塩化物よりなる密度 2.7 $g \cdot cm^{-3}$ 程度の電解浴をおき, カソードに析出した精製 Al(約 2.3 $g \cdot cm^{-3}$)を最上層に浮かせるようにする方法で, 純度 99.998% の Al が得られる. 電解浴は中間層におくようにするため, 密度が Al と Al–Cu 合金の中間の 2.7 $g \cdot cm^{-3}$ 程度のもので, 融点が低く精製に適するものを選ぶ. 実用されている電解浴を**表 4.7** に示す. Hoopes が用いた最初の浴は氷晶石に BaF_2 を加え密度を大きくしたもので, 融点が比較的高い. 一方, Gadeau 浴や Hurter 浴は融点が低いので操業しやすい. フッ化物浴は塩化物との混合浴より安定で, 操業中組成調整を要せず補給量も少ない利点はあるが, 導電率が低く極間距離を小さくしなければならないので析出 Al の純度が低く, 黒鉛アノードの消耗も著しい欠点がある.

精製は水溶液電解精製と同じ原理に基づいて行われる. Si, Fe, Cu など Al より貴な不純物は溶出せずにアノード中に残り, Al およびそれよりも卑な Mg, Ca などが溶け出す. 浴中では, Al が最も貴であるから, Al が優先的にカソードに析出する. 浴電

表 4.7　代表的なアルミニウム精製用電解浴(mass%).

発明者	Hoopes	Gadeau	Hurter	住友化学
実施会社	Alcoa (アメリカ)	Pechiney (フランス)	Alusuisse (スイス)	住友化学 (日本)
AlF_3	30-38	23	48	41.4
BaF_2	30-38	—	18	35
$BaCl_2$	—	60	—	—
CaF_2	—	—	16	13.6
NaF	25-30	17	18	10
Al_2O_3	0.3-5	—	—	—
不純物(CaF_2, MgF_2)	~2	—	—	—
融点(K)	1173-1193	1023	953	1003
電解温度(K)	1223-1273	1073	1013	1023-1073

圧は，電解槽の熱損失，浴層の厚さによって決まり，5-7 V である．

参考文献

[１]　矢沢彬，江口元徳：湿式製錬と廃水処理，共立出版(1975).

[２]　沖猛雄：金属電気化学，共立出版(1969).

[３]　外島忍，佐々木英夫：電気化学(改訂版)，電気学会(1976).

[４]　日本金属学会：非鉄金属製錬，日本金属学会(1980).

[５]　D. T. Sawyer, A. Sobkowiak and J. L. Roberts : Electrochemistry for Chemists, 2nd edition, Wiley-Interscience(1995).

[６]　R. Winand : Hydrometallurgy, **29**(1992) pp. 567-598.

[７]　重田晃輝，大石哲雄，松野泰也：資源・素材 2016(盛岡)3213 等.

[８]　邑瀬邦明，玉川宏平，溝田尚，元場和彦，安部吉史，粟倉泰弘：資源と素材，**121**(2005) pp. 103-110.

[９]　南條道夫：東北大学選研彙報，**43**(1987) pp. 239-251.

[10]　伊藤靖彦編：溶融塩の科学，アイピーシー(2005).

[11]　G. J. Janz : Molten salts handbook, Academic press, New York(1967).

[12]　I. Barin : Thermochemical data of pure substance, VCH Verlagsgesellschaft (1993).

[13]　USGS : Mineral commodity summaries 2016(2016) pp. 22-23.

[14]　高橋正雄，増子昇：工業電解の化学，アグネ(1979).

[15]　増子昇：岩波講座 岩波現代科学 24，資源・エネルギーの化学，第２章アルミニウム，岩波書店(1980).

[16]　増子昇，眞尾紘一郎：軽金属，**65**(2015) pp. 66-71.

[17]　K. Grjotheim et al. : Aluminium Electrolysis(The Chemistry of the Hall-Héroult Process), Aluminium-Verlag Düsseldorf(1977).

[18]　K. Grjotheim and B. J. Welch : Aluminium Smelter Technology, Aluminium-Verlag Düsseldorf(1980).

[19]　河本文夫，日本マグネシウム協会編：マグネシウム技術便覧，カロス出版(2000) pp. 33-53.

[20]　江島辰彦：非鉄金属製錬，阿座上竹四，矢沢彬編，日本金属学会，仙台(1980) pp. 242-256.

[21]　森岡進：金属製錬ハンドブック，的場幸雄編，浅倉書店(1964).

[22]　竹田修：レアメタル便覧 Vol. Ⅰ，第６章２節，３節，足立吟也監修・編集代表，丸善(2011) pp. 210-230.

[23]　O. Takeda, T. Uda and T. H. Okabe : Ttreatise on Process Metallurgy Vol. 3, ed.

by S. Seetharaman, Elsevier (2014) pp. 995-1069.

[24] W. E. Haupin : Light Metals 1995 (1995) pp. 195-203.

[25] E. Robert, J. E. Olsen, V. Danek, E. Tixhon, T. Østvold and B. Gilbert : J. Phys. Chem. B, **101** (1997) pp. 9447-9457.

[26] E. W. Dewing and E. Th. van der Kouwe : Metall. Mater. Trans. B, **20B** (1989) pp. 671-674.

[27] S. G. Hansen, J. K. Tuset and G. M. Haaberg : Metall. Mater. Trans. B, **33B** (2002) pp. 577-587.

[28] 近藤光博，水野幸夫，前田秀雄：まてりあ，**33** (1994) pp. 62-65.

第5章 超高純度化プロセス

5.1　超高純度金属製造

金属材料は現代社会において様々な場所で多様な目的で使用されている．目的達成のために，用途に応じて特性を制御する必要があり，そのために合金化，高純度化が行われている．合金化による特性制御の代表として，鉄鋼材料がある．自動車を例にとれば，ボンネットに使用される高張力鋼板，エンジンに使用される鋳鉄材など非常に多くの鉄鋼材料が合金化により要求される仕様を満たしている．その他にも鉄道，高層ビル・タワーなど，多くの事例を我々の生活の中に見出すことができる．

高純度化による事例の代表としては，半導体材料があげられる[1]．最先端電子デバイスに使用される半導体材料は，高純度化によって初めて機能が発現する．現在使用されている半導体の多くは，いわゆる半金属と呼ばれる元素を構成要素とするが，これらは1960年代にW. Pfannにより開発された帯溶融精製法により比較的容易に高純度化が可能である[2]．

こうした実用面での有用性に加えて，高純度金属は，金属の本質的性質を明らかにするうえで欠かすことのできない材料である．気体や液体などに比較して，固体の場合は不純物の影響が大きく，特に機械的特性，耐食性が大きく変化する[3]．最近では，溶融状態，凝固反応においても極微量不純物が影響することが明らかになった[4]．これはある一面では，不純物の影響によって隠されていた本来の性質が高純度化により姿を現したといえる．このような金属本来の性質をよく理解したうえで，材料設計を行うことが理想であり，材料開発の効率化，コストの削減，あるいは従来では実現し得なかった機能開発につながる可能性を秘めている．金属の高純度精製は，持続可能社会実現に向けた重要な基盤技術の一つである．

上述のとおり，半金属元素の高純度精製法には帯溶融精製法があるが，遷移金属元素では，金属性不純物元素の実効分配係数が1に近いものが多く，効率的な精製が望めない．そこで，湿式法による金属性不純物の除去がよく用いられる[5]．湿式法では，金属の構成要素である原子を水溶液に溶解し，個別のイオンに対する反応性の差を利用し

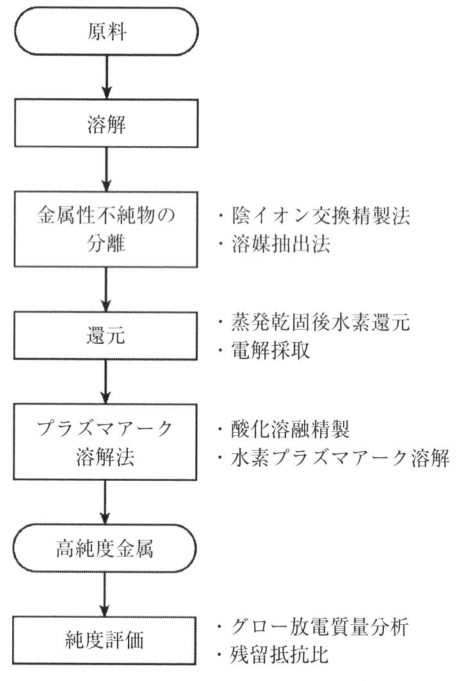

図 5.1　高純度金属製造フロー[3,5]．

て不純物の分離を図る．最も一般的なのは電解精製法であり，各金属の電極電位に起因する電解挙動の差を利用する．電解法については 4.1 節に詳述してあるので，そちらを参照されたい．

本節では，陰イオン交換法および溶媒抽出法による精製法について述べる．**図 5.1** に基本的工程を示す[3,5]．この二つの方法は，固液間，液液間の違いはあるものの，各イオンの複数相への分配の差を利用している．陰イオン交換法や溶媒抽出法は溶液中での処理であるため，金属を得るための後工程として還元工程が必要である．高純度化工程一般に通じることであるが，上工程で除去した不純物の下工程での汚染を防ぐことが重要である[1]．よって，各工程の特徴をよく把握し，慎重に順番を決定しなければならない．図 5.1 に示した工程では，還元工程で環境からの Si，Mg などの汚染があり，また O が除去しきれないという問題があるため，次工程であるプラズマアーク溶解法で除去する[6]．プラズマアーク溶解を施すと高純度金属を塊状にできるという利点もある．以上の工程を経て得られた高純度金属をグロー放電質量分析法や残留抵抗比による純度評価を行い，純度を確認する[7]．

本節では，湿式精製法の要である溶媒抽出法，陰イオン交換精製法に関して工程構築の指針を示した後，応用例を述べる．その後，基本的には液液分配である溶媒抽出を，より精製効率の高いカラム法に応用するための方法として，有機溶媒含浸樹脂抽出クロマトグラフィーによるLaの精製法を実例にあげて説明する．

A.　溶媒抽出法

溶媒抽出法は，イオン交換法に比べて大量生産に向いており，コスト低減に有利とされている．溶媒抽出法は，互いに溶け合わない2種の溶媒(一般的に水溶液と有機溶媒が選択される)への分配の差を利用して各イオンを分離する操作である[8]．原理の詳細は3.2節に譲り，ここでは，溶媒抽出による分離操作に関して説明する．

精製目的成分および不純物成分を含む水溶液相と抽出剤である有機溶媒相とをよく混合接触させた後静置すると，比重差により上下に分離した水溶液相と有機溶媒相との間に溶質が分配される．このとき，目的成分が有機溶媒相に移動するように条件を選択する(抽出過程)．次に目的成分が水溶液相に移動するような条件の逆抽出剤を用いて同様の操作を行い(逆抽出過程)，目的成分を水溶液相に戻す．これら抽出・逆抽出過程において，できるだけ目的成分のみを移動させる条件を選択することで，分離・濃縮・精製を行う．一回の回分操作で分離が十分であることは稀で，所定の精製効率が得られるまで多段操作を繰り返す．

溶媒抽出をより効率的に行うために，様々な装置が開発されている．一つはミキサ・セトラ型と通称される槽型抽出装置(**図5.2**)である．ミキサ槽で水溶液相と有機溶媒相をよく撹拌した後，セトラ槽に移して静置して2相に分離する．多段操作を行うには，ミキサ・セトラを1組として数組組み合わせる．向流型抽出装置(**図5.3**)は，2相の比重差を利用して縦に長い抽出塔内で向流する間に混合接触を図る装置で連続操業が可能である．図5.3(a)スプレ塔は有機溶媒相を分散液滴として水溶液相中を上昇させるだけの最も単純な方式であり，効率はあまりよくない．2相の高効率な混合接触のために，塔内に多くの多孔板の段を設置するのが多孔板塔である(図5.3(b))．多孔板を通過する際に液滴を生成させ，接触面積，すなわち反応面積を増大させる．さらに図5.3(c)パルス塔のように多孔板に脈動を与えたり，塔内に機械的撹拌を加えることで，混合接触の効率を上げる工夫もなされている．

製錬への応用例としては，Cu，Uの浸出液の浄液・濃縮工程がある[8]．

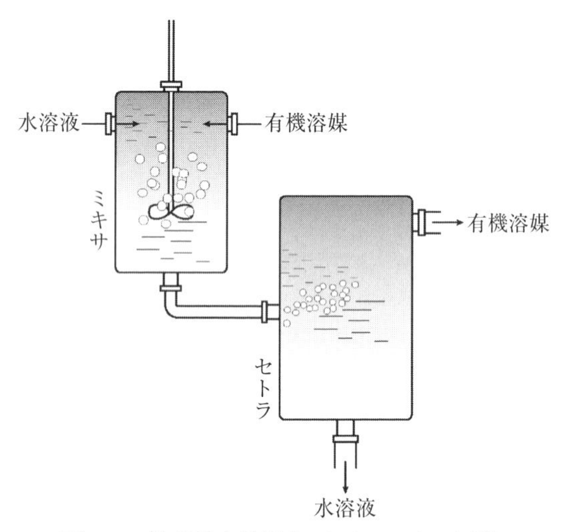

図 5.2　槽型抽出装置(ミキサ・セトラ)[8].

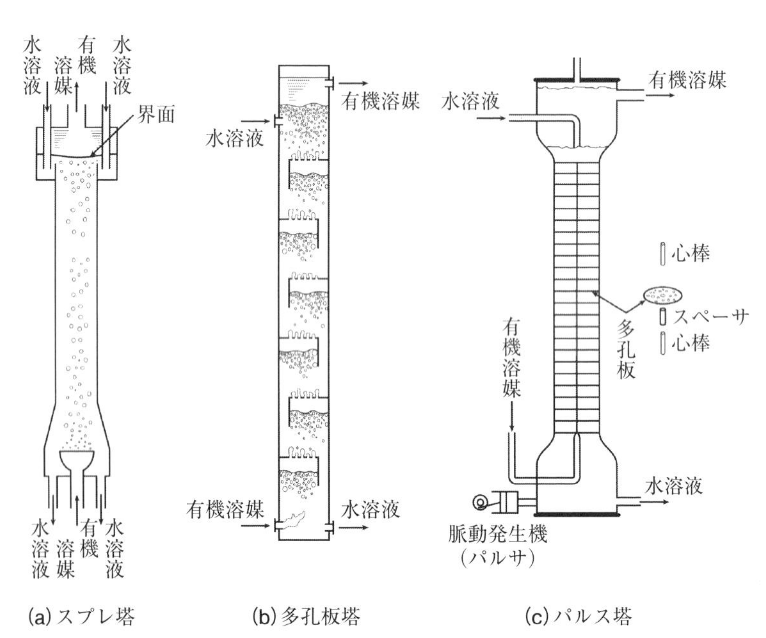

図 5.3　向流型抽出装置(カラム)[8].

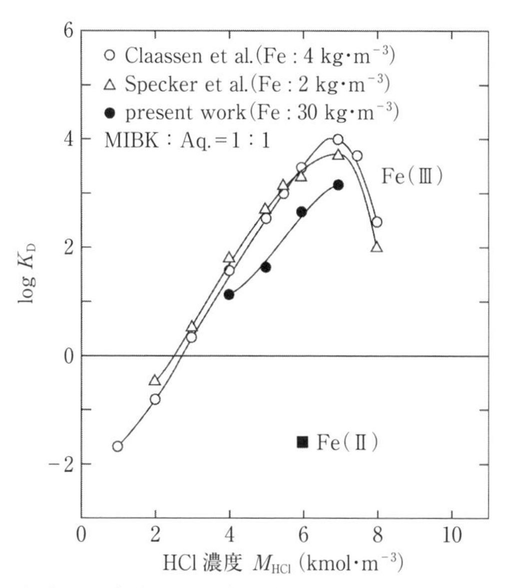

図 5.4　Fe(Ⅱ)，Fe(Ⅲ)の HCl 水溶液からの MIBK への吸着挙動[11].

その他に，Hf と Zr の分離[5]，近年では希土類元素同士の分離にも応用される[9, 10].しかし，超高純度化を目的とする研究例は少ない．その中での成功例の一つとしてメチルイソブチルケトン(4-メチル-2-ペンタノン，通称 MIBK，以下 MIBK と呼称)を使用する鉄の高純度精製の例を紹介する[11].

鉄は 2 価と 3 価の酸化状態を有し，それぞれで MIBK への抽出挙動が全く異なる．**図 5.4** に HCl 水溶液からの MIBK への抽出挙動を示す．横軸に HCl 濃度，縦軸に平衡分配係数の対数を示す．平衡分配係数 K_D は，次式で定義される．

$$K_D = \frac{\text{有機溶媒中のイオンのモル濃度}}{\text{水溶液中のイオンのモル濃度}} \tag{5.1}$$

HCl 濃度が増加するに伴い，Fe(Ⅲ)はより多く有機溶媒に抽出され，およそ 7 M-HCl で最大を示し，その後減少する．Fe(Ⅱ)は図からわかるように MIBK には全く抽出されない．そこで，原料 Fe(99.9 mass%)を溶解して Fe(Ⅱ)-6 M-HCl 水溶液を作製し，MIBK で溶媒抽出する．6 M-HCl で MIBK に抽出される不純物のみが有機溶媒相に移動し，Fe(Ⅱ)は抽出されない他の不純物と共に水溶液相に残る．次に Fe(Ⅱ)を Fe(Ⅲ)に酸化する．残っている不純物はこの条件では MIBK には抽出されないから，溶

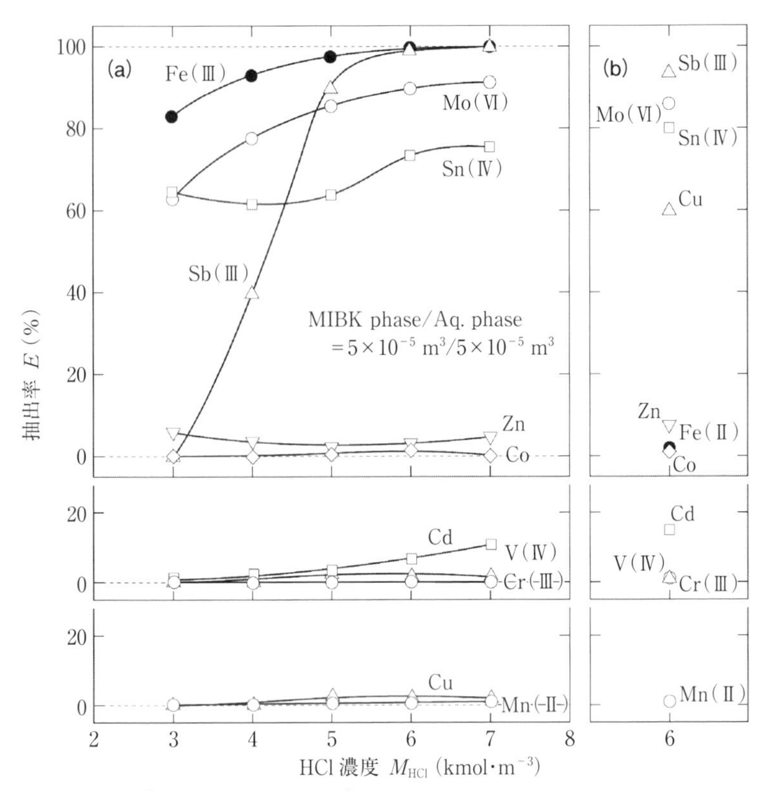

図 5.5　30 g·dm^{-3}-Fe に 30 mg·dm^{-3} の不純物を含んだ水溶液からの MIBK への抽出率．(a)Fe(Ⅲ)，(b)Fe(Ⅱ)[11]．

媒抽出により Fe(Ⅲ)のみが有機溶媒相に抽出され，高純度化が達成できる．

図 5.5(a)に Fe(Ⅲ)共存下，(b)に Fe(Ⅱ)共存下での不純物の MIBK への抽出挙動を示す．6 M-HCl での MIBK 抽出では，Sb(Ⅲ)，Mo(Ⅳ)，Sn(Ⅳ)，Cu が高い吸着率を示し，これらのイオンが Fe(Ⅱ)イオンから分離できることがわかる．逆に Zn，Co，Cd，V(Ⅳ)，Cr(Ⅲ)，Mn(Ⅱ)はほとんど抽出されないことから，Fe(Ⅲ)イオンとの分離が可能となる．

これらの結果を踏まえ，日本鉄鋼認証標準物質である高純度鉄 3 種(JSS No.: 003-3)を用いて，鉄の高純度化が試みられた．Fe(Ⅱ)を用いて溶媒抽出を行った場合では，不純物の抽出率が 100% に近くはならないため，抽出を 2 回繰り返した．MIBK に抽出さ

表 5.1 MIBK を用いた溶媒抽出法により精製された Fe の不純物濃度[11].

元素	原料 Fe	精製 Fe
Al	3	0.4
B	0.3	<0.01
Ca	<1	<0.02
Co	10	0.2
Cl	—	0.02
Cr	2	0.01
Cu	14	1.3
Mg	<1	<0.02
Mn	48	0.05
Mo	<1	<0.02
Nb	<1	0.04
Ni	8	<0.02
P	1.6	0.8
Pb	<1	<0.02
Sb	<1	<0.02
Si	41	1.9
Sn	<1	0.06
Ti	<1	0.3
V	<1	<0.01
Zn	<1	<0.02
Zr	<1	<0.02
purity	>99.9 mass%	≅99.999 mass%

れた Fe(Ⅲ)は純水で逆抽出し，酸素気流中で蒸発乾固・酸化し Fe_2O_3 を作製した．その後 Fe_2O_3 を 973 K で水素還元してスポンジ鉄を得，さらに Ar-H_2 プラズマアーク溶融によりボタン状鉄塊にした．精製前後での Fe 中不純物濃度を**表 5.1** に示す．金属不純物がよく除去され，およそ 99.999 mass% の高純度 Fe が作製できる．しかし，まだ Cu の除去が十分ではなく，β-$FeSi_2$ のような半導体向け原材料としてはさらなる高純度化が必要である．次に陰イオン交換精製法による Fe の高純度精製について述べる．

B. 陰イオン交換精製法[5]

陰イオン交換反応を利用する分離は，溶液中に含まれる各種イオンの陰イオン交換樹脂への分配の差を利用して行われる．とくに陰イオン交換樹脂を固定相として，導入

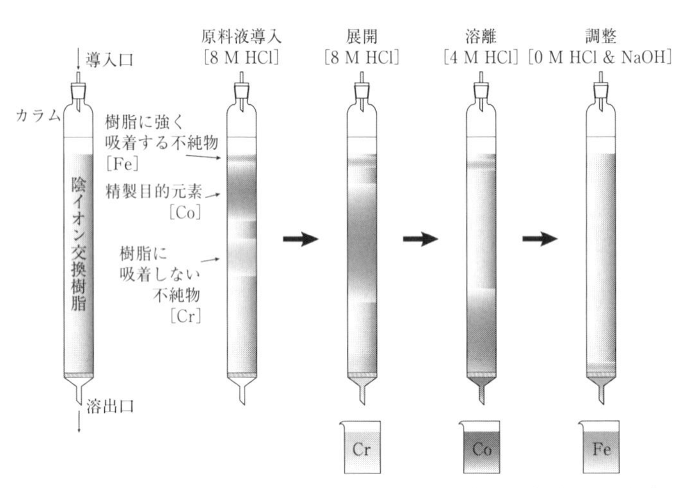

図 5.6　陰イオン交換クロマトグラフィーによる Fe(Ⅲ)，Co(Ⅱ)，Cr(Ⅲ)の分離例．

液・展開液を移動相として用いる陰イオン交換クロマトグラフィーは，精製目的元素および含有不純物の種類と量に応じて適切な展開液を選択することで，非常に高い精製効率を実現可能である．金属の高純度精製を目的とする場合，移動相には HCl 水溶液がよく使用される．3.1 節でも述べたように，金属イオンは HCl 水溶液中でクロロ錯体 $[Me^{\nu+}Cl_n]^{\nu-n}$(Me は金属イオン，ν は Me の酸化数，n は Cl^- の配位数)を形成し，その傾向，錯体分布は金属イオンによって異なる．陰イオン交換反応は，水溶液中で負に帯電したイオンが樹脂相中の対イオンと交換する反応であるから，吸着挙動は錯体分布を反映し，金属イオン毎に異なる挙動を示す．他の酸性溶媒，例えば HF 浴や HNO_3 浴では負に帯電するような錯体を形成する金属イオンが少ないため，陰イオン交換樹脂に吸着する金属イオン自体が少なく，分離・精製には向かない．

移動相に HCl 水溶液を使用する場合の展開液は，第 3 章の図 3.3 を参考に選択する．ここでは，Fe(Ⅲ)，Co(Ⅱ)および Cr(Ⅲ)の分離を例にあげて説明する(**図 5.6**)．まず，これら三つのイオンを含む導入液の HCl 濃度を 8 M-HCl とする．Cr(Ⅲ)は全 HCl 濃度域で吸着しないので，最初に溶出される．次に 4 M-HCl を使用して展開すると，Co(Ⅱ)が溶離する．最後に 0 M-HCl，すなわち H_2O で展開すれば Fe(Ⅲ)が溶離する．要は樹脂に強く吸着するイオンほど，吸着帯がカラム内を下方向に移動する速度が遅く，各イオンが溶離する分画を回収することで分離が可能となる．使用後は，次回に備えて NaOH 水溶液などアルカリ性水溶液を用いて，樹脂相に残るクロロ錯体を OH^- で交換し再生しておくことが必要である[12].

このように，イオンの吸着挙動と溶出容量との間には密接な関係があると予想されるが，実効分配係数 D_{eff} と吸着帯分布との関係はどのように記述されるであろうか．様々なアプローチが報告されているが，ここでは最も直感的に理解しやすい二項分布による溶質分布の記述を説明する．

図 5.7 に仮想段を想定するカラム内の溶質分布を示す．実際のクロマトグラフィーと同様，展開液は上部から導入され，下方向へ移動する．最初の段(仮想段数：0)は 1 単位の溶質を含んでいるものと仮定する．1 単位の溶質のうち，分率 p の溶質が 1 回目の移動で次の段(仮想段数：1)に移動し，$1-p$ の溶質が最初の段に残る．言い換えれば，仮想段内において，溶質が固定相，移動相にそれぞれ分率 $1-p$，p で分配した後に移動相が移動したことになる．2 回目の移動では，仮想段数：0 に残った分率 $1-p$ の溶質が再度 $(1-p):p$ で分配するから，分率 $(1-p)^2$ の溶質が残り，$p(1-p)$ の溶質が仮想段数：1 に移動する．同様に仮想段数：1 では $p(1-p)$ が残り，p^2 が仮想段数：2 に移動する．2 回目の移動完了後には，残った $p(1-p)$ と仮想段数：0 から移動してきた $p(1-p)$ の合計 $2p(1-p)$ が仮想段数：1 にある溶質の分率となる．これを繰り返すと，n 回目の移動完了後の仮想段数：x における溶質分率は，次のように二項分布で表現される．

$$\left.\begin{array}{ll} n<x & 0 \\ n=x & p^x \\ n>x & \dbinom{n}{x} p^x (1-p)^{n-x} \end{array}\right\} \tag{5.2}$$

溶質の分配は $(1-p):p$ であるから，実効分配係数 D_{eff} との関係は式(5.3)で表される．

$$D_{\mathrm{eff}} = \frac{1-p}{p} \quad \therefore\ p = \frac{1}{1+D_{\mathrm{eff}}} \tag{5.3}$$

以上の結果に基づいて，全仮想段数 $N=50$，D_{eff} が 0.2，1，4 の場合に関する溶離曲線を**図 5.8** に示す．横軸の移動完了数，縦軸の溶質相対量は，実際の陰イオン交換クロマトグラフィーの溶出容量，溶離濃度に対応する(後述の溶離曲線を参照)．D_{eff} が大きくなると溶出が遅れ吸着帯が広がるが，D_{eff} の差により各成分の分画は重なることなく溶出し，効率のよい分離が可能である．このモデルの初期設定では 1 単位の溶質が一段だけ(仮想段数：0)に存在すると仮定している．D_{eff} が 0.2 の場合でも投入量の 99% 以上を回収(溶出)するまでに 20 段を要するから，回収液中溶質濃度は初期濃度の 20 分の 1 以下という非常に薄いものとなってしまう．したがって，陰イオン交換クロ

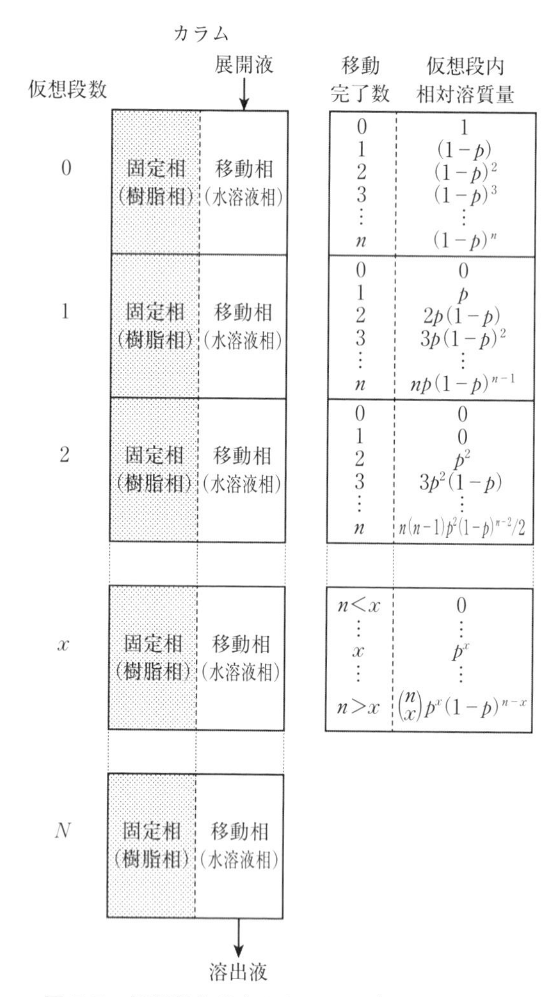

図5.7　仮想段を想定したカラム内の溶質分布．

マトグラフィーは濃縮には不向きであることがわかる．しかし，濃縮には不向きである点を補って余りある高い分離効率が実現できる．

実際には，分配係数Dは金属イオン濃度依存性をもち，金属イオン濃度が減少するにつれてDが高くなる[13]，樹脂相/水溶液相間の拡散が不十分であることなどが要因となって，長いテーリングが起こるが，二項分布によるシミュレーションでは正確には

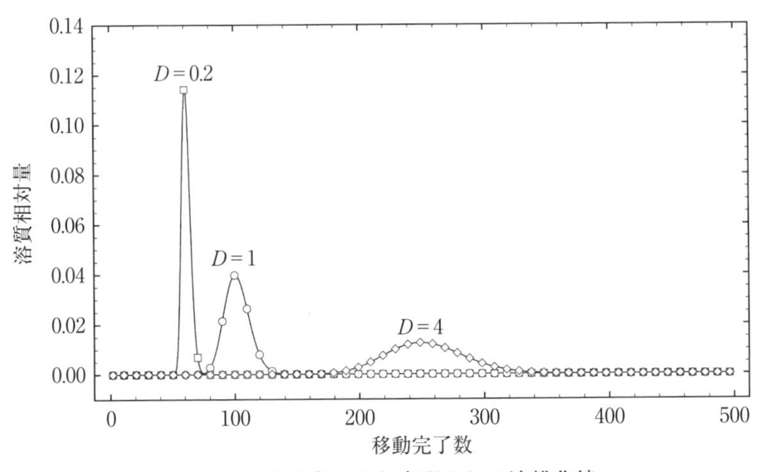

図 5.8 二項分布により表現される溶離曲線.

再現できない.より再現性の高い理論段モデルなどが考案されているが[14],陰イオン交換クロマトグラフィーの場合は,吸着脱離の素過程である陰イオン交換反応の熱力学的,速度論的解析が十分ではないこともあって,シミュレーションによるクロマトグラムの予測は現状では困難である.そのため,予備試験による精製工程の構築,精製効率の確認が必要となる.

HCl 水溶液からの陰イオン交換樹脂への各種金属イオンの平衡分配係数を勢力的に調査・報告した Kraus によって,1950 年代にすでに陰イオン交換法による遷移金属の精製の可能性が指摘されている[15].

(1) 陰イオン交換精製による Fe の高純度化[3]

ここでは一例として,陰イオン交換精製法による Fe の高純度化について示す[3].溶媒抽出の例でも述べたように,Fe には 2 価と 3 価の二つの酸化状態があり,陰イオン交換でもそれぞれで吸着挙動が異なる(図 3.3 参照).この点に着目し,Fe(Ⅱ)および Fe(Ⅲ)について主な不純物除去試験を行い,**図 5.9** の(a)および(b)に示す溶離曲線を得た.横軸は原料液投入開始からの時間であり,縦軸は各イオンの最大濃度で規格化した値である.通液線速度は 700 mm/h である.図中には HCl 濃度も示してあり,どの程度の HCl 濃度でイオンが溶出したかもわかるようになっている.各グラフにおいて HCl 濃度の減少が緩やかなのは,樹脂相中に残存する HCl の影響である.

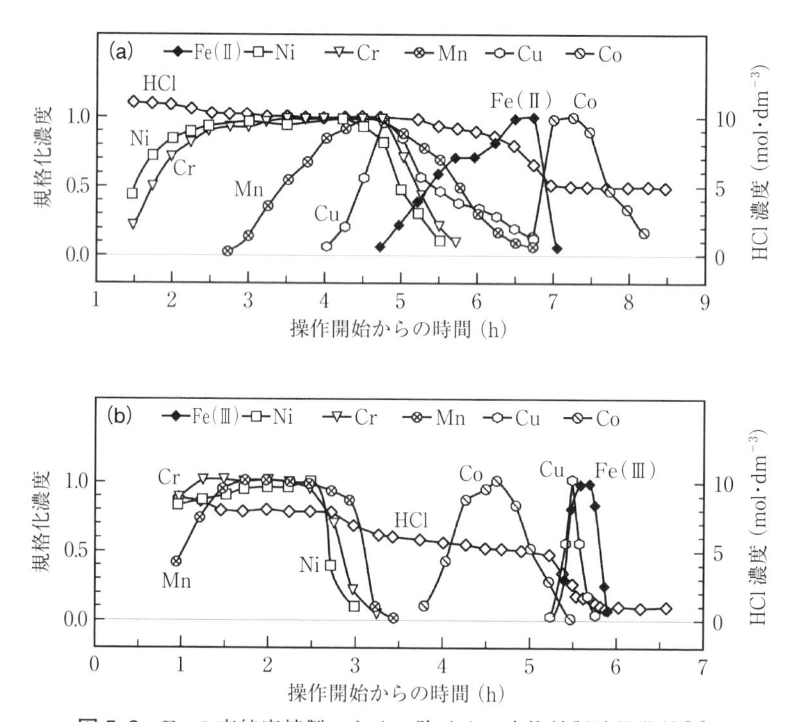

図 5.9　Fe の高純度精製のための陰イオン交換精製溶離曲線[3].

図 5.9(a)は Fe(Ⅱ)を利用した場合の溶離曲線である．原料液の HCl 濃度は 11 M-HCl である．まず，HCl 水溶液中では陰イオン交換樹脂に吸着しない Ni，Cr が溶出する．Ni はクロロ錯体を形成せず，Cr の場合は形成に非常に時間がかかるため，樹脂には吸着しないと考えられている．続いて 10 M-HCl による展開により Mn，Cu の順に溶出し，その後 Fe(Ⅱ)の溶出が始まる．Fe(Ⅱ)は 10 M-HCl 前後で最大の吸着を示すが，第 3 章の図 3.3 のとおり，分配係数そのものは 10 程度と大きくないため，樹脂に吸着しきれない Fe(Ⅱ)イオンの漏洩が始まったものと考えられる．この時点では Ni，Cr，Mn，Cu の溶出が完了していないため，操作開始から 6 時間までの Fe(Ⅱ)の回収はせず，6 時間から 6 時間 45 分の間の溶出液を採取し，回収率は 50% にとどまった．最後に展開液を 5 M-HCl とすると Co が溶出する．

図 5.9(b)は Fe(Ⅲ)を利用した場合の溶離曲線である．8 M-HCl による展開で Ni，Cr，Mn，5 M-HCl で Co が溶出する．その間，Fe(Ⅲ)は樹脂に強く吸着したままであ

り 0 M-HCl(すなわち純水)による展開で初めて溶出する．Ni，Cr，Mn，Co は Fe(Ⅲ)溶出前に完全に除去できているものの，Cu の溶出ピークは Fe(Ⅲ)溶出ピークと重なってしまい，分離が困難である．ただし，前述の Fe(Ⅱ)溶離を行った後に Fe(Ⅲ)溶離を行えば，ほぼすべての試験不純物を除去できることになる．Fe(Ⅲ)の溶出ピークは Fe(Ⅱ)に比べ鋭く，5 時間 30 分から 6 時間の間の溶出液を回収したが，それでも回収率は 70% 程度であった．

Fe(Ⅱ)と Fe(Ⅲ)を利用してほぼすべての不純物を除去できたが，Fe(Ⅱ)溶離後の回収液の HCl 濃度は 5 M-HCl である．Fe(Ⅲ)溶離を施すためには濃 HCl を添加して HCl 濃度を調整し，Fe 濃度減少を防ぐために水溶液の一部を加熱蒸発除去する必要があり，操作が繁雑である．また，Fe 回収率は Fe(Ⅱ)，Fe(Ⅲ)溶離を合わせると 35% 程度にしかならない．そこで，こうした繁雑な操作を省き，精製効率を向上させるために改良型陰イオン交換精製工程が Kékesi ら[16]によって提案された．

(2)　改良型陰イオン交換精製法[16]

図 5.9 に示す Fe の陰イオン交換精製では，Fe(Ⅱ)溶離において，Cu と Mn の回収液への混入を防ぐために Fe(Ⅱ)の回収範囲を操作開始から 6 時間から 6 時間 45 分の間とした．この操作により Fe 回収率は 50% と低くなってしまう．改良型は，HCl 水溶液中の金属イオンの価数を積極的に制御し，より効果的な不純物除去を目指す手法である．

効率的な除去が困難である Cu も，Fe と同様複数の酸化数を有するが，陰イオン交換樹脂への吸着挙動は全く異なる(図 3.3 参照)．HCl 濃度の薄い領域では Cu(Ⅰ)が，濃い領域では Cu(Ⅱ)が強く吸着する．Cu(Ⅰ)の吸着挙動は Fe(Ⅱ)や Fe(Ⅲ)の挙動とは全く異なり，容易な分離が可能であることが予想される．HCl 水溶液中で Cu を Cu(Ⅰ)イオン状態に保つには，Cu よりも卑な金属と接触させればよい．例えば Fe(s)を用いれば，次式のように置換還元反応により Cu(I)イオンが生成する．

$$2\mathrm{Cu}^{\mathrm{II}} + \mathrm{Fe(s)} = \mathrm{Cu}^{\mathrm{I}} + \mathrm{Fe}^{\mathrm{II}} \tag{5.4}$$

Cu(Ⅱ)と Fe(s)の組み合わせでは，Cu(Ⅱ)は Cu(s)まで還元されるので，これだけでもある程度の Cu の除去が可能である．それに加えて Fe も不均化反応の逆反応により Fe(Ⅱ)状態に保持される．

$$2\mathrm{Fe}^{\mathrm{III}} + \mathrm{Fe(s)} = 3\mathrm{Fe}^{\mathrm{II}} \tag{5.5}$$

Fe(Ⅲ)溶離では，5 M-HCl でも Fe(Ⅲ)が十分強く吸着するので，原料液 HCl 濃度を 5 M-HCl として陰イオン交換精製を行うと**図 5.10** の結果を得る[16]．図 5.9 に示す陰

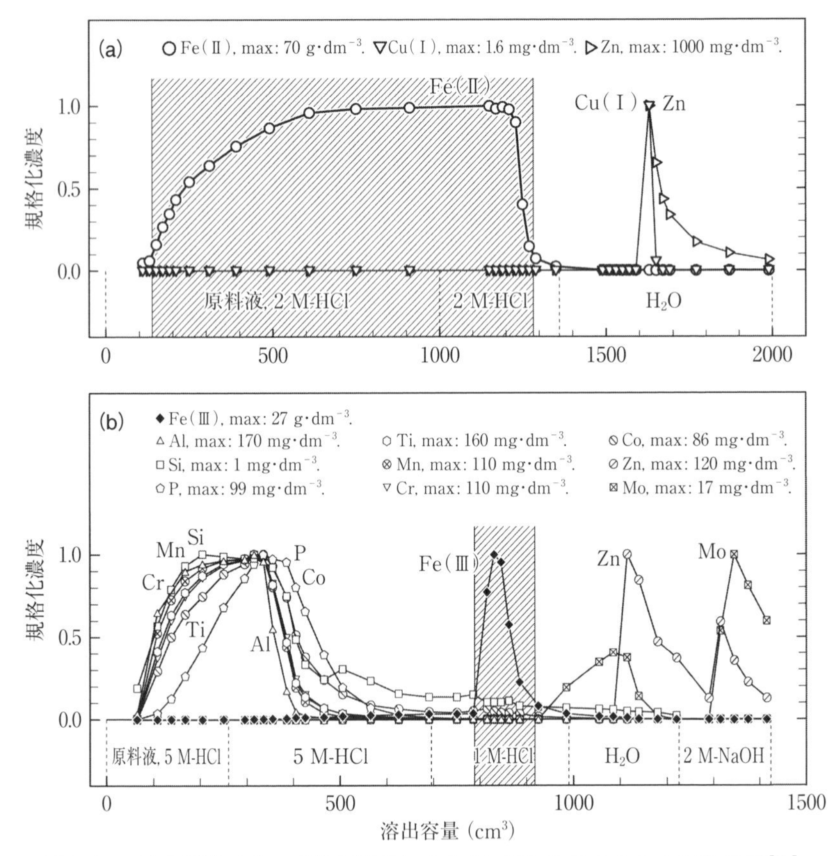

図 5.10　改良型陰イオン交換精製法による Fe 高純度化のための溶離曲線[16].

イオン交換精製法とは異なり，Fe(Ⅱ)を溶離する場合(図 5.10(a))では Cu(Ⅰ)を樹脂に吸着させ，Fe(Ⅱ)は樹脂に吸着させることなくカラムを通過させるだけである．したがって Fe(Ⅱ)溶離後は，Fe(Ⅲ)溶離のために HCl 濃度を 5 M-HCl に調整するため濃 HCl 溶液を添加する．Fe(Ⅱ)の 2 M-HCl 水溶液への溶解度は 170 g·dm^{-3} と非常に大きく，また，Fe(Ⅱ)溶離後の Fe(Ⅱ)濃度の希薄化の程度も小さいため，回収液を加熱蒸発濃縮することなく Fe(Ⅲ)溶離のための原料液を調整することができる．図 5.10(b)に示すように Fe(Ⅲ)を溶離する場合は，8 M-HCl のような高濃度の HCl 水溶液を使用しなくてもよいことがわかり，コストの圧縮が可能である．

表 5.2　価数制御陰イオン交換精製法による Fe 高純度化溶離曲線における回収率と除去比[16].

	回収率 (%)	除去比									
		Cu	Al	Co	Cr	Mn	Mo	P	Si	Ti	Zn
Fe(Ⅱ)溶離	97	>1000	—	—	—	—	—	—	—	—	—
Fe(Ⅲ)溶離	77	—	>1000	40	700	>1000	>1000	>1000	70	580	>1000
全体	75	>1000	>1000	40	700	>1000	>1000	>1000	70	580	>1000

こうした陰イオン交換精製の効率を定量化するために，精製目的元素の回収率 R と不純物の除去比 E_i を導入する．添え字の i は対象不純物を示す．

$$R = \frac{\int_{V_{\mathrm{cllctn,\,start}}}^{V_{\mathrm{cllctn,\,end}}} c_{\mathrm{Main}}\, dV}{\int_{V_{\mathrm{eltn,\,start}}}^{V_{\mathrm{eltn,\,end}}} c_{\mathrm{Main}}\, dV} \times 100\% \tag{5.6}$$

回収率 R は，精製目的元素の投入量に対する回収量の比である．c_{Main} は精製目的元素の溶出濃度，V は溶出容量，添字の cllctn および eltn はそれぞれ回収精製液，溶離液全体を，また，start と end は各範囲の開始点，終了点を示す．

$$E_i = \frac{\dfrac{m_{i,\mathrm{chrg}}}{m_{\mathrm{Main,\,chrg}}}}{\dfrac{m_{i,\mathrm{cllctn}}}{m_{\mathrm{Main,\,cllctn}}}} = \frac{\int_{V_{\mathrm{eltn,\,start}}}^{V_{\mathrm{eltn,\,end}}} c_i\, dV}{\int_{V_{\mathrm{eltn,\,start}}}^{V_{\mathrm{eltn,\,end}}} c_{\mathrm{Main}} dV} \cdot \frac{\int_{V_{\mathrm{cllctn,\,start}}}^{V_{\mathrm{cllctn,\,end}}} c_{\mathrm{Main}} dV}{\int_{V_{\mathrm{cllctn,\,start}}}^{V_{\mathrm{cllctn,\,end}}} c_i\, dV} \tag{5.7}$$

除去比 E_i は，原料液中の精製目的元素に対する不純物量の比を精製液中のそれで割った値で，式からわかるように値が大きいほど精製効率が高く，不純物量をどの程度低減させることができるかを示す．m は各元素の量で，添字の chrg は原料液であることを示す．図 5.10 に示す Fe の改良型陰イオン交換精製法を回収率 R と除去比 E_i で評価すると，**表 5.2** の結果となる．このときの精製液回収範囲は，Fe の溶出が始まって最大濃度の 1/10 に達した溶出容量から最大濃度を経て再度最大濃度の 1/10 にまで低下した溶出容量までとしている(図 5.10 に斜線で図示)．全体を通して回収率は 75% を記録した．除去比から，Cu，Al，Mn，Mo，P，Zn を 1/1000 に低減できることがわかる．ただし，Co はテーリングが長く Fe(Ⅲ)溶出ピークと一部重なっているため，除去比が 40 と小さい．

以上の方法により金属性不純物を除いた高純度 $FeCl_3$-HCl 水溶液から，図 5.1 に示

表 5.3　Fe の純度表(mass ppm)[16].

元素	原料 Fe	精製 Fe	元素	原料 Fe	精製 Fe
Al	0.44	0.20	Ge	3.5	0.020
Si	41	0.11	As	0.20	0.004
P	12	0.12	Se	18	0.19
S	16	0.11	Zr	4.8	<0.004
Cl	0.076	0.060	Mo	2.7	0.045
Ca	0.077	0.015	Sn	8.6	0.014
Ti	0.080	0.054	W	1.1	0.036
V	0.23	<0.0004	Pb	<0.03	<0.002
Cr	12	0.007	Th	<0.006	<0.001
Mn	6.1	0.026	U	<0.005	<0.0005
Co	33	0.24			
Ni	40	0.069	C	43	3.1
Cu	16	0.25	N	1	1.2
Zn	3.0	<0.010	O	180	1.5
Ga	1.1	0.008			
			純度 I *1/mass%	99.98	99.9998
			純度 II *2/mass%	99.96	99.9993

*1 純度 I：C, N, O を除いた純度. *2 純度 II：C, N, O を含めた純度.

す工程に従って作製した高純度 Fe の純度表を**表 5.3** に示す[16]. C, N, O を除いたすべての不純物で 1 mass ppm 未満を実現した. ただし詳細に見ると, Co, Cu など, 0.数 mass ppm 残存している不純物がある. 半導体である β-$FeSi_2$ の原材料として使用するには, このレベルでも未だ不十分であるとの計算結果が報告されている[17].

図 5.9 および図 5.10 に示す陰イオン交換精製法では, 溶離曲線において精製目的元素と不純物の溶出が重ならないことを念頭において精製工程を構築してきた. 式(5.7)の除去比の定義から, 除去比向上のためには回収範囲での不純物溶出の低減に加えて, 精製目的元素の回収量の向上が効果的であることがわかる. 二つのプロセスでは, まず精製目的元素を樹脂に吸着させ, 吸着しない不純物を溶出させる洗浄工程を経てから精製目的元素を溶出させる. 図 5.9 の(a), (b), 図 5.10(b)からわかるが, 洗浄工程においてすでに Fe の漏洩が始まっており, 投入量のおよそ 20% が不純物と同時に除かれている. この漏洩を極力減らすことが重要な課題である. この観点から次に述べる多段カラム陰イオン交換精製が開発された.

(3) 多段カラム陰イオン交換精製法[18]

次に，Fe と同様に重要なベースメタルの一つである Cu の精製を取り上げる．精製目的元素の漏洩を減らすことを考慮すると，洗浄工程を入れることは不利になる．そこで，前述の陰イオン交換精製のように展開液をその都度変更する方針は取らず，展開液は一定のままで樹脂層長を長くして，精製効率を高める方針を採用した．そのためには，精製目的元素の樹脂への吸着が強すぎても弱すぎてもいけない．報告されている溶離曲線からは平衡分配係数 D が $1 < D < 4$ が適当である．この範囲で各不純物の分離能 α_i を評価し，最も効率の高い展開液を決定する．

分離能 α_i は次式で定義される．

$$\alpha_i = \frac{D_i}{D_{\mathrm{Cu(II)}}} \tag{5.8}$$

α_i が 1 より大きければ，不純物 i は Cu(Ⅱ)よりも遅くカラム内を移動し，小さければ速く移動する．いずれの場合でも 1 から離れれば離れるほど分離能は高い．**図 5.11**

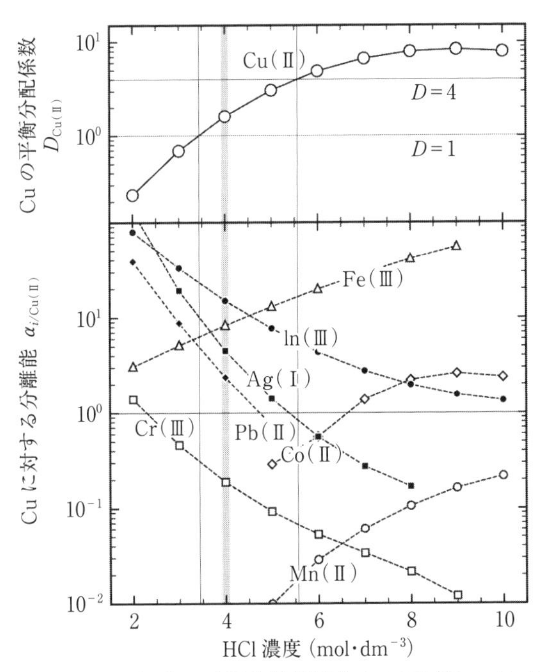

図 5.11 HCl 溶媒からの Cu(Ⅱ)の平衡分配係数と主な不純物の Cu(Ⅱ)に対する分離能[18]．

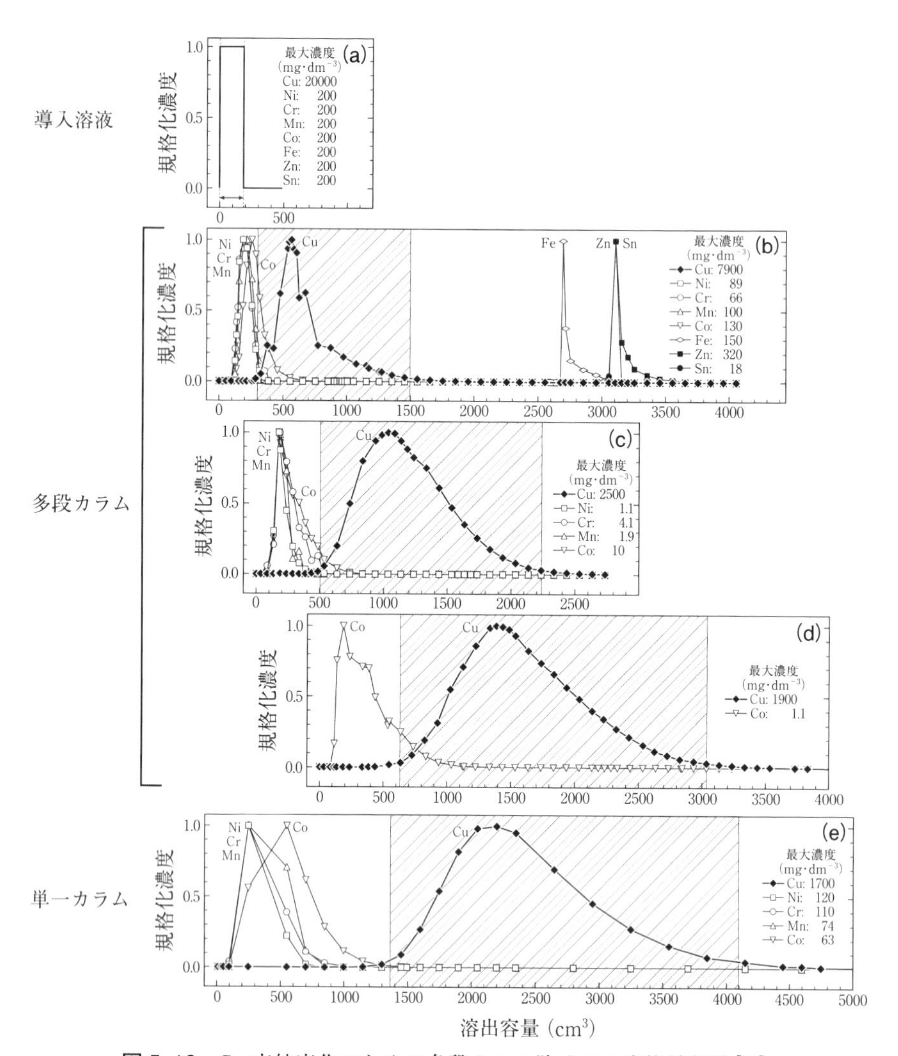

図 5.12　Cu 高純度化のための多段カラム陰イオン交換精製法[18].

に Cu(Ⅱ)の平衡分配係数と主な不純物の Cu(Ⅱ)に対する分離能を示す．平衡分配係数 D が $1<D<4$ の範囲は HCl 濃度が 3.5–5.5 M-HCl に当たるが，この範囲で各不純物の分離能が最も 1 から離れているのは，4 M-HCl であることがわかる．そこで，展開液を 4 M-HCl に決定した．

表 5.4　多段カラム陰イオン交換精製法による Cu の精製効果[18].

		Cu(Ⅱ)回収率(%)	除去比						
			Ni(Ⅱ)	Cr(Ⅲ)	Mn(Ⅱ)	Co(Ⅱ)	Zn(Ⅱ)	Sn(Ⅱ)	Fe(Ⅲ)
多段カラム法	1段目	96	20	14	12	4.2	N. D.	N. D.	N. D.
	2段目	98	570	370	>1000	17	—*3	—	—
	3段目	98	N.D.*2	N.D.	N.D.	27	—	—	—
	全体	92	>1000	>1000	>1000	>1000	N.D.	N.D.	N.D.
単一カラム*1		98	>1000	>1000	>1000	448	—	—	—

*1 単一カラム：樹脂層長は 3 段カラム全長と同じ.　*2 N.D.：検出下限以下.　*3 —：未測定.

クロマトグラフィーでは樹脂層長を長くすれば分離効率は上がるが，不純物元素の漏洩やテーリングが長い場合，精製目的元素の溶出ピークと重なってしまい，精製効率は決して向上しない．そこで，カラムを多段に直列に連結し，精製目的元素の溶出範囲のみを次段カラムの導入液とした．このようにすれば，不純物量をできるだけ減らした状態の導入液を準備することにつながる．**図 5.12** に Cu 高純度化のための多段カラム陰イオン交換精製の溶離曲線を，**表 5.4** に多段カラム陰イオン交換精製法による Cu の精製効果を示す．多段カラムの段数は 3 である．図 5.12(a)から(d)までが，各段における導入液の Cu および不純物元素の濃度プロファイルと溶離曲線である．図 5.12(e)は 3 段カラムと同じ長さの樹脂層長の 1 段カラムによる溶離曲線である．図では 1 段カラムでも十分に不純物除去が実現できているように見えるが，表 5.4 からわかるように，Co の除去比が大きく改善されており，カラムの多段化の効果の高いことがわかる．また，全体の回収率も 90% 以上を維持しており，十分実用的である．

(4)　含浸樹脂抽出クロマトグラフィー[9, 10]

陰イオン交換精製法(3.4)で述べたように，陰イオン交換精製法は遷移金属の精製に非常に有用であるが，樹脂に全く吸着しないイオンも多い(第 3 章の図 3.3 を参照)．ランタノイド，アクチノイドは陰イオン交換樹脂には全く吸着しないので，相互分離ができない．とくにランタノイドは近年磁性材料の素材として重要で，原材料の作製，廃棄自動車等からの回収を含めて高効率の分離法が求められている．ランタノイドの相互分離には適切な有機溶媒を用いた溶媒抽出法が有用であるが，(a)溶媒抽出法でも述べたように高効率の分離を実現するためには，図 5.2 に示す槽型抽出(ミキサ・セトラ)の多

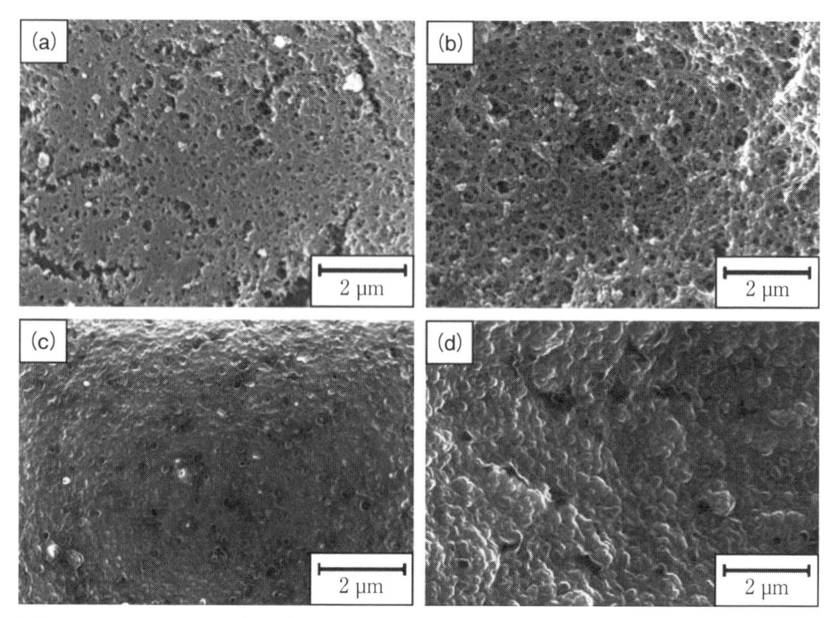

図 5.13　HDEHPA 含浸樹脂．(a)合成吸着剤表面，(b)合成吸着剤断面，(c)HDEHPA 含浸後表面，(d)HDEHPA 含浸後断面[10]．

段操作が必要である．そこで，官能基をもたない多孔質樹脂である合成吸着剤に有機溶媒を含浸させて擬似的に固液抽出を実現する有機溶媒含浸樹脂抽出クロマトグラフィーが開発された．これは，有機溶媒のイオン選択性を維持しつつ，クロマトグラフィーとしての分離能を併せもつ優れた方法である．ここでは，リン酸水素ビス(2-エチルヘキシル)(以下，HDEHPA)含浸樹脂を用いた La の高純度精製について述べる．

有機溶媒含浸樹脂は次のように作製する．含浸させる有機溶媒を，適当な有機溶媒，例えばアセトンで希釈した混合溶媒と合成吸着剤を 0.3 気圧程度の減圧下で撹拌混合し，合成吸着剤を脱気しながら混合溶媒を孔に浸透させる．その後，希釈剤であるアセトンのみを蒸発させて含浸樹脂を作製する．**図 5.13** に HDEHPA 含浸前後の合成吸着剤の表面および断面写真を示す．含浸前には観察された孔が HDEHPA により埋まっている様子がわかる[10]．なお，HDEHPA は，D2EHPA と表記する場合もある．

陰イオン交換分離と同様，精製工程構築のために分離する各イオンの吸着挙動をあらかじめ調べておく必要がある．作製した HDEHPA 含浸樹脂への La，Ce，Pr，Nd，

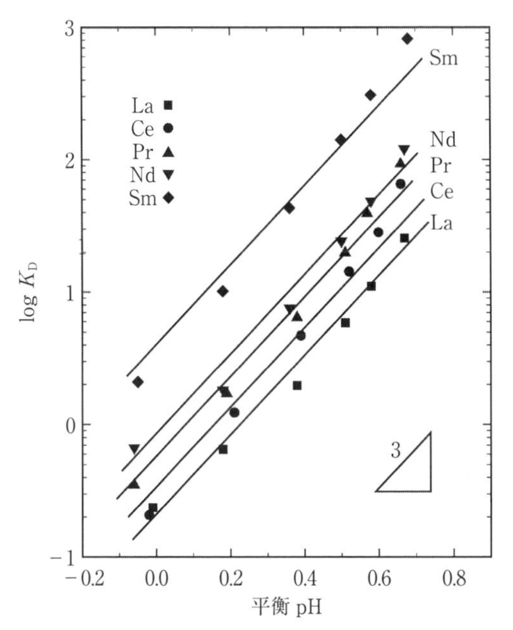

図 5.14　HDEHPA 含浸樹脂への La，Ce，Pr，Nd，Sm の HCl 溶媒からの平衡分配係数[10]．

Sm の HCl 溶媒からの平衡分配係数を**図 5.14** に示す．横軸は平衡 pH で，縦軸は第 3 章の式(3.11)を用いて求めた平衡分配係数である．

HDEHPA 有機溶媒によるランタノイドの吸着平衡式は次のように表されると報告されている．RE^{3+} をランタノイドイオン，HA を HDEHPA とし($HA = H^{+} + A^{-}$ のように解離する)，上線は有機溶媒に吸着したイオンとすると，

$$RE^{3+}3\overline{(HA)_2} = \overline{RE(HA_2)_3} + 3H^{+} \tag{5.9}$$

式(5.9)の平衡定数は，

$$K = \frac{a_{\overline{RE(HA_2)_3}} a_{H^+}^3}{a_{RE^{3+}} a_{\overline{(HA)_2}}^3} \tag{5.10}$$

で表される．ここで，a は活量である．式(3.2)の平衡分配係数の定義と式(5.10)から次の関係式が導かれる．

$$\log K_D = -3 \log a_{H^+} + 3 \log a_{\overline{(HA)_2}} + \log K$$

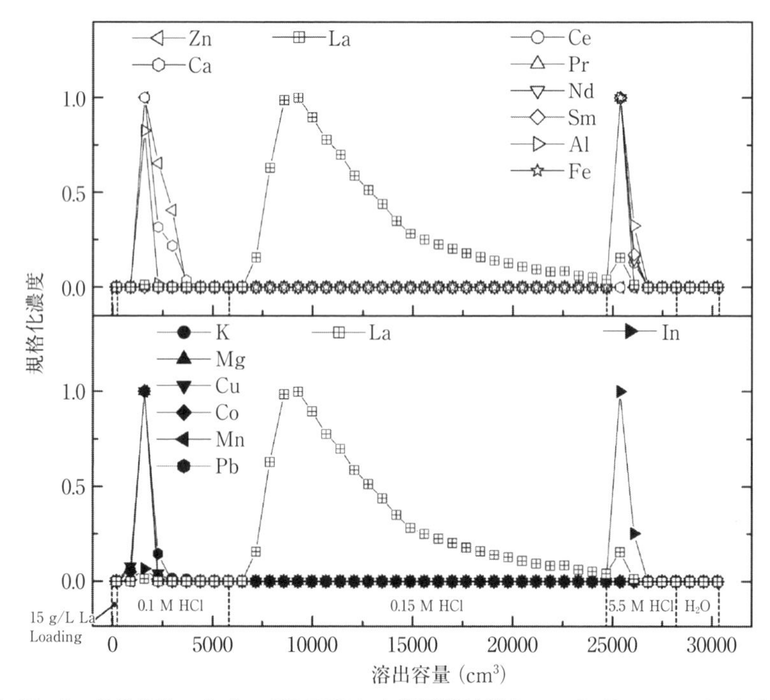

図 5.15　La 高純度化のための HDEHPA 含浸樹脂抽出クロマトグラフィーによる溶離曲線[9].

$$\cong 3\,\mathrm{pH} + 3\log c_{\overline{(\mathrm{HA})_2}} + \log K \qquad (5.11)$$

ここで，c はモル濃度である．各イオン濃度は十分希薄であるため，活量係数を1に近似した．式(5.11)から傾きは3になることがわかる．HDEHPA による溶媒抽出でも，含浸樹脂への吸着においても傾きが3になることが実験的に確かめられ，溶媒抽出による吸着機構が含浸樹脂でも維持されることがわかる．

図 5.14 から La, Ce, Pr, Nd, Sm のうち，$0 < \mathrm{pH} < 0.8$ および(1 M＞HCl＞0.16 M)の範囲で展開すれば，精製目的元素である La が最初に溶出することがわかる．この選択性を考慮して構築した溶離曲線を**図 5.15** に示す．原料液はまず 0.1 M-HCl で展開され，Zn, Ca, Al, K, Mg, Cu, Co, Mn, Pb が溶出する．次に 0.15 M-HCl で展開すると La のみが溶出し，高純度化される．La 回収率は 90% 以上で，試験した不純物の除去比はいずれも 1000 以上を達成した．

表 5.5 に，市販 $LaCl_3 \cdot 7H_2O$ を原料とし，いったん HCl 水溶液に溶解しシュウ酸塩

表 5.5　La_2O_3 中 La に対する不純物濃度(mass ppm)[9].

希土類元素	A	B	C
Sc	0.012	<0.01	<0.01
Y	0.64	<0.01	0.11
Ce	8.4	0.49	0.10
Pr	3.7	0.34	4.2
Nd	3.7	0.096	1.5
Sm	5.7	<0.01	0.37
Eu	3.2	0.039	1.4
Gd	3.1	<0.01	0.40
Dy	0.022	<0.01	0.85
Yb	0.85	<0.01	0.27
希土類元素中 La_2O_3 純度(mass%)	99.995	99.9998	99.9989
希土類以外の元素			
Mg	1.5	1.4	1.7
Al	10	2.6	4.7
K	6.2	4.4	6.2
Ca	9.5	1.8	5.7
Cr	3.2	0.40	1.0
Mn	2.6	0.049	1.3
Fe	3.1	3.4	4.7
Cu	0.45	0.22	2.9
Zn	0.51	0.11	2.8
Ga	1.1	0.063	0.054
Se	0.79	0.16	4.3
Sn	4.0	0.51	3.3
Hf	0.020	0.010	<0.01
Ta	9.5	0.90	11
W	0.010	<0.01	0.026
Pt	0.45	<0.01	0.44
Bi	0.40	<0.01	<0.01
純度(mass%)	99.97	99.996	99.992

沈殿して作製した La_2O_3(A)，回収した高純度 $LaCl_x$-HCl 溶液から作製した La_2O_3(B) および市販高純度 La_2O_3(C)の純度表を示す．A と B を比較すると希土類元素はすべて低減されており，La に対して 1 mass ppm 未満を達成している．(C)では Pr，Nd，Eu が 1 mass ppm 以上であり，本高純度化工程が非常に有効であることが明らかにされ

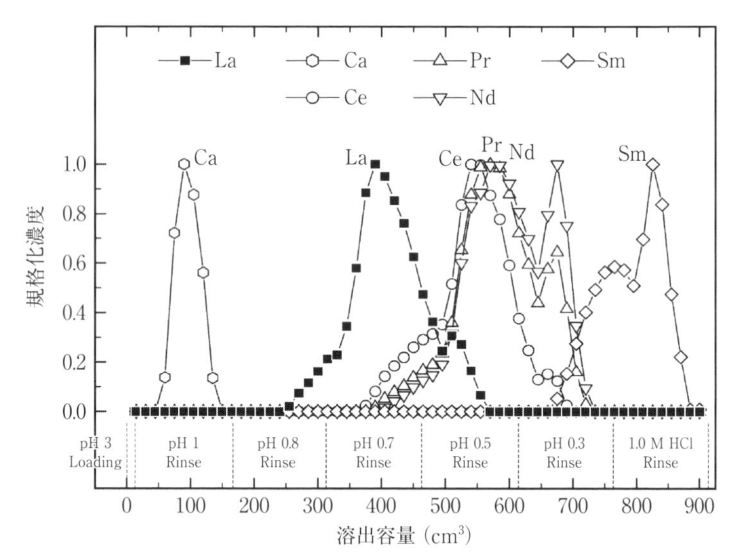

図 5.16　La，Ce，Pr，Nd，Sm の相互分離を検討した HDEHPA 含浸樹脂抽出クロマトグラフィーによる溶離曲線[10].

た．加えて希土類元素以外でも効率的な除去が実現できた．

ここでは La の高純度化について述べたが，図 5.14 でそれぞれの平衡分配係数には差があることから，La，Ce，Pr，Nd，Sm の相互分離が可能であることが予測される．**図 5.16** に展開溶媒の pH を少しずつ減らしていったときの溶離曲線を示す．pH 0.7 で La が一気に溶出し，遅れて Ce，Pr，Nd の順で溶出している．これは平衡分配係数の順序と同一である．展開液の pH 調整を精密に行えば，これら希土類元素の相互分離は十分に可能であることがわかる．溶離曲線が重なる部分が多いが，陰イオン交換精製法で述べた多段カラムクロマトグラフィーを応用することで，高い分離効率を実現できる．

このように有機溶媒含浸樹脂抽出クロマトグラフィーは，陰イオン交換クロマトグラフィーでは分離が困難なイオンの分離を可能にする．現在までに用途に沿った有機溶媒が数多く報告されており，多くの元素の高純度化が可能である．陰イオン交換クロマトグラフィー，有機溶媒含浸樹脂抽出クロマトグラフィー，それぞれ単独では精製が難しい場合でもこれらを組み合わせることで，あらゆる元素からのほぼすべての不純物元素の分離が可能であると考えられる．

5.2　放射性物質の分離と素材製造

放射性物質に関わる素材製造については，核燃料のように放射性物質からなる素材を製造する場合と，素材から放射性物質を分離・除去する場合がある．前者では，通常のプロセスを適用して，目的とする素材を製造する．この際，同位体間の分離を必要とする場合がある．後者の場合は，放射性同位体を含む元素を精密に分離して，素材の放射能レベルを下げることになる．特定の放射性物質を分離するプロセスは，2.3 節で述べているように，対象とする放射性物質がどのような状態で存在しているかによって，異なる元素間での分離や，同族間分離，さらには同位体分離そのものを利用することになる．本節ではそれらの素材製造プロセスの基本となる放射性物質の性質および分離法の特徴等について述べ，具体的な例を挙げて説明する．これらを背景に，本節では，(A)同位体分離，(B)核燃料製造，(C)ウラン濃縮，(D)低 α 高純度素材製造について述べる．

A.　同位体の分離[19, 20]

同位体は同じ原子番号をもつが，質量数すなわち中性子数が異なる核種である．水素の場合では軽水素(^{1}H)や重水素(^{2}H，D)，三重水素(^{3}H，T)がある．中性子数が異なることから，核的特性は異なるが，同位体の化学的性質は非常に似ているので，同位体の相互分離は，同族あるいは異族に属する元素間に比べると非常に難しい．しかし，同位体の質量差に起因する物理的・化学的性質の違い(同位体効果)を利用して分離が可能となる．化学反応における同位体効果には，原子の同位体を置換して起こる反応速度の変化と，同位体交換平衡における挙動の差異がある．主な同位体の性質と分離法について，**表 5.6** にまとめて示す．天然の存在比に対して，原子炉等核反応に関わるところで同位体の性質を利用するために同位体間の分離を必要としている．ここでは，水素同位体の分離について説明する．

水素同位体分離の例としては，原子炉の中性子減速材に用いる重水を得るために，天然水中に約 150 ppm 存在する D(重水素)を濃縮する重水製造あるいは再濃縮の他，原子炉中にて発生する T(トリチウム)の除去処理がある．水素同位体分離法としては，蒸留法，電解法および化学交換法などがある．ここでは，D と T の分離に適用される化学交換法の，二重温度交換法について述べる．**図 5.17** には二重温度交換法による水素同位体濃縮プロセスの概略を示す．基本反応は，式(5.12)で与えられる水素-水蒸気

表 5.6　同位体の性質と分離法と用途.

元素	対象核種	半減期	天然存在比(%)	分離法	分離係数	用途
水素	H D T	stable stable 12.26 y	99.985 0.015 0	化学交換反応	1.026	重水製造 汚染水処理
リチウム	^{6}Li ^{7}Li	stable stable	7.5 92.5	化学交換反応	1.026	核融合
ホウ素	^{10}B ^{11}B	stable stable	20.0 80.0	化学交換反応	1.03	制御材
ウラン	^{238}U ^{235}U	4.5×10^{9} y 7.0×10^{8} y	99.28 0.711	物理法(遠心分離等) 化学法	1.0043 1.0013	核燃料 親物質

間の交換反応と，式(5.13)で与えられる水蒸気–水間の交換反応である.

$$HD(g) + H_2O(g) \rightleftharpoons H_2(g) + HDO(g) \quad (5.12)$$

$$HDO(g) + H_2O(l) \rightleftharpoons H_2O(g) + HDO(l) \quad (5.13)$$

式(5.12)の反応について，低温 298 K(25℃)および高温 398 K(125℃)の分離係数 α は，それぞれ 3.81 および 2.43 であり，両者の比(α_{25}/α_{125})は 1.57 となる．高温部および低温部にて，式(5.13)の反応により，重水素が濃縮された D_2O を得る．水/水素分子間の交換を促進するために白金触媒などを使用するが，水蒸気による白金触媒の劣化を防ぐために，水素交換系における水蒸気の混入を低減する必要がある．また，原子炉中では中性子との反応により T が生成し，重水中にトリチウム水(T_2O や TDO)が共存するので，水素同位体分離法により重水から分離・除去して，許容レベル以下にする.

B.　ウラン燃料製造[21-24]

核燃料物質であるウラン(U)は，海水中に 3 ppb，地殻中に 2.3 ppm と広く存在し，その同位体組成は ^{238}U : 99.275%，^{235}U : 0.720% および ^{234}U : 0.005% である[25]．U を含む鉱物は，一次鉱物として UO_2 および U_3O_8 からなる閃ウラン鉱やレキ青ウラン鉱のほか，二次鉱物としてカルノー石($K_2(UO_2)_2(VO_4)_2 \cdot nH_2O$)やリン灰ウラン鉱($Ca(UO_2)(PO_4)_2 \cdot nH_2O$)がある.

図 5.18 に，U 鉱石であるピッチブレンドからの U の分離・精製と UO_2 および金属 U 製造について示す．精鉱を湿式粉砕したのち，硫酸により溶解する．この際，酸化反応を促進するために MnO_2 などの酸化剤を添加して，U の溶解を促進させる．関連

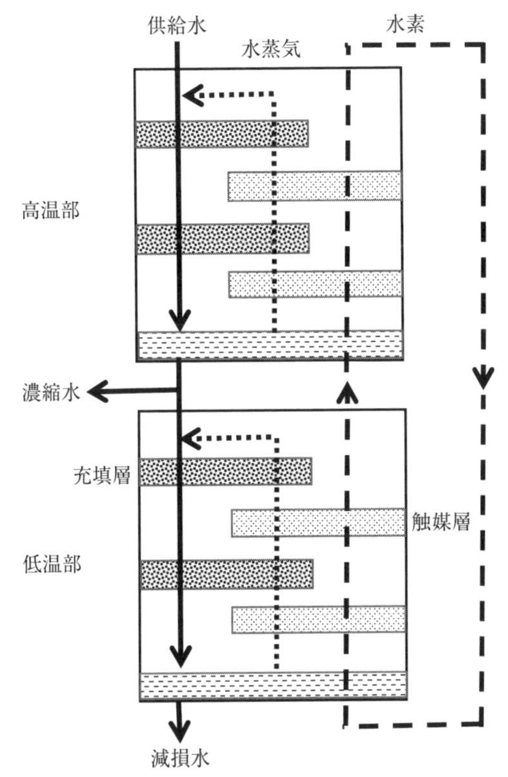

図 5.17 二重温度交換法による水素同位体濃縮プロセス[19].

する反応は次式で表される.

(1)酸化 $UO_2+1/2O_2 \rightarrow UO_3$ (5.14)

$U_3O_8+1/2O_2 \rightarrow 3UO_3$ (5.15)

(2)溶解 $UO_3+2H^+ \rightarrow UO_3^{2+}+H_2O$ (5.16)

$U_3O_8+1/2O_2 \rightarrow 3UO_3$ (5.17)

鉱石中に石灰石などが多く含まれる場合，硫酸と反応して消費してしまう．この場合には，U を炭酸ナトリウム溶液により炭酸ウラン錯イオンとして溶解する炭酸塩浸出法が用いられる．この溶解反応は，UO_2 および UO_3 について次式で表される．

$$UO_2+1/2O_2+3CO^{2-}+H_2O \rightarrow UO_2(CO_3)_3^{4-}+2OH^- \quad (5.18)$$

$$UO_3+3CO_2^{2-}+H_2O \rightarrow UO_2(CO_3)_3^{4-}+2OH^- \quad (5.19)$$

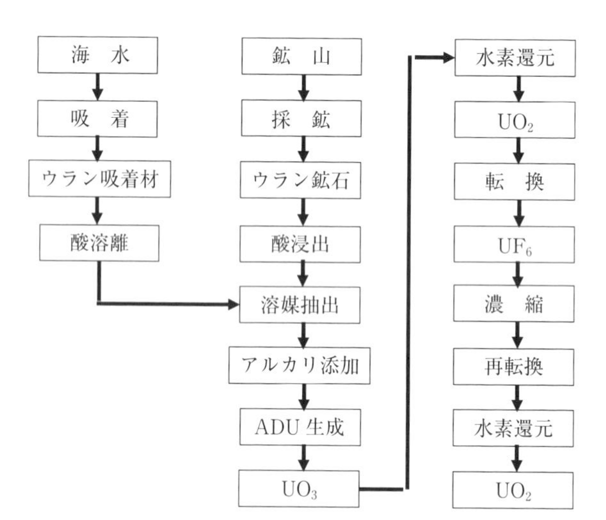

図 5.18　U 鉱石の湿式処理プロセスと海水からの U 回収プロセスの比較.

溶解後は，イオン交換あるいは溶媒抽出法(第 3 章参照)により精製後，U 溶液を得る．続いて NH_4OH などアルカリの添加により，重ウラン酸塩(ADU, Ammonium Di-Uranate)の沈殿とし，イエローケーキを得る．

$$2UO_2^{2+} + 2NH_4^+ + 6OH^- \rightarrow (NH_4)_2U_2O_7 + 3H_2O \qquad (5.20)$$

希硫酸の場合には，MnO_2の溶解性が低下するので，Fe^{2+}イオンを添加することにより，溶解を促進させせ，U の酸化剤としての効果が高まる．

$$MnO_2 + 2Fe^{2+} + 4H^+ \rightarrow Mn^{2+} + 2Fe^{3+} + 2H_2O \qquad (5.21)$$

このようにして，U 鉱石からイエローケーキを製造後，フッ化処理により UF_6 とし，U 濃縮を行う．濃縮された UF_6 は水蒸気との反応による再転換により濃縮 UO_3 を得た後，約 1873 K で水素還元して，UO_2 粉とし，燃料ペレット用に供する．

一方，海水からの U 回収も試みられている．1970 年代に無機吸着材として含水酸化チタン[$TiO(OH)_2$]が用いられたが，プラント化には課題があった．この点については，1980 年代より有機吸着材が開発され，アミドキシム系吸着材について放射線クラフト重合により強度をもつ吸着材が合成できるようになり，モール状の吸着材を海水中に設置することで，約 10 万倍に濃集して回収できることが確認されている[26]．海水からの U 回収については，U 鉱石の場合との比較を図 5.18 に示す．鉱山からの採鉱後，酸浸出，精製工程を経て，イエローケーキを得ている．これに対して，海水プロセスでは，吸着材からの溶離後，精製工程へつながるので，鉱石処理の場合に比べると，採鉱，粉砕等の工程が省略できる．ただし，U 鉱石の品位は 0.1-0.3% 程度ではあるものの，この値は海水中の U 濃度に比べれば十分高い．したがって，海水 U の利用は，鉱石資源の枯渇と価格高騰によっては，具体化への試みの再検討が考えられる．

C. 化学法によるウラン濃縮[27,28]

ウラン濃縮には，遠心分離法やガス拡散法など物理的性質を利用する分離法が主として工業的に利用されているが，液相を介した同位体交換反応を利用する化学法もある．化学法では異なるウラン化学種間の同位体平衡反応が 1 より偏っていることを利用するもので，種々の配位子を用いる錯体形成反応や，U の酸化還元平衡反応がある．錯体形成反応の場合に比べて酸化還元平衡反応を利用する場合の濃縮程度が高いので，(1) UO_2^{2+}/U^{4+} 間および(2) U^{3+}/U^{4+} 間の酸化還元平衡を用いる濃縮法が研究されている．**図 5.19** は，(1)の方法の模式図を示す．ここでは，イオン交換樹脂を充填した濃縮塔を用い，入口側の還元剤と出口側の酸化剤に挟まれたウラン吸着帯を形成させる．UO_2^{2+} および U^{4+} が共存する水溶液を UO_2^{2+} を吸着する陰イオン交換樹脂に通じて，同位体平衡反応を繰り返して濃縮する．図中，水溶液と樹脂間はイオン交換反応であり，それぞれの相内では電子交換反応である．水溶液中での UO_2^{2+}/U^{4+} 間の平衡反応は，次式で与えられる．

$$^{238}UO_2^{2+} + {}^{235}U^{4+} \rightleftharpoons {}^{235}UO_2^{2+} + {}^{238}U^{4+} \tag{5.22}$$

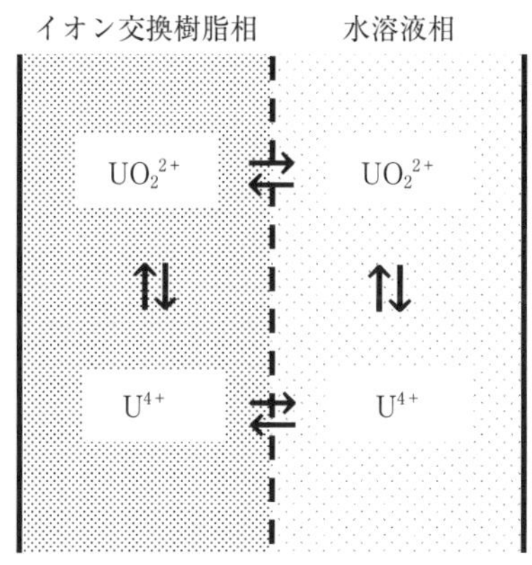

図 5.19 UO_2^{2+}/U^{4+} 系化学法における同位体交換反応の模式図[27]．

つまり，入口側に比べ，出口側では，UO_2^{2+} に ^{235}U が濃縮されることになる．この式の濃縮係数 ε は，式(5.23)で与えられ，0.0013である．

$$\varepsilon = \frac{^{235}UO_2^{2+}/^{238}UO_2^{2+}}{^{235}U^{4+}/^{238}U^{4+}} - 1 \quad (5.23)$$

ここで，溶液に Cl^- のような配位子を添加することによって溶液中での U^{4+} の存在比を高める還元側に設定し，また，樹脂内部では UO_2^{2+} の存在比が高くなるように選択性を高めることで，濃縮効率を上げることができる．実際のプラントでは，シリカ系の多孔質担体を用いて機械的強度を向上させたイオン交換樹脂を用い，かつメートルオーダーの大口径の濃縮塔を用いることにより，数10日間の運転によって，天然Uから軽水炉燃料として必要な3%濃縮Uを得ている．

D．低 α 高純度素材の製造[29]

電子回路等に利用するはんだ材については，放射線による誤動作を低減するために，放射性物質濃度を極力低減した，つまり，放射能について高純度化を図った素材製造が要求される．例えば，ビスマス(Bi)は純度が4 N(99.99%)から5 N(99.999%)相当(O, N, C, H等のガス成分は除く)の素材が製造されている．市販のBi製品については，Bi中の微量成分値にはほとんど差がないものの，表面 α 線計数率は0.2から1100 cph/cm^2 にわたっており，国内製品よりも海外製品に高い放射能が見られる．このように，Biの α 放射能量について，化学分析値で評価することは難しい．Biは主に鉛精錬の副産物として生産される他，銅鉱石や錫鉱石から生産する場合もある．また，製錬方法についても，原料に対応して蒸留法，湿式分離法，電解法等を適用している．したがって，α 放射能量の大きな差異は，原料および製錬工程の違いによる α 核種の含有量および精製効果が生むものと考えられる．

天然Biは，^{209}Bi からなる安定同位体と考えられていたが，2003年に ^{209}Bi が 10^{19} 年という超長半減期で，α 崩壊により ^{205}Tl に壊変する放射性同位体であることが判明した．この ^{209}Bi がBi素材の α 線源ならば，Biを低 α 化は難しい．そこで，40 mm角のBi板についてSi半導体検出器により約38日間 α 線スペクトル測定した結果を**図5.20**に示す．この結果から，^{210}Po のピークのみが検出され，Bi中の α 線は，ウラン系列の ^{210}Po(半減期138.4日)によるものであることが確認できる．^{210}Po の α 崩壊は，以下の反応である．

$$^{210}Po \rightarrow {}^{206}Pb + {}^{4}He \quad (5.24)$$

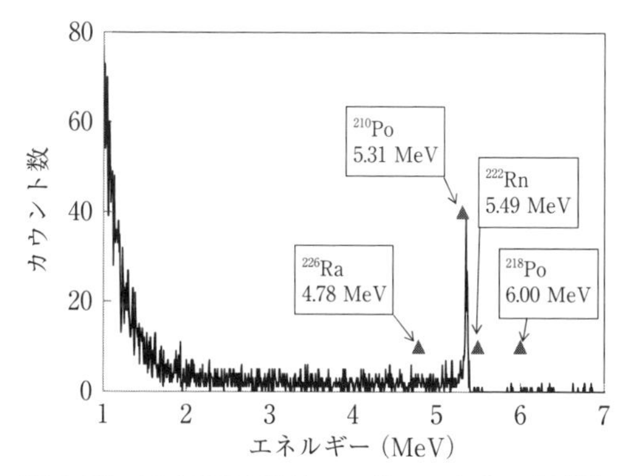

図 5.20　国内産 Bi 素材の α 線スペクトル例[29].

また，α 線スペクトル測定の結果から，上記 ^{209}Bi や，ウラン系列中の主な放射核種である ^{226}Ra は影響していないことも判明している.

Bi 素材中の α 線がすべて ^{210}Po に起因するものとして，α 線計数率から Bi 中の ^{210}Po 含有量を推定すると，国産の 4 N-Bi でも ^{210}Po の含有量は 1 pg/kg(＝10^{-6} ppb)未満であると考えられる．このことから，低 α-Bi 素材を製造するためには，極微量の ^{210}Po を Bi 中から除去する必要がある．**図 5.21** に低 α-Bi の製造プロセスの概略を示す．市販の 4 N-Bi を原料とし，溶解，鋳造後，アノードに成型する．次に，硝酸溶液中でアノード溶解し，Po を含む Bi 溶液を得る．この Bi 溶液を陽イオン交換樹脂に通じて，Po を吸着させて溶液から除去する．このプロセスでは，溶液中の一部の Bi も陽イオン交換樹脂に吸着して除去されるが，適量の樹脂を用いることで，大部分の Bi を溶液中に残したまま，Po を溶液から除去できる．Po 除去後の Bi 溶液から電解により金属 Bi 電析物を得て，この電析物を溶解，鋳造して低 α-Bi 鋳塊を得る．つまり，Bi 中の鉛は電気分解で，Po は陽イオン交換樹脂で除去している.

本方法によって得られる Bi は，ガス成分を除いて純度 6 N，α 線計数率が 0.001 cph/cm^2 未満である．また，Bi 中の Pb は電気分解により，グロー放電質量分析の定量下限値(0.05 ppm)未満まで除去できる．実際に ^{210}Pb の低減効果について，電解により鉛のみ除去後の Bi について α 放射能量の経時変化を調べた結果を，**図 5.22** に示す．作製直後(0 日)の α 線計数率は 0.080 cph/cm^2 であるが，800 日後には 0.001 cph/cm^2 まで低減している．さらに α 線計数率の減衰曲線から求めた半減期は 126 日であり，^{210}Po の半減期 138 日に対応する．1300 日後の α 線計数率は，0.001 cph/cm^2 未満であ

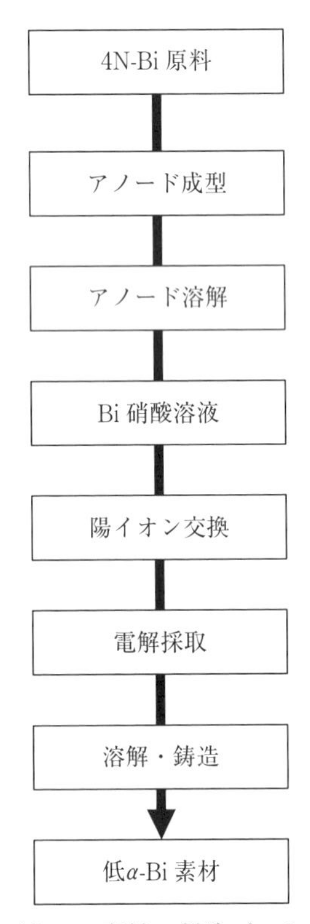

図 5.21　低 α-Bi 素材の製造プロセス概略図.

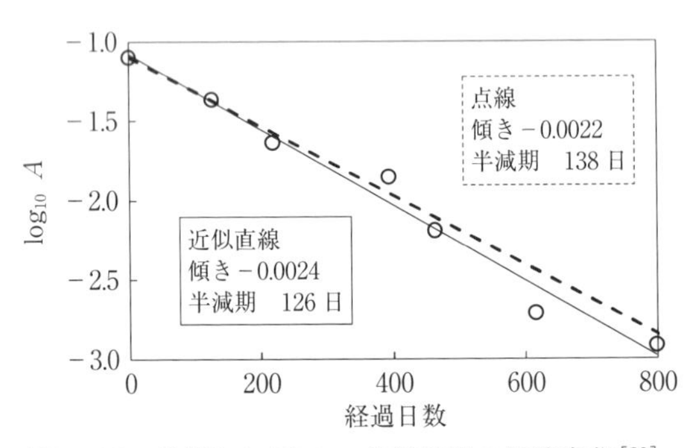

図 5.22　精製した Bi の α 放射能量の経時変化[29].

ることも確認できる．この場合，$^{210}Pb \rightarrow {}^{210}Bi \rightarrow {}^{210}Po \rightarrow {}^{206}Pb$ の壊変は放射平衡に達しており，精製後の Bi 中の ^{210}Pb も十分に低減されている．したがって，図 5.21 のプロセスにより ^{210}Pb および ^{210}Po を除去した低 α-Bi の作製が可能であるといえる．

このように，化学分離プロセスおよび放射性物質の崩壊特性を利用することによって，低 α 素材，すなわち，放射能濃度に関わる高純度化を達成した素材製造ができる．

参考文献

［1］ M. Isshiki, K. Mimura and M. Uchikoshi : Thin Solid Films, **519** (2011) pp. 8451-8455.

［2］ W. G. Pfann : Zone melting 2nd edition, Wiley, New York (1966).

［3］ M. Isshiki and K. Igaki : Technology Reports, Tohoku University, **44** (1979) pp. 331-355.

［4］ T. Kitahara, K. Tanada, S. Ueno, K. Sugioka, M. Kubo, T. Tsukada, M. Uchikoshi and H. Fukuyama : Metall. Mater. Trans. B, **46B** (2015) pp. 2706-2712.

［5］ Y. Waseda and M. Isshiki, Eds. : Purification Process and Characterization of Ultra High Purity Metals, Springer-Verlag Berlin Heidelberg New York, Berlin (2001).

［6］ M. Uchikoshi, K. Imai, K. Mimura and M. Isshiki : J. Mater. Sci., **43** (2008) pp. 5430-5435.

［7］ K. Mimura, Y. Ishikawa, M. Isshiki and M. Kato : Mater. Trans. JIM, **38** (1997) pp. 714-718.

［8］ 矢沢彬編集：講座・現代の金属学製錬編 2「非鉄金属製錬」，日本金属学会 (1980) pp. 194-204.

［9］ G.-S. Lee, M. Uchikoshi, K. Mimura and M. Isshiki : Metall. Mater. Trans. B, **41B** (2010) pp. 509-519.

［10］ G.-S. Lee, M. Uchikoshi, K. Mimura and M. Isshiki : Sep. Purif. Technol., **67** (2009) pp. 79-85.

［11］ 宋秀善，三村耕司，一色実：日本金属学会誌，**63** (1999) pp. 753-759.

［12］ 三菱化学イオン交換樹脂事業部：DIAION™ 1 イオン交換樹脂・合成吸着剤マニュアル，三菱化学イオン交換樹脂事業部 (2007).

［13］ M. Uchikoshi, T. Nagahara, J.-W. Lim, S.-B. Kim, K. Mimura and M. Isshiki : High Temp. Mater. Processes, **30** (2011) pp. 345-352.

［14］ 橋本健治：クロマト分離工学―回分から擬似移動層操作へ，培風館 (2005).

［15］ K. A. Kraus and F. Nelson : J. Am. Chem. Soc., **76** (1954) pp. 984-987.

［16］ M. Uchikoshi, H. Shibuya, T. Kékesi, K. Mimura and M. Isshiki : Metall. Mater. Trans. B, **40** (2009) pp. 615-618.

［17］ 前田佳均：金属，**81** (2011) pp. 970-975.

［18］ M. Uchikoshi, Y. Yamada, Y. Baba, J. Onuki, K. Mimura and M. Isshiki : High Temp. Mater. Process, **29** (2010) pp. 469-481.

［19］ 石田孝信(編集委員会編)：原子力・量子・核融合事典，第Ⅲ分冊，p. Ⅲ-15，丸

善出版(2014).

[20]　M. Seko, K. Takeda and H. Onitsuka : J. Nucl. Sci. Tech., **27**(1990) pp. 983-995.

[21]　足立吟也監修：レアメタル便覧，第Ⅲ分冊，第6章，丸善出版(2010).

[22]　F. Habashi : Principles of Extractive Metallurgy, “Vol. 2 Hydrometallurgy”, Gordon and Breach (1980) Chap. 3.

[23]　菅野昌義：原子炉燃料，東京大学出版会(1976).

[24]　日本金属学会編：非鉄金属製錬，現代の金属学，製錬編 2(1980).

[25]　J. Emsley : The Elements, Clarendon Press, Oxford (1989).

[26]　玉田正男：レアメタル・希少金属リサイクル技術の最前線(2011) pp. 95-104.

[27]　川上文明(編集委員会編)：電子力・量子・核融合事典，第Ⅲ分冊，p. Ⅲ-168, 丸善出版(2014).

[28]　玉田正男：原子力 eye, **54**(2008) pp. 4-32.

[29]　細川侑，郷原毅，澤渡博信，桐島陽，佐藤修彰：金属，**86**(2016) pp. 1007-1012.

第6章

廃棄物処理と環境・リサイクル

6.1　物理的・化学的処理

近年，資源の有効利用，最終処分場の延命化を目的として，廃棄物の再使用，再生利用，熱回収を促進するため，各種リサイクル法が制定されている．廃棄物に含まれる金属類のリサイクルに関連する法律として，家電リサイクル法，小型家電リサイクル法，自動車リサイクル法，容器包装リサイクル法，資源有効利用促進法が施行されており，廃棄物から金属類を回収して製錬原料としての利用が行われている．例えば2014年度に生産された銅地金の9.1%が銅スクラップから生産され，国内で供給されたアルミニウム地金の約30%がアルミスクラップから生産された二次地金である．また，銀717トン，金4.7トンが廃棄物から回収された[1]．

廃棄物中の対象金属の品位は，製錬原料としては低いため，他の物質と分離・回収して品位を高め，また，製錬工程における忌避物質を除去しなければならない．この目的のための処理工程には，選鉱・選炭分野で発達し，実操業で用いられている固体選別技術が利用されている．これらは，固体固有の，あるいは何らかの前処理により付加した物理的・化学的性質の差違を利用して分離する技術である．本項では，金属のリサイクルを目的とする選別に用いられている固体選別技術を説明し，廃棄物からの金属の回収等に関する研究例・操業例を紹介する．

磁気選別

リサイクルための磁気選別では，**図6.1**に示すような，乾式ドラム型磁気選別機，ハンギングマグネットが用いられている．磁石としては，レアメタル永久磁石や電磁石が用いられている．九州メタル産業(株)では，ハンマーミルで粉砕した廃自動車15000台分の粉砕産物(7000トン)から5177トンの鉄類を磁着物として回収した結果を報告している[2]．

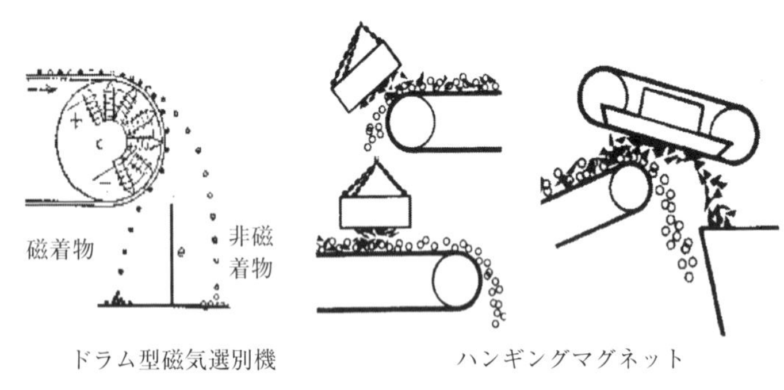

図6.1　磁気選別装置.

比重選別

比重選別は，分離回収の対象物質の比重(密度)が他の物質の比重と異なる場合に利用可能な分離法である．主な比重選別法を，乾式と湿式とに分けると以下のように分類できる．

乾式比重選別：風力選別，流動層選別，エアテーブル，揺動テーブル等[3]

湿式比重選別：重液選別，薄流選別[3]，ジグ選別等

これらのほとんどの分離法は，選鉱・選炭のために開発・発展した技術である．これらの分離法の詳細は，選鉱・選炭に関する専門書[4-6]を参照されたい．

A.　乾式比重選別

乾式比重選別の長所と短所は，以下の点が考えられる．

長所

①装置が比較的簡単である．

②処理後の乾燥工程が不要である．

短所

①騒音や粉塵を発生することがある．

②試料の付着水分を制御する必要がある．

③液体中に比較して，空気中の粒子の運動速度(主に落下速度)が速いため，湿式法に比べ分離精度が劣る．

乾式比重選別法として，風力選別，エアテーブルおよび流動層選別の要点について説明する．

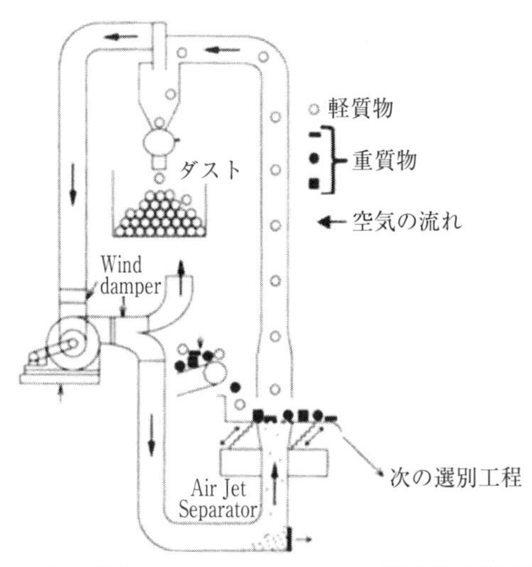

図 6.2　廃自動車リサイクルプロセスの縦型風力選別機[2].

(1)　風力選別

風力選別装置には，縦型風力選別機，ジグザグ選別機等がある．縦型風力選別機は，縦型のカラムに上向流を供給し，風量を調整することにより，低比重物をカラム上部，高比重物を下部から回収する．九州メタル産業(株)では，廃自動車の破砕産物から磁気選別により鉄類等を回収した後，縦型風力選別機で軽質物(綿・スポンジ類，軽質プラスチック類等)と重質物(非鉄金属類，ガラス類)を分離している[2]．**図 6.2** に模式図を示す．廃自動車 15000 台の粉砕産物(7000 トン)から 1594 トンの軽量産物を回収した．軽質物，重質物は，さらに種々の固体選別法より分離処理され，再生利用される．

効率よく分離を行うため，アクセラレータをつけた縦型風力選別機の研究も行われている[7]．この選別装置(**図 6.3**)は，カラム(内径 60 mm)の一部に断面積の狭い円筒(アクセラレータ，内径 52 mm，幅 50 mm)を複数個挿入し，その部分で空気流速を速めて，浮揚しやすい粒子にさらに浮揚力を与えカラム上部で回収する．一方，十分な浮揚力を与えられない粒子は，アクセラレータ部で失速しやすくなり落下し，カラム下部から回収する．アクセラレータの設置により空気流速が遅くても高い分離効率が得られることが報告されている．

大木ら[8]は，2 段の縦型風力選別装置の電子素子用の風力選別装置を開発した．この装置では，電子素子混合物を低比重，中間比重および高比重の三つのグループに選別回

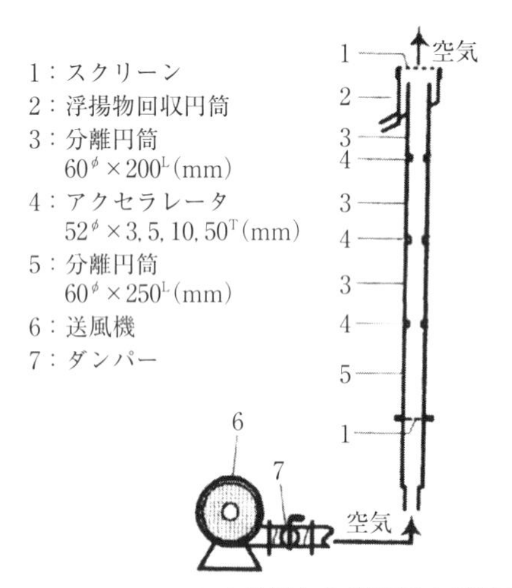

図6.3　アクセラレータを設置した縦型風力選別機[7].

収できる．傾斜弱磁力磁選機と併用することにより，タンタルコンデンサーを中間比重産物として，最大95%の品位で回収できることが確認されている．

風力選別では，試料サイズの制御が重要である．ふるい分けした粒状粒子の場合，各粒子の重量は比重にほぼ比例する．一方，板状粒子の場合は，ふるい分けで粒径を整えても厚さが異なると，各粒子の重量と比重との比例関係が成立せず，分離が難しくなると考えられる．伊藤ら[9]は，アクセラレータを設置した縦型風力選別機を用いて，廃棄物粉砕物の板状の樹脂とアルミニウム(Al)の選別を検討した．試料サイズは5.3 mm以下で，両試料とも類似の粒度分布を示し，50%径(メディアン径)はおよそ2.5-3 mm近辺である．樹脂の厚さはAlの厚さの4-6倍程度となっている．樹脂とAlの比重はそれぞれ1.2と2.7であるが，厚さが異なるため1個当たりの重量は樹脂がAlよりも大きくなると考えられる．風力選別実験では，比重の高いAlが浮揚し，空気流速が遅いとAl品位は高いが回収率が低く，逆に空気流速が速いと回収率は高いが品位は低くなる．風力選別では，試料の厚さも含む「ふるい分け」をしなければならない点に注意が必要である．

ジグザグ風力選別機は，上昇する気流の通路がジグザグになっており，選別機内壁への粒子の衝突や渦流による粒子の再分散と上昇流による分級が繰り返し行えるように構成されている．ジグザク選別機は，廃タイヤ，廃配線コード，ビル廃材の各種廃棄物や都市ゴミからの資源回収プロセスに活用されている.

(2) エアテーブル

エアテーブルは，エア・フロート・テーブル(air float table)とも呼ばれ，石炭やタングステン鉱の選鉱に用いられ，例えばタングステン鉱石の品位が，2.9% から 64% に高められたことが報告されている[4]. 近年は，穀物の分離や廃棄物からの有価物の分離・回収にも応用されている．実験室規模のエアテーブルの模式図を，**図 6.4**(a)に示す．試料はホッパーから振動フィーダを経て揺動デッキに供給される．台形形状の揺動デッキは矢印方向に揺動する．この揺動デッキの面は網面となっており，リッフルが設置されている．下部から空気流が網目を上方に吹き抜ける．また，揺動デッキの傾斜は，図の装置の正面から見て左右および前後に調節することができる．高比重粒子は，上昇空気流による浮揚が少なく，揺動運動によりリッフルに沿って傾斜の高い A 側方向に移動し，揺動デッキ面上を落下し重量産物として回収される．低比重粒子は，上昇空気流によってリッフルを乗り越えやすくなり，A 側方向への移動が少なく，デッキ面を滑落して仕切板により軽量産物として回収される(図 6.4(b))．廃棄プラスチック類を再資源化するためには，プラスチック類の種類ごとの分離が必須である．この目的に適合するエアテーブルを用いる分離が検討されている[10-12].

NKK 技研では，フィルム形状プラスチックを大量に含む使用済み容器包装用プラスチック類(廃プラスチック類)を高炉原料として利用するため，廃プラスチック類からの PVC，ポリ塩化ビニリデン等の塩素含有プラスチックのエアテーブルによる除去につ

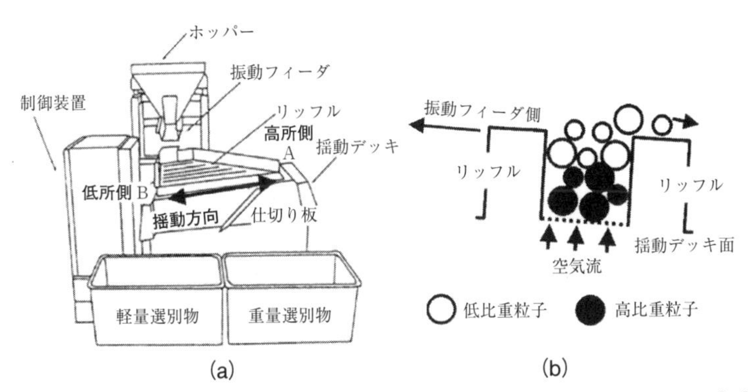

図 6.4 エアテーブルの概念図(a)，リッフルと粒子の挙動の模式図(b)[10].

いて検討した[13]．塩素濃度が2.8%の試料をエアテーブルで処理した場合，分離産物の塩素含有率が1.2%，歩留まり90%，PVC除去率が約60%の結果を得ている．さらに，PVCの除去率を高めるため，プラスチックの加熱による変形の違い，すなわち，PE，PS，PPは433 K（160℃）で粒状に変形すること，およびPVCは453 K（180℃）以上で変形することを利用する分離を検討した．廃プラスチック類を443 K（170℃）で加熱・造粒処理すると，PVC以外のプラスチック類は粒状になり，一方，PVCはフィルム状のままである．この試料をエアテーブルで処理すると，板状PVCはリッフルに沿って高所側に移動するが，PVC以外のプラスチック類は粒状のため，リッフルを乗り越えやすくなり，高所側（A側）に移動することなく落下する．仕切板を適切にセットすることによって，分離産物の塩素濃度0.7%で，歩留まり90%になることが確認されている．

廃電線の被覆プラスチックをリサイクルするため，エアテーブルを用いる廃電線破砕物のプラスチック類と銅線との分離について，検討が行われた[14]．この検討で用いた廃電線破砕物は4 mm以下のもので，銅線およびプラスチック類のメディアン径はそれぞれ1.06 mmと2.21 mmであった．揺動速度を調整することによって，分離効率がほぼ1の分離を達成できることが確認されている．なお，この研究で用いた装置は，米国で石炭の分離に使用されているエアテーブルであり，実操業にも適応が可能である．

（3）　流動層選別

流動層選別装置は，固気層分離装置とも呼ばれている．この装置の分離原理は以下のとおりである．下部からの送風により粉体を流動化させた固気流動層は，液体に類似した性質を有し，用いる粉体により固有の見かけ比重をもつ．層内に試料を供給すると，流動化粉体の見かけ比重よりも小さい比重の粒子は固気流動層を浮揚し，大きな比重の粒子は沈降する．押谷ら[15]は，**図6.5**に示す連続式流動層選別装置を用いて，自動車シュレッダーダスト（粒径20–50 mm）に含まれるプラスチック・ゴム（密度1200 kg/m^{3}前後）と配線（密度約3000 kg/m^3）との分離について検討した．流動化粉体としてジルコサンドを用いて，流動化粉体層の見かけ密度が約2300 kg/m^{3}となるように調整した．自動車シュレッダーダスト試料を流動化粉体層に供給し，浮揚物と沈降物をベルトコンベアで回収した．プラスチック・ゴムは，ほとんど沈降せずに浮揚物として回収された．配線の一部は沈降せず浮揚物として回収され，回収率は80%以上であった．最適条件においては，プラスチック・ゴムの回収率と純度は，それぞれ99.8%および99.7%であった．一方，配線の回収率と純度は，91.4%および99.3%であった．これら

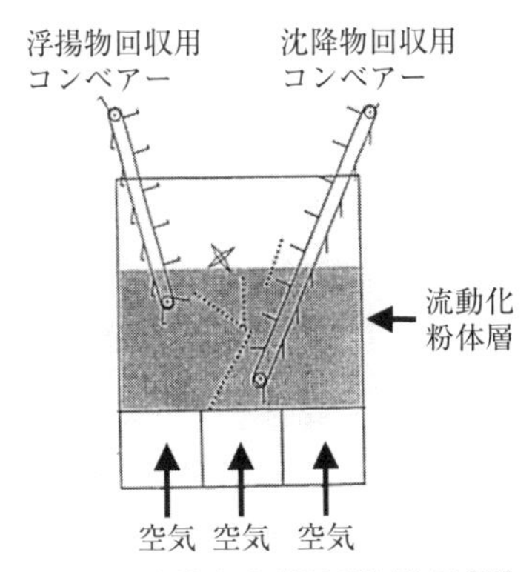

図 6.5 連続式流動層選別装置[15].

の成果に基づいて，Al と重金属(銅，亜鉛等)の分離あるいはプラスチック類の分離を目的とする，処理能力 500 kg/h の分離装置が製造されている[16].

B. 湿式比重選別

(1) 重液選別

分離回収対象の固体粒子の比重と，他の固体の比重との中間の比重を有する溶液に試料を供給すれば，溶液の比重より重い固体粒子は沈降し，比重の軽い固体粒子は浮上して両者を分離できる．分離に用いる液体には，比重の大きい真の溶液からなる重液と比重の高い固体の微粒子(重液材)を懸濁させて，見かけ比重を高めた擬重液がある．

重液分離の長所と短所は，以下のとおりである．

長所

①選別効率が高く，選別が鋭敏である．

②重液の比重が一定であれば，選別は安定して進行する．

短所

①粒径が小さい試料には適用できない．ドラム式比重選別装置の場合，適用可能粒径は 6 mm 以上である．

②重液の比重が限られている．

高比重の重液としては，テトラブロムエタン(比重 2.96)等の有機臭素・塩素化合物があるが，その毒性のため，現在は使用されていない．無機溶液としては塩化カルシウム溶液(比重 1.35)，塩化亜鉛溶液(比重 1.95)等がある．擬重液としては，重液材として

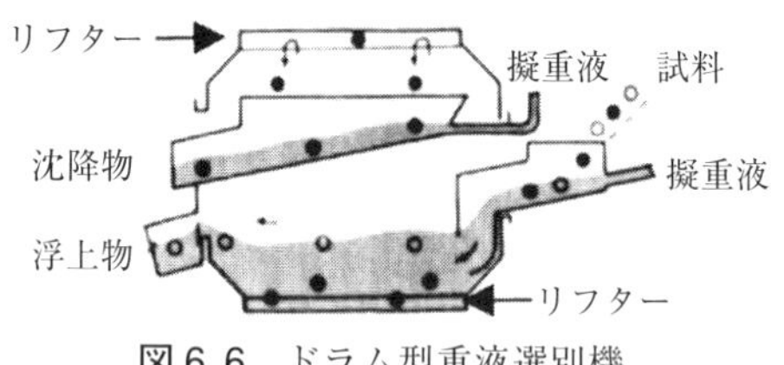

図 6.6　ドラム型重液選別機.

フェロシリコン(FeSi，比重は Si 含有量で異なるが，Si 含有量が 10% の場合，比重 7.0)や磁鉄鉱(Fe_3O_4，比重 5.2)等を用いて作製する．フェロシリコンのみを用いた場合，パルプ濃度を調整することにより，擬重液の比重を 2.9-3.4，磁鉄鉱のみの場合は 1.25-2.2，両者の混合懸濁液の場合は 2.2-2.9 に調整できる．

擬重液の比重 ρ_S は式(6.1)により算出できる．

$$\rho_S = \frac{100\rho}{W + (100 - W)\rho} \tag{6.1}$$

ここで，ρ は重液材の比重，W は擬重液 100 g 中の重液材の重量である．なお，フェロシリコンや磁鉄鉱を用いる擬重液では，安定剤として粘土粒子が添加される．

重液選別機としては，ドラム型とコーン型がある．ドラム型重液選別機(**図 6.6**)では，試料は擬重液とともに回転するドラム装置に供給され，比重の小さい粒子は浮上物として溢流排出される．比重の高い粒子は沈降し，ドラム内部に設置されているリフター(かき上げ板)により上部に運ばれ，沈降物回収トレーに落下しドラム外に排出される．排出された産物(浮揚物，沈降物)は，それぞれ一次スクリーニングにより擬重液が回収され再利用される．さらに，二次スクリーニングにおいて，散水により産物に付着している擬重液粒子(重液材)が分離され，磁気分離により回収され重液材として利用される．

(2)　ジグ選別

図 6.7 に，代表的なジグである Batac ジグの模式図を示す．試料を水中に固定した網上に供給し，固定網下に設置した空気室の空気量を変化させて，均一に上下に脈動する水流を発生させる．この脈動により固定網上で試料粒子の上下運動を繰り返すことにより，高比重の粒子を下層部に沈積させる．その上部に低比重の粒子を成層させて，それぞれの層を別々に取り出す．ジグ選別は，現在も選炭の主要な選別法として用いられている．処理能力が大きく，保守管理が容易なうえ，低い経費で運転できるため，近年

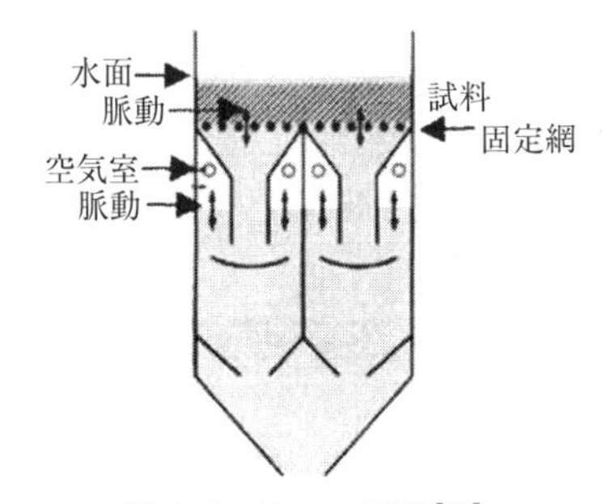

図 6.7 Batac ジグ[17].

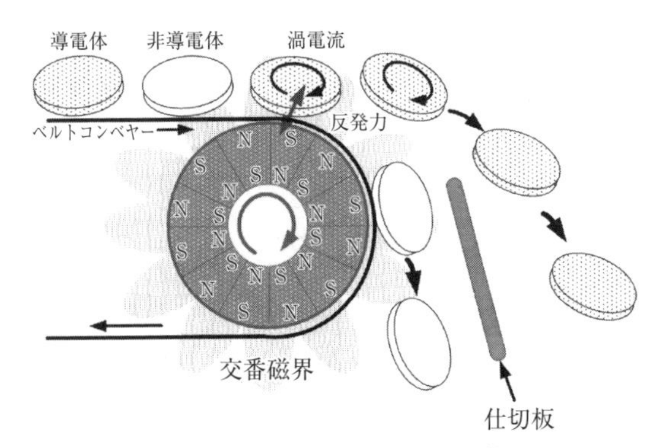

図 6.8 ドラム型渦電流選別機.

は，プラスチック類等の廃棄物のリサイクル・資源化を目的とする分離に用いられている．一般的なジグ選別の適用粒度範囲は，200-0.5 mm である．これよりも粗い粒子を対象とする ROMJIG(適用粒度 350-40 mm)や微粒子用のジグ(Altair 遠心ジグ，Kelsey 遠心ジグ，Packed Column ジグ等)が開発されている[17].

c. 渦電流選別

固体の導電性の違いにより固体を選別する．良導電性固体(金属片)を貫く磁力線の数が変化(磁束の変化)すると，金属片に誘導起電力を発生し，誘導電流(渦電流)が流れる(電磁誘導)．電磁誘導によって生じる誘導起電力は，それによって流れる誘導電流のつくる磁場が，磁場の変化を妨げる向きに生じる(レンツの法則)ため，金属片は磁気的反発力を受け，移動する．図 6.8 にドラム型渦電流選別機を示す．ドラムに磁極が交互

表6.1　主な金属の導電率と密度の比.

金属	導電率 A $\times 10^6\,\mathrm{S \cdot m^{-1}}$	密度 B $\times 10^3\,\mathrm{kg \cdot m^{-3}}$	A/B
Al	35.4	2.7	13
Mg	22.5	1.7	13
Cu	59.1	8.9	6.6
Zn	17.4	6.9	2.5
Pb	5	11.3	0.5

になるように永久磁石が装着されており，このドラムが高速で回転し，交番磁場が発生する．ベルトコンベアで運ばれてきた金属片が交番磁場に入ると渦電流が発生し，形成される磁場の向きがドラムの磁場のそれと反対のため，磁気的反発力によりドラムから飛ばされる．非導電性(プラスチック等)は，渦電流が発生しないため，ベルトコンベアから自然落下する．適切な位置に仕切板を設置することにより両者を分離することができる．磁気的反発力は，固体に発生する渦電流に大きさ，すなわち固体の導電率に比例し，磁気的反発による固体の移動量は固体の密度に反比例する．同形状，同サイズの金属の相対的な移動距離は，導電率と密度の比で比較することできる．主な金属の導電率と密度の比を，**表6.1** に示す．相対的移動距離は Al が最も大きく，Pb が小さいことがわかる．ただし，鉄類は渦電流選別装置の故障をもたらすため，実操業においては前処理として磁気選別を実施して，鉄等を除去しなければならない．

渦電流選別装置は，非鉄金属とプラスチック類・樹脂類等の分別に用いられている．Ruan ら[18]は，廃棄冷蔵庫の筐体を粉砕し，風力選別，磁気選別した後の残渣から渦電流選別によりプラスチック類，Cu，Al を選別・回収している．

D.　ソーター選別

ソーター選別は，近年著しく発展し，廃棄物や鉱物の選別に用いられている[19,20]．その原理は，ベルトコンベアで移動してくる試料粒子を1個ずつ各種センサーで分析し，そのデータをコンピュータで解析して各試料粒子を識別し，エアジェット等により種類ごとに定められた回収ボックスに移動させることで選別する．**図6.9** にガラス屑(カレット)の選別に用いられている色彩選別機(光学ソーター)を示す[21]．選別ダクトを滑走する各カレット(選別可能粒径，8-40 mm)の，照明ランプから照射される可視光線の透過光をカラーセンサーで測定することにより，そのカレットの色彩を識別し，

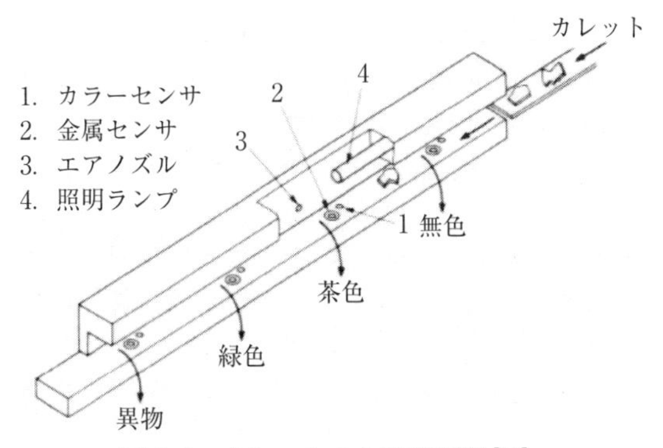

図 6.9 カレットの色彩選別機[21].

表 6.2 主なソーター選別.

近赤外線ソーター	固体の分子構造に依存する，近赤外線(波長 1100-2500 nm)の吸収スペクトルから試料を識別・選別する
光学ソーター	試料に可視光(波長 400-700 nm)を照射し，その反射光または透過光の明度，彩度，色相から試料を色識別し，選別する
電磁誘導ソーター	試料が磁界を通過するときに発生する渦電流を測定し，その特性から試料を識別・選別する
透過 X 線ソーター	X 線透過率は固体の密度に依存することから，透過率を測定して固体を識別・選別する
レーザー 3D 解析ソーター	試料を線状レーザー光でスキャンし，得られた試料の 3 次元形状データ(サイズ・形状)から試料を識別する
蛍光 X 線ソーター	固体への X 線照射時に発生する蛍光 X 線を分光して，固体表層の定性・定量分析を行い，固体を識別する
レーザー誘起プラズマ分光分析ソーター	試料に高出力パルスレーザーを集光照射し，プラズマを発生させ，その発光スペクトルを測定して，試料を定性・定量分析して，識別・選別する

「無色」,「茶色」,「緑色」の回収ボックスにエアジェットにより移動させる.

主なソーター選別を，**表 6.2** に示す．ソーター選別は，主にカレットやプラスチック類の選別に用いられている．また，透過 X 線ソーターと蛍光 X 線ソーターを併用するアルミニウムスクラップに含まれるサッシ原料となる 6063 アルミ合金と，他のアルミ合金とを選別・回収する研究も行われている[22].

6.2　放射性廃棄物処理

放射性廃棄物はわが国では原子力のエネルギー利用と放射線の利用から発生する．廃棄物の物量および含まれる放射能量を考えれば，原子力発電に使用する核燃料の製造から使用，再処理および再利用からなる核燃料サイクルより発生する放射性廃棄物がその中心となり，それ以外の研究機関や大学，医療機関，原子力以外の民間企業活動によって発生する放射性廃棄物とは区別される．**図6.10**に発生源から区分した放射性廃棄物を示した．日本では使用済核燃料の再処理によって発生する非常に放射能量の多い高レベル廃液をガラス固化した物のみを高レベル放射性廃棄物と呼び，これ以外の廃棄物はすべて低レベル放射性廃棄物と分類される．この低レベル放射性廃棄物の中には再処理施設から発生する燃料被覆管廃材のハルや燃料集合体のエンドピース，原子力発電所の

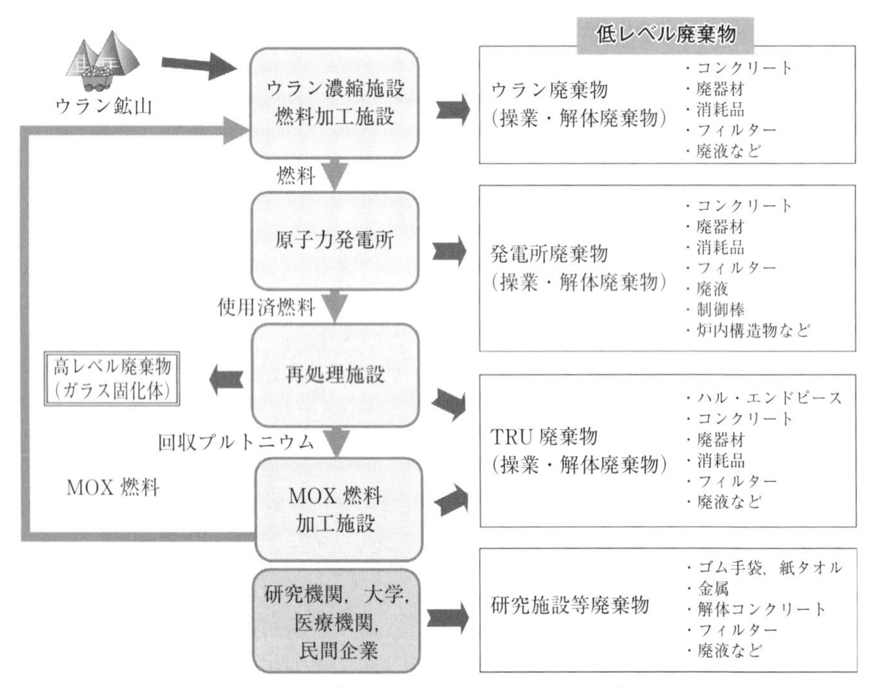

図6.10　発生源で区分した放射性廃棄物．

解体で発生する制御棒等の炉内構造物など，放射能レベルが比較的高いものも含まれていることに注意が必要である．本節ではAの高レベル放射性廃棄物とBの低レベル放射性廃棄物に分類し，それぞれの廃棄物がどのような場所から発生し，どのような処理を経て廃棄物となるかについて述べる．最後に2011年3月11日の東日本大震災に伴い発生した，東京電力福島第一原子力発電所事故により発生した放射性廃棄物と，現在行われている汚染水処理プロセスについて述べる．

A.　高レベル放射性廃棄物

高レベル放射性廃棄物は原子力発電所で使用した核燃料を再処理し，核燃料物質であるウラン(U)とプルトニウム(Pu)を回収した後に残る核分裂生成物(Fission Products；以下FPという)やマイナーアクチノイド(Minor Actinide；以下MAという)といった放射性物質をガラス固化した物である．**図6.11**に日本原燃六ヶ所再処理工場で行われている再処理工程の概要を示す[23]．再処理工場に搬入された使用済燃料は一定期間，貯蔵プールで貯蔵された後，せん断機によってジルカロイ製の燃料被覆管ごと数センチメートルの小片にせん断され，硝酸の入った溶解槽に投入される．ここで数mol/Lの硝酸による加熱溶解が行われ，UやPuおよび大部分のFPとMAは硝酸中に溶解する．ここで，希ガスやヨウ素のFPは放射性の気体となり，オフガス処理系で回収され

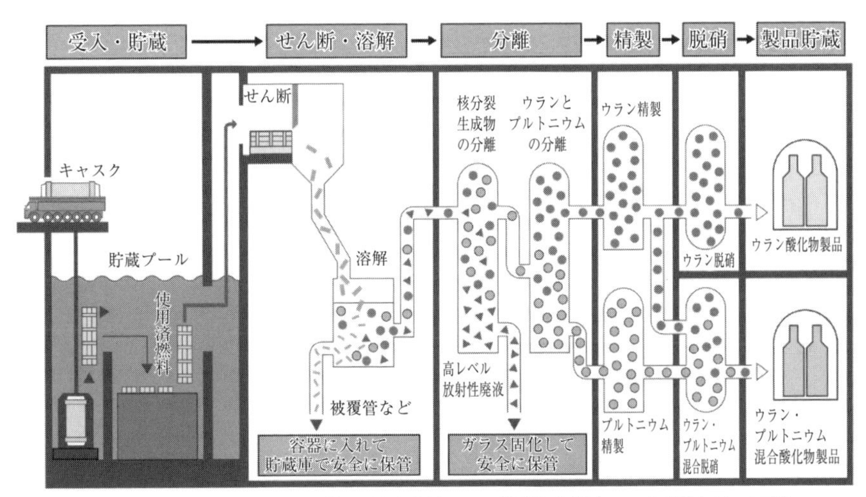

図6.11　六ヶ所再処理工場の工程の概略[23]．

る．また，モリブデン(Mo)，テクネチウム(Tc)，ルテニウム(Ru)，ロジウム(Rh)，パラジウム(Pd)といったFP元素の一部は金属または酸化物状態の不溶解性残渣となり，溶け残るジルカロイ製の燃料被覆管と共に固体廃棄物として回収される．核燃料の硝酸溶解液は分離工程に送られ，ここではパルスカラムを用いた溶媒抽出が行われる．まず，共除染工程と呼ばれる1段目の抽出工程では以下の反応により2-4 mol/Lの硝酸溶液からUとPuがリン酸トリブチル(TBP)とドデカンの混合溶媒に抽出される．

$$UO_{2\,aq}^{2+} + 2NO_{3\,aq}^{-} + 2TBP_{org} \rightarrow UO_2(NO_3)_2 \cdot 2TBP_{org} \tag{6.2}$$

$$Pu_{aq}^{4+} + 4NO_{3\,aq}^{-} + 2TBP_{org} \rightarrow Pu(NO_3)_4 \cdot 2TBP_{org} \tag{6.3}$$

ここで，アルカリ金属，アルカリ土類金属，遷移元素，ランタノイドと多様な元素群から構成されるFPと，他のアクチノイド核種(Np，Am，Cm等．これらはマイナーアクチノイドと総称される)はほとんどが水相に残り，U，Puと分離され，高レベル放射性廃液としてガラス固化工程に送られる．TBPによる各元素の抽出挙動については，本書の3.2節を参照いただきたい．一方，有機相に抽出されたU，PuはU/Pu分配工程と呼ばれる2段目の抽出工程に送られる．ここでは，1段目と同じ組成の有機相を用いるが，水相にPu(Ⅳ)の還元剤として作用する，U^{4+}や硝酸ヒドロキシルアミンを添加するため，式(6.3)により有機相に抽出されていたPu(Ⅳ)は以下の反応によって，非抽出性のPu(Ⅲ)に還元され，水相に逆抽出される．これによりPuはUと分離される．ここでは主プロセスに不純物を混ぜることなくPu(Ⅳ)を還元できる還元剤としてU^{4+}や最終的に窒素ガスとなる硝酸ヒドロキシルアミンが選択された．

$$2Pu^{4+} + U^{4+} + 2H_2O \rightarrow 2Pu^{3+} + UO_2^{2+} + 4H^+ \tag{6.4}$$

$$2Pu^{4+} + 2HONH_3^+ \rightarrow 2Pu^{3+} + 4H^+ + 2H_2O + N_2 \tag{6.5}$$

単離したUとPuはそれぞれ精製工程でさらに溶媒抽出により精製され，ウラン酸化物製品とMOX(U，Pu混合酸化物)製品となる．単離したPuを再度，Uと混合しMOX製品とする理由はPuの核不拡散性を高めるためである．ウラン酸化物製品と，MOX製品は新しい核燃料の製造に利用される．

一方，ガラス固化工程に送られた高レベル廃液は溶融炉で溶融したホウケイ酸ガラスと混ぜられ，その後，ステンレス製のキャニスターと呼ばれる容器に溶融状態で流し込まれ，冷却され固化体となる．これが高レベル放射性廃棄物と呼ばれるガラス固化体である．六ヶ所再処理工場では**図6.12**の左図に示すような直接通電加熱LFCM(Liquid-Fed Ceramic Melter)方式の溶融炉が採用され，炉内壁にある電極から内部の溶融ガラスに通電し，ガラス自体をジュール熱で発熱させて約1473 K(1200℃)でガラスを溶融させている．ここでは，炉の上部よりガラス原料と放射性廃液を連続的に供給し，炉内

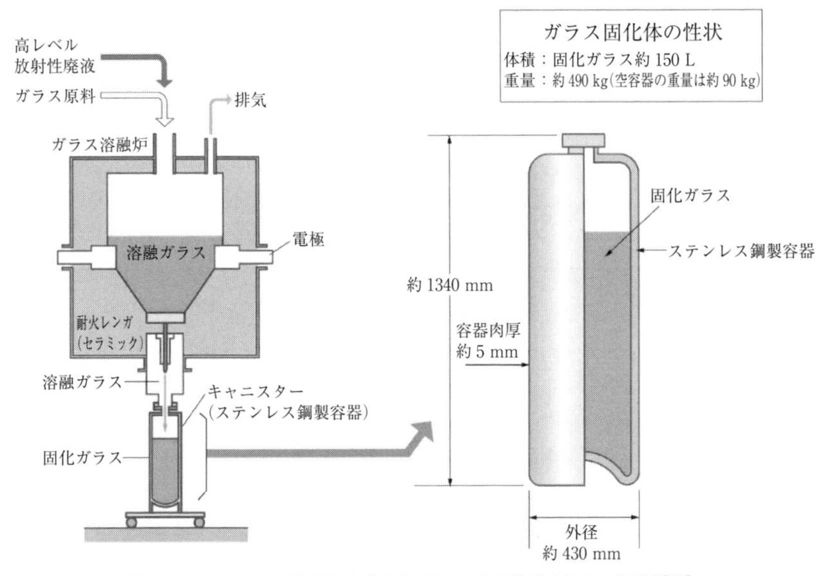

図 6.12 ガラス溶融炉(左)とガラス固化体(右)の概要[23].

表 6.3 ガラス固化体の組成の一例[24].

ガラス原料成分	組成(wt%)	廃液成分	組成(wt%)
SiO_2	46.7	Na_2O	9.6
B_2O_3	14.3	P_2O_5	0.3
Al_2O_3	5.0	Fe_2O_3	1.9
Li_2O	3.0	NiO	0.5
CaO	3.0	Cr_2O_3	0.5
ZnO	3.0	核分裂生成物	9.8
		アクチノイド	2.4
計	75.0	計	25.0

で混ぜ合わせているが，高レベル廃液に含まれる Pd，Rh 等の白金族元素や Mo などは硝酸廃液内でスラッジ化することがあるので，均質にガラス固化体を作るには高度な技術が求められる．製造されるガラス固化体は，1 本当たり約 400 kg のガラス成分を含んでいる．その組成は**表 6.3** に示すとおり母相はホウケイ酸ガラス，含まれている放射性物質である FP や MA は，全体の 12 wt% 程度である[24]．多量の放射性物質を含

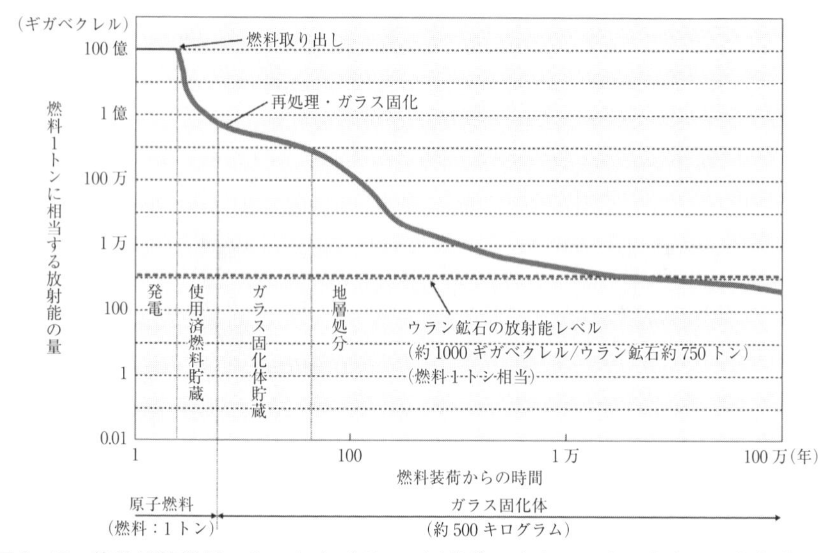

図6.13　使用済核燃料1トンおよびガラス固化体1本(500 kg)に含まれる放射能の経時変化[23].

んでいるために壊変による発熱量は高く，製造時には約2300 W/本の発熱がある．しかし短寿命の放射性核種の壊変に伴い，発熱量は徐々に減少し，30-50年後には製造時の約1/4から1/7となる．ガラス固化体に含まれる総放射能量は製造時で約2×10^{16} Bq/本である．これにより固化体表面からは約1500 Sv/hの極めて高線量の放射線が放出され，仮に人が被ばくすれば20秒弱で100%の人が死亡することになる．**図6.13**にガラス固化体1本およびそれに相当する使用済核燃料1トンに含まれる放射能の量の経時変化を示した．放射能はそれぞれの核種の半減期に従い対数的に減衰するため1000年後には約3000分の1になり，数万年後には元となった1トンの核燃料を製造するために用いた天然Uの放射能量と同量になる．再処理工場にて製造されたガラス固化体は数十年貯蔵された後，炭素鋼製のオーバーパックに入れられ，さらに緩衝材としてベントナイトを巻かれたうえで，地下300 m以深に地層処分される予定である．

B.　低レベル放射性廃棄物

図6.10に示したとおり，低レベル放射性廃棄物の発生源は非常に多様であり，その結果，廃棄物に含まれる放射能の種類や量も大きく異なる．前述した使用済核燃料の再

処理工場から発生する運転廃棄物の低レベル放射性廃棄物はマイナーアクチノイド等の超ウラン元素を含む可能性があることから，TRU廃棄物(TRans-Uranic waste)と呼ばれる．この一つとして，使用済燃料の溶解工程からは金属製の燃料被覆管(ハル)や燃料集合体の留め金部分(エンドピース)が廃棄物として発生する．ハル・エンドピースは原子炉の運転中に中性子により放射化されており，さらに燃料ペレットを被覆していたことからマイナーアクチノイド等の長半減期核種が付着しているため放射能毒性が高く，高レベル放射性廃棄物と同様に地層処分する必要がある．ハル・エンドピースは回収され，圧縮固化された後，キャニスターに封入される．一方，使用済燃料のせん断・溶解時に発生するオフガスに含まれる放射性ヨウ素は銀吸着材を用いたフィルターにより回収されており，使用後のフィルターもTRU廃棄物となる．この廃銀吸着材には半減期が1.57×10^7年と極めて長い^{129}Iが含まれているため，これをセメント固化した廃棄物も地層処分する必要がある．このほか再処理の各工程で発生するプロセス濃縮廃液を固化した物や雑固化体もTRU廃棄物として発生する．このようなTRU廃棄物もセメント固化され，放射能レベルに応じて地層処分，余裕深度処分，浅地中コンクリートピット処分される予定である．さらに，原子力発電所の操業や解体からも様々な性状の廃棄物が発生する(図6.10参照)．これらは廃棄体化された後，放射能レベルに応じて余裕深度処分，浅地中コンクリートピット処分，浅地中トレンチ処分される予定であり，すでに一部は青森県六ヶ所村の日本原燃低レベル放射性廃棄物埋設センターにて埋設が開始されている．

現在，これら低レベル放射性廃棄物の固化処理にはセメント固化法が主として用いられている．セメント固化は原料が安くかつ，強度が高く長期にわたり安定で，加熱処理などが不要なため処理装置も簡単なものですみ，さらに放射線による劣化が少ないことが長所である．一方，廃棄物にセメントを足して固化するため減容ができないことや，水と廃棄体が接触した際の放射能の浸出抑制効果が低いことなどが短所である．セメント固化に用いられるポルトランドセメントは，ケイ酸三カルシウム$3CaO \cdot SiO_2$，ケイ酸二カルシウム$2CaO \cdot SiO_2$，アルミン酸三カルシウム$3CaO \cdot Al_2O_3$，鉄アルミン酸四カルシウム$4CaO \cdot Al_2O_3 \cdot Fe_2O_3$，石灰CaO，硫酸カルシウム$CaSO_4$などの混合物であり，目的により混合比を変えて使用する．これに水を混ぜて混錬すると，上記のセメント構成成分に水和反応が進行し，水酸化カルシウム$Ca(OH)_2$，エトリンガイト$3CaO \cdot Al_2O_3 \cdot 3CaSO_4 \cdot 32H_2O$，CSHとも略されるトベルモライト$3CaO \cdot 2SiO_2 \cdot 3H_2O$などが形成され，これらのゲル状の水和物が絡み合い，その後脱水し硬質ゲルとなる．さらに結晶化によって次第に密度が増加するとともに硬化し，強度が上がる．これらの水和反応は以下の式に示すように，いずれも発熱反応であり全発熱量のうち80%程度は混錬から28日程度に放出され，残りの20%程度の発熱を伴う反応は数か月から一年をかけて進行する[25].

$$6CaO \cdot 2SiO_2 + 6H_2O = 3CaO \cdot 2SiO_2 \cdot 3H_2O(CSH) + 3Ca(OH)_2 + 114\ kJ \cdot mol^{-1} \tag{6.6}$$

$$4CaO \cdot 2SiO_2 + 4H_2O = 3CaO \cdot 2SiO_2 \cdot 3H_2O(CSH) + Ca(OH)_2 + 43\ kJ \cdot mol^{-1} \tag{6.7}$$

$$3CaO \cdot Al_2O_3 + 30H_2O + 3CaSO_4 \cdot 2H_2O = 3CaO \cdot Al_2O_3 \cdot 3CaSO_4 \cdot 32H_2O + 200\ kJ \cdot mol^{-1} \tag{6.8}$$

$$4CaO \cdot Al_2O_3 \cdot Fe_2O_3 + 10H_2O + 2Ca(OH)_2 = 3CaO \cdot Fe_2O_3 \cdot 6H_2O + 3CaO \cdot Al_2O_3 \cdot 6H_2O + 100\ kJ \cdot mol^{-1} \tag{6.9}$$

日本の放射性廃棄物のセメント固化では経済産業省の告示により「JIS R 5210 ポルトランドセメント」もしくは「JIS R 5211 高炉セメント」に定める水硬性セメント，またはこれと同等以上の強度および安定性を有するセメントを使用することが規定されている．濃縮廃液や焼却灰などの放射性廃棄物をセメント固化する方法として，廃棄体となるドラム缶の内部でセメントと廃棄物を混錬するインドラムミキシング法と，外部のミキサー内で混錬したものをドラム缶に流し込むアウトドラムミキシング法がある．インドラムミキシングは**図6.14**に設備の概念図を示すように，簡単な設備で施工可能である．一方，アウトドラムミキシング法では，様々な大きさの容器に廃棄物固化体を

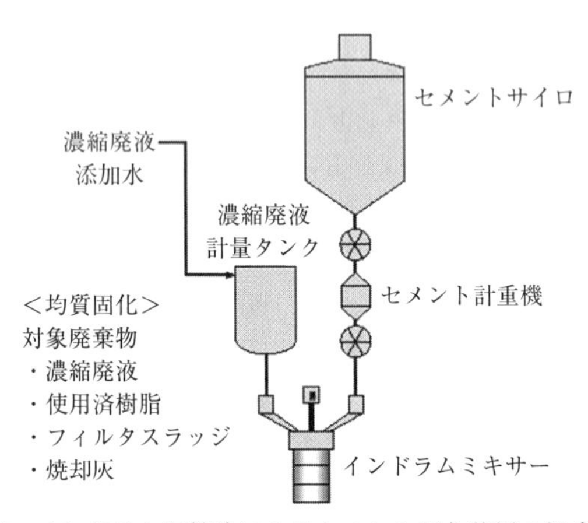

図6.14　インドラム混錬法によるセメント固化装置の概念図[26].

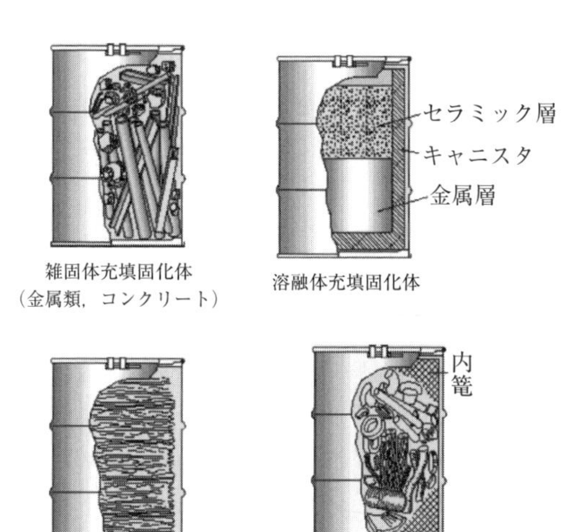

図 6.15　セメント充填固化した不均質な固化体の例[26]．

充填できる長所がある．また，大きな金属類やコンクリート，圧縮体をセメント固化する際は，あらかじめドラム缶内にこれらの廃棄物を入れておき，空隙にセメントを充填させたのち，固化させる．この場合はセメント自体は固化剤というよりは充填剤としての役割を担う．このような不均質な廃棄物の固化体の例を**図 6.15** に示す．

ポルトランドセメントを上回る性能をもつセメント系材料の開発も各国で進んでおり，放射性廃棄物の固化への使用が検討されている．その一つがアルミン酸カルシウムセメント（CAC）である．これは SiO_2，CaO，Al_2O_3 を成分としており，アルミナを 30% から 80% 程度まで含有させることにより，酸性の地下水による浸食や硫酸塩による風化に対してより耐性をもたしている．混錬後 24 時間で圧縮強度が発現し，ポルトランドセメントよりも耐熱性が高い．さらに，$Ca(OH)_2$ を放出しないため間隙水中の pH がより低くなり，生物分解に対する耐性が高いことから放射性廃棄物の固化への適用性が検討されている．

フランスの Davidovits[27] が 1988 年に提唱したアルミノケイ酸塩のポリマーを主成分とするジオポリマーも，建設業界で近年注目を集めている．アルカリケイ酸塩とメタカオリンのような活性なアルミノケイ酸塩の前駆体を原料とするこのポリマーは，ポルトランドセメントに比べ強度の発現がより速く，発熱量はより少ない．また，透水性や間隙水中の pH も低く，高温での安定性も高い．さらに，この固化体の母材にはカルシウムが含まれないため，炭酸塩化や酸による風化の恐れがなく，かつ固化体としての強度の発現には水和物によるマトリクス形成が関与していないため固化体中に含ませることが可能な廃棄物の種類にも自由度が高い．このようにジオポリマーにはセメントの廃棄物固化剤としての短所を補う機能が多く，放射性廃棄物の固化剤として有望な点が多い．今後研究が進み，強度の発現機構の理解や長期の安定性についての知見が進めばセメントに代わる将来の固化剤の選択肢の一つとなり得る材料である．

ここまで述べたように放射性廃棄物は気体や液体状では保管や処分ができないため，適切な処理を行い固化する必要がある．現在の核燃料サイクルから発生する放射性廃棄物では，高レベルについてはホウケイ酸ガラスを用いたガラス固化がなされ，低レベルについては圧縮固化やポルトランドセメントを用いたセメント固化が行われている．より優れた処理法の研究開発も各国で行われており，その一つとして主にオーストラリアや英国等で開発が進んでいる HIP(Hot Isostatic Pressing)法について紹介する．2000 年頃より Australian Nuclear Science and Technology Organization(ANSTO)では種々のセラミックやガラスセラミックを用いる放射性廃棄物の HIP 固化の研究を始めた．HIP 法自体は**図 6.16** のような内部加熱可能な圧力容器を用いて行う．圧力容器内部に廃棄体を入れ，アルゴンや窒素および還元剤としての少量の水素などのガスを圧力媒体として用い，等方的な 50 MPa から 100 MPa 程度の圧力を加える．さらに最大で 1250℃程度まで温度を上げることにより，廃棄物の熱間等方圧加圧圧縮を行う．これにより廃棄体は等方的に減容され，かつ熱処理も行うことから，適切な母材を用いれば放

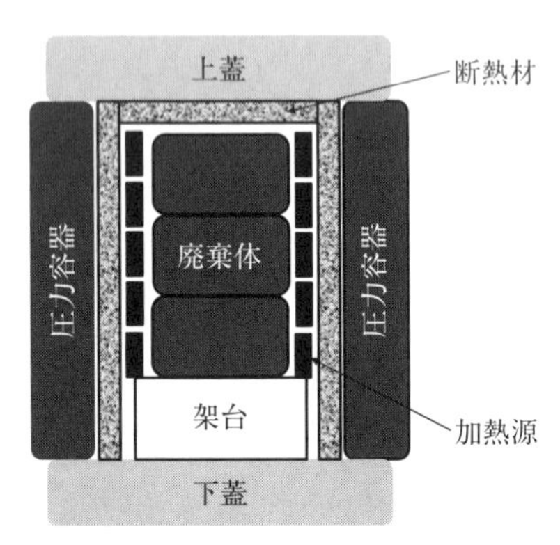

図 6.16　HIP 法の概念図．

射性核種の閉じ込め効果も期待できる．米国，オーストラリア，英国の原子力研究機関では基礎研究としてジルコノライト($CaZrTi_2O_7$)やケイ酸塩，チタン酸パイロクロア($CaUTi_2O_7$)などのセラミックを母材として，か焼(calcination)した高レベル放射性廃液やPu汚染廃棄物のHIP固化を行った．これらの試験では，放射性物質の焼成による酸化物への転換と減容が同時になされ，かつジルコノライトなどを母材として用いればU，Puや核分裂生成物を安定にマトリクス中に閉じ込めることができた．さらに，HIP法による放射性廃棄物固化の利点として，加圧法を用いることから放射性のオフガス放出の懸念がないことがあげられる．ただし，HIP処理後に常圧解放した際にこれらのオフガス放出が起こる懸念は残るため，これらについてもさらなる研究が必要とされている．HIP法自体は工程の自由度が高く，従来のガラス固化やセメント固化と比べても対象廃棄物範囲の広い方法であるため，将来的に従来法に代わり得る有望な技術として現在も研究開発が継続されている[25,28]．

C. 福島第一原子力発電所事故により発生した廃棄物と汚染水処理

2011年3月11日の東日本大震災による巨大地震とそれに伴う津波により，東京電力福島第一原子力発電所では電源供給が止まり，運転中であった1，2，3号機炉内の核燃料を冷却できなくなった．この結果，燃料中の放射性物質の崩壊熱により燃料溶融が発生し，これに伴い発生した水素ガスによる水素爆発が起こった．3号機より流入した水素ガスにより4号機においても水素爆発が発生した．この事故とその後の復旧作業に伴い，発電所敷地内では現在，様々な種類の放射性物質で汚染された廃棄物が発生している．この廃棄物はその発生原因から，以下の3種類に大分類できる．

(1) 瓦礫・伐採木等

1，3，4号機建屋の水素爆発や1～3号機の放射性物質を含むガス放出(ベント)といった，事故発生時の原子力発電所のコントロールができない状況で放出された放射性核種が飛散・拡散し所内の瓦礫や樹木，土壌等に付着し発生した廃棄物を指す．物量が大量であり，発電所内広範囲に分布していると見られる．現在，継続的な放射性核種の放出は限られていることから，発電所内の総物量としては今後大きく増加しないと見られる．汚染形態としては主要核種は^{134}Csと^{137}Csであり，瓦礫や土壌等への表面汚染が主と見られるが，一部内部浸透汚染の可能性がある．これらの廃棄物は今後，可燃性のものは焼却処理，それ以外のものは圧縮処理などにより減容が図られる計画である．

（2）　汚染水および水処理二次廃棄物

事故直後から現在に至るまで継続的に発生している汚染水とそこからの放射性核種分離処理により発生する，スラッジや吸着材等の二次廃棄物を指す．ここには汚染水処理設備の継続運転による交換配管や使用済みの放射性液体の貯槽などの交換設備も含まれる．高放射線量・高発熱量の廃棄物もあり，現状では分析できないものも存在している．事故初期に純水が入手できなかったため，海水注水により原子炉の冷却が行われた．このため，汚染水には海水成分が含まれ，これが水処理二次廃棄物にも移行し，一部の二次廃棄物は高塩濃度となっていると見られる．現在も汚染水の発生が続いている状況であり，最終的な廃棄物発生量は不明であるが，汚染水中の濃度の分析が行われている核種については，単位量当たりのスラッジや使用済み吸着塔に含まれる放射能量については運転管理により制御されている．

（3）　燃料デブリ・解体廃棄物

1～3 号機の核燃料の多くは，津波による全電源喪失に伴う冷却機能喪失により溶融し，原子炉圧力容器または格納容器内に落下していると見られる．溶融した燃料は被覆管，制御棒，および原子炉構造材と一部反応し，燃料デブリとなっていると見られているが，現時点では燃料デブリのサンプリングや分析は行われていないため，その性状や存在範囲，物量を想定することは困難である．また，現時点では燃料デブリの処理方針は決定しておらず，定義上は廃棄物ではないが，今後の処理の有無によらず，一部または全部を廃棄物として扱う必要が生じると見られる．また福島第一原発の廃止措置では，燃料起源の核種による構造材の汚染などが想定され，通常の原子炉の廃止措置に伴い発生する廃棄物と，各種の種類や化学形さらに汚染の部位が異なると見られる．当然，通常の廃止対象の原子炉と比べると汚染範囲が広範に及び廃棄物総量も多くなると見られる．この分類の廃棄物は当面は原子炉内部に存在し，デブリ取り出しやその後の原子炉の解体が進むにつれて，物量等が判明する．

2017 年 1 月現在で上記の廃棄物のうち，⑴と⑶については未だ処理されておらず，⑴については収集と分類が行われ，⑶については基礎的な情報収集を進めている段階である．そこで，ここではプロセス処理が進行している⑵に関する汚染水処理について述べる．

原子炉建屋およびタービン建屋には津波によって入った海水，炉心冷却水，雨水および地下水の浸透により放射性核種を高濃度に含んだ汚染水が滞留している．2016 年 2

表 6.4 日本原子力研究開発機構による SARRY 処理後水 H24-383 の分析結果(資料[30] より抜粋).

γ 線核種		β 線核種		α 線核種	
Nuclide	$Bq\cdot mL^{-1}$	Nuclide	$Bq\cdot mL^{-1}$	Nuclide	$Bq\cdot mL^{-1}$
Co-60	1.8 ± 0.1	H-3	$(7.9\pm0.1)\times10^{2}$	Pu-238	$(2.1\pm0.3)\times10^{-3}$
Nb-94	$<2\times10^{-1}$	C-14	$<5\times10^{-2}$	Pu-239+240	$(8.3\pm1.8)\times10^{-4}$
Cs-137	3.1 ± 0.1*	Cl-36	$<5\times10^{-2}$		
Eu-152	$<5\times10^{-1}$	Ca-41	$<2\times10^{1}$	Am-241	$(5.6\pm1.3)\times10^{-4}$
Eu-154	$<3\times10^{-1}$	Eu-154	$<3\times10^{-1}$	Cm-244	$(6.3\pm1.4)\times10^{-4}$
		Ni-63	$(5.4\pm0.2)\times10^{-1}$		
		Se-79	1.5 ± 0.1		
		Sr-90	$(1.2\pm0.1)\times10^{5}$		
		Tc-99	$<5\times10^{-2}$		
		I-129	$(9.6\pm0.2)\times10^{-2}$		

* SARRY による除去前：$\sim10^{5}\ Bq\cdot mL^{-1}$

月 4 日現在，高レベル汚染水と呼ばれる高レベル滞留水は 1 号機に 12100 m^3，2 号機に 16700 m^3，3 号機に 18000 m^3，4 号機に 18000 m^3，プロセス主建屋に 16420 m^3，高温焼却炉建屋に 4020 m^3 存在し，合計約 85240 m^3 となっている[29]．これらの汚染水は原子炉内で燃料デブリ等と接触していると見られ，非常に高濃度の放射性核種を含んでいる．一例として日本原子力研究開発機構が実施した滞留水および処理水の放射能分析結果[30]より，ゼオライトを用いた Cs 除去装置である第二セシウム吸着装置(SARRY)による処理後水(平成 24 年サンプリング)の分析結果を**表 6.4** に示す．処理後水であるため ^{137}Cs 濃度は 3 $Bq\cdot mL^{-1}$ と低いが，処理前は $10^5\ Bq\cdot mL^{-1}$ 程度の ^{137}Cs が存在しており，SARRY 処理により放射性 Cs 濃度が 10 万分の 1 程度に減少している．表 6.4 のとおり，汚染水中には放射性 Cs の他にも ^{90}Sr や ^{3}H も高濃度で存在し，また極低濃度ではあるが ^{238}Pu，^{239}Pu，^{241}Am，^{244}Cm といったアクチノイド元素も存在していることがわかる．この汚染水は，概要を**図 6.17** に示すような処理設備によって放射性核種を取り除く処理が行われ，処理後水の一部は再度冷却水として原子炉に注入されている．汚染水はまず，高線量の主要因となっている放射性 Cs を除去するために，ゼオライトを充填したカラムから構成されるキュリオン社製セシウム吸着装置または同様にゼオライトを吸着材として用いる SARRY に導入される(現在はストロンチウムも除去できるよう改良されている)．事故初期にはアレバ社製の凝集沈殿方式による除染装置も放射性核種除去のために用いられたが，現在は使われていない．セシウ

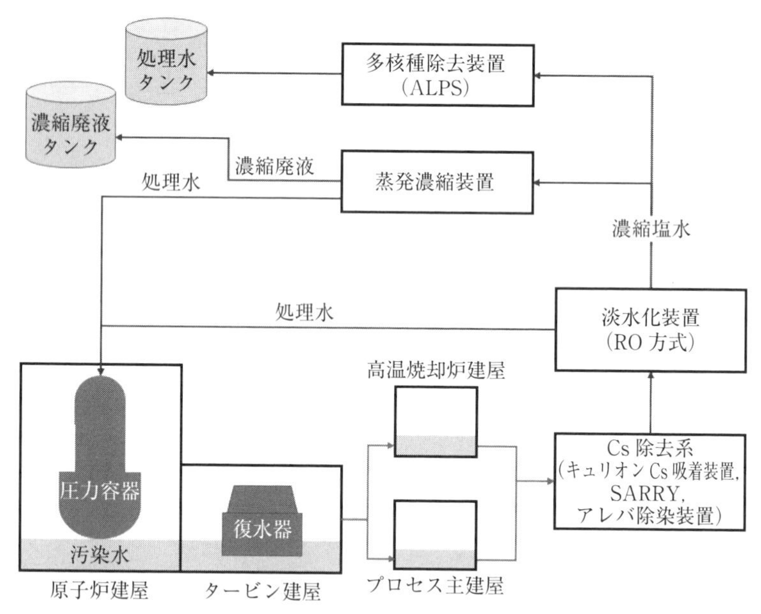

図 6.17　汚染水処理設備の概要(文献[29]の情報を基に作成).

ムが除去された汚染水は海水塩成分を取り除くために，逆浸透膜を用いたRO方式の淡水化装置に供される．ここで淡水化された処理水は再び炉心の冷却水として原子炉建屋で利用される．一方，淡水化装置から排出される放射性核種を含む濃縮塩水は蒸発濃縮装置または多核種除去装置(ALPS)に送られる．蒸発濃縮装置では濃縮塩水から淡水である処理水が回収され，これは炉心の冷却水として再利用される．一方，放射性物質や塩類が濃縮された濃縮廃液はタンクに貯蔵される．多核種除去装置に導入された濃縮塩水は水酸化鉄共沈，炭酸カルシウム共沈，炭酸マグネシウム共沈，活性炭吸着，チタン酸塩吸着，フェロシアン化鉄吸着およびキレート剤吸着のプロセスを経て，トリチウムを除くほぼすべての放射性核種(62 核種)が告示濃度限度未満まで除去される．各分離プロセスの分離対象核種を**表 6.5** に示す[31]．この後，処理後水はタンクに保管される．このシステムの時間当たりの処理量は運転条件により変動するが，例えば 2016 年 1 月 29 日から 2 月 4 日の 7 日間では 4340 m^3 であり，運用開始から 2016 年 2 月 4 日までの累計処理量は 1437790 m^3 となっている[29]．このような処理の結果，2016 年 2 月 4 日時点で処理水は 765779 m^3(多核種除去は行わず，Sr 除去処理までを行った 161469

表 6.5 多核種除去装置(ALPS)で使用する吸着材と対象核種(文献[31]の情報を基に作成).

No.	吸着材の種類	除去対象核種
1	活性炭	コロイド状核種
2	チタン酸塩	Sr(M^{2+})
3	フェロシアン化合物	Cs
4	Ag 添着活性炭	I
5	酸化チタン	Sb
6	キレート樹脂	Co
7	珪チタン酸塩	Cs
8	酸化セリウム	I, Sb
9	銀ゼオライト	I
10	樹脂系吸着剤	Ru, コロイド

m^3を含む), 濃縮廃液は 9190 m^3 がタンクに貯水されている[29].

以上述べたように, 福島第一原子力発電所で発生している汚染水については一応の処理プロセスが確立されている. しかし, このプロセスの処理後水においても放射性の ^{3}H(トリチウム)が多く含まれており, 現時点では処分ができず, 廃液としてタンクに貯水されている状態である. また, このプロセスで使用した各種の吸着材も二次的な放射性廃棄物として多量に発生しており, これを処分するためにも何らかの廃棄体化処理を行う必要があると考えられている. さらに燃料デブリやこれにより汚染された物の処理についてはまだ方針が決められておらず, 今後の研究開発に依るところが大きい.

6.3　生物学的処理

A.　生物学的処理の特徴

生物は他の生物と共生し生態系を築きながら，岩石，鉱物，土壌など自然界に存在する無機物質や人工的に合成された化学物質とも様々な相互作用を示す．とくに微生物は地球上のいたるところに存在し，その活動は多岐にわたり，自然界の物質循環においても大きな役割を担っている．これまで生物反応は化学反応と比べて反応速度が遅く，共存する他の物質の影響も受けやすいため，鉱工業プロセスに組み込むことは難しいとされてきた．しかし，生物反応を担う酵素は基質特異性が高いため，一般の化学反応と比べて特定の物質のみを選択的に反応させることが可能である．また，生物が担う反応は常温常圧で行われ，省エネルギー，低環境負荷プロセスとしての利用が期待されるので，今日では環境対策の分野での適用が注目を集めている．下水処理や有機廃水処理の分野では古くから生物学的処理が利用されており，最近では石油で汚染された土壌・地下水の浄化に生物学的処理が広く応用されるようになってきている．

これに対し鉱業プロセスや金属回収への生物反応の利用は，2.4節に示すバイオリーチング以外はまださほど進んでいない状況であるが，鉄酸化細菌の鉱山廃水処理や湿式製錬工程への適用など，わが国には世界に先駆けて実用化された事例がある．ここでは鉱業プロセスや金属回収への生物学的手法の適用について実用例とこれまで行われてきた主な研究の取り組みについて述べる．

B.　鉱業プロセスへの生物学的処理法の適用

生物学的処理法が鉱業プロセスに適用された事例としては，2.4節のバイオリーチング以外に坑廃水処理への適用がある．岡山県にある柵原鉱山はかつて世界最大級の硫化鉄鉱山であったが，鉱山の稼働が停止した現在でも多量の第一鉄イオン(Fe^{2+})を含む酸性坑廃水が湧出している．Fe^{2+}を含む廃水をそのまま中和処理すると中和剤の使用量が多くなるので，鉄酸化細菌を用いて中和剤の添加前にFe^{2+}を第二鉄イオン(Fe^{3+})に酸化する方式が1973年に世界で初めて適用された．その結果，消石灰より安価な炭酸カルシウムによる中和処理が可能となり，中和殿物の沈降性も大幅に向上するなど，廃水処理工程の操業改善に多大な貢献をしている[32]．また，岩手県の松尾鉱山では1972年の閉山後も大量の鉄や砒素(As)を含んだ強酸性の坑廃水が毎分20 m^3流出し，下流の北上川を汚染して大きな社会問題となった．そのため1982年に鉄酸化細菌を利用した酸性鉱山廃水の処理方式が旧松尾鉱山の新中和処理施設に導入され今日まで稼働しており，北上川流域の環境改善に大きく貢献している[33].

その他，鉄酸化細菌を利用するプロセスは坑廃水処理のみならず，鉛製錬の工程にも適用されていた．同和鉱業株式会社の小坂製錬所(現小坂製錬株式会社)では，1975年から銅製錬工程の自溶炉煙灰の湿式処理により硫酸鉛の精製を行っていたが，浸出液中の鉄の効率的な除去のため1984年に鉄酸化細菌による鉄酸化プロセスを導入した．この浸出液中には亜鉛(Zn)，砒素(As)，塩素(Cl)，フッ素(F)などが高濃度で溶存していたが，鉄酸化細菌の活動にはとくに影響を示さなかった[34,35]．その後，小坂製錬所のリニューアルにより現在このプロセスは稼働していないが，湿式製錬の浸出液中という本来微生物の生育環境と大きく異なる環境中において生物学的処理を実現させた貴重な例である．

海外では米国のホムステーク(Homestake)鉱山における金(Au)の青化製錬廃水処理に，微生物処理を導入している事例がある．ホムステーク鉱山は1世紀以上の歴史を有する金山で青化製錬により金の回収を行っているが，毎分10 m^3のチオシアン酸やシアンを含む廃水が生成する．1986年よりこの廃水全量が回転式生物接触装置により処理され，70 $mg \cdot L^{-1}$のチオシアン酸と10 $mg \cdot L^{-1}$のシアンが，滞留時間5時間の間で完全に分解されている．チオシアン酸やシアンの分解は接触装置に付着している多種にわたるシュードモナス(*Psuedomonas*)属細菌が担っていると考えられている[36]．ちなみに好気性菌であるシュードモナス属細菌は，亜種を含めると220種類程が見つかっている．

この他実用レベルには至っていないが，硫酸還元細菌が産生する硫化物イオン(S^{2-})を用いた廃水中の重金属類の除去に関しては広く研究が行われている．またセレン(Se)含有廃水処理へのセレン還元菌の利用[37]なども検討が進められている．さらに最近では重金属類を体内に高濃度で蓄積する植物[38]を利用する坑廃水処理の検討も始められている．

C. 金属回収への生物学的手法の応用

微生物の中には金属類が豊富な環境や極端に少ない環境で生育するために，有害な元素から細胞を防御したり無害なものに変換する能力，あるいは必要な微量元素を効率よく吸収する能力等を有するものがある．このような微生物の能力を利用して，有用金属の回収プロセスに応用することが様々な角度から検討されている．

微生物が各種金属を吸着する能力は広く知られており，その能力を利用して水中に存在する金属イオンの捕捉を目的とする研究が数多く取り組まれている．これまでに，細菌や真菌類よりも藻類の方が多量に金属を吸着すること，生細胞より乾燥細胞の方が高い吸着性能を示すことが明らかにされている[39]．例えば，海洋性緑藻類のクロレラ属(*Chlorella*) NKG16014 株を用いた場合，培養液中では菌体 1 g 当たり 37 mg のカドミウム(Cd)を吸着したのに対し，乾燥藻体を用いた実験では菌体 1 g 当たり 91 mg ものCd を吸着したことが報告されている[40]．

微生物の金属吸着能力は，近年提唱されている「細胞表層工学」というバイオ技術により，人為的に向上させることが可能になってきている．この方法は遺伝子操作により酵母等の微生物細胞表層に特定の金属イオンを吸着させるタンパク質を提示させるものであり，様々な金属イオンへの応用の可能性がある[41]．この技術を用いて黒田ら[42]は，酵母細胞の表層にモリブデン(Mo)結合タンパクを提示させ，溶液中から 67% の MoO_4^{2-} を回収できたと報告している．

プリント基板など電子製品の廃棄物は金属含有量が高くリサイクル対象として着目されてきたが，最近では表面処理技術の向上により Au などの貴金属の含有量が激減している．そのため従来の有価物回収方法では採算が取れなくなってきており，微生物を利用する回収方法に期待が寄せられている．竹本[43]は，シアン生産細菌であるクロモバクテリウム ビオラセウム(*Chromobacterium violaceum*)を用いてプリント基板からのAu の溶出を試みている．フラスコ培養において *C. violaceum* は最大 1 mmol·L^{-1} のシアンを産生しており，この培養液を用いてプリント基板表面の Au めっきとニッケル(Ni)めっきが完全に溶解されることが示されている．微生物により溶出させた Au などの貴金属の回収にも微生物反応が利用できる．鉄還元細菌であるシェワネラ アルガエ(*Shewanella algae*)は，貴金属イオンを貴金属固体粒子まで還元する能力を有している．小西ら[44]は *S. algae* を用い白金(Pt)や Au イオンを含む溶液から，これらの金属を回収できることを示している．また，Pt や Au は金属ナノ粒子として *S. algae* の細胞表面に生成されていることも報告されている[45]．その他，基板類に大量に含まれる銅(Cu)の回収方法としては，前出のバイオリーチングによる浸出が検討され，呉らは廃電話線のプリント基板を用い，鉄酸化細菌によるバイオリーチングを適用した結果，最大 83% の銅浸出率が得られたと報告している[46]．

近年，生命科学は大きな発展を遂げているが，生物による多様な金属類の代謝や金属類との相互作用に関わる多彩な機能はまだ十分に理解されていない．その進展とともに鉱業プロセスや金属回収へ適用できる生物反応は数多く見出されることが期待される．

参考文献

［1］ 産業環境管理協会：リサイクルデータブック 2016(2016).

［2］ 古賀愛紹，Abel Bissombolo, 秦正道，森祐行，古山隆，冨田修一：資源処理技術，**46**(1999) pp. 9-12.

［3］ 中澤廣：粉体精製と湿式処理―基礎と応用―，環境資源工学会(2012)第3章.

［4］ A. I. Taggart : Handbook of Mineral Dressing, John Wiley & Sons(1927).

［5］ 高桑健：選鉱工学，NRE リサーチ社(1962).

［6］ E. G. Kelly and D. J. Spottiswood : Introduction to Mineral Processing, John Wiley & Sons(1982).

［7］ 荒井怜，伊藤信一，蓮田哲彦：資源・素材学会 1999 年度春季大会講演集(1999) pp. 141-142.

［8］ http://www.aist.go.jp/aist_j/press_release/pr2012/pr20120517/pr20120517.html

［9］ 伊藤信一，荒井怜，蓮田哲彦：資源・素材学会 1999 年度春季大会講演集(Ⅱ)，素材編(1999) pp. 139-140.

［10］ 大井英節：資源処理技術，**47**(2000) pp. 43-46.

［11］ 古山隆，ドドビバ・ジョルジュ，柴山敦，藤田豊久：環境資源工学，**53**(2006) pp. 153-159.

［12］ 大和田秀二，所千晴，大槻晶，川俣大和：資源・素材学会 2008 年春季大会講演集(Ⅱ)，素材編(2007) p. 77.

［13］ 清水浩，宮澤智裕，山崎茂樹：NKK 技報，**176**(2002) pp. 40-44.

［14］ 大井英節，菊地英治：資源処理技術，**45**(1998) pp. 183-187.

［15］ 押谷潤，清島浩司，田中善之助：化学工学論文集，**29**(2003) pp. 8-13.

［16］ http://www.nagata-kit.co.jp/j12-003%20dry.pdf

［17］ 恒川昌美，堀邦紘，広吉直樹，伊藤真由美：資源と素材，**121**(2005) pp. 467-473.

［18］ J. Ruan and Z. Xu : Waste Management, **31**(2011) pp. 2319-2326.

［19］ 古屋仲茂樹：粉体精製と湿式処理―基礎と応用―，環境資源工学会(2012)第7章.

［20］ 大和田秀二：応用編粉体精製と湿式処理の実際，環境資源工学会(2014)第2章.

［21］ 橋倉泰広：計測と制御，**36**(1997) pp. 703-707.

［22］ 土屋一彰，大和田秀二，高杉篤美：資源・素材学会春季大会講演集(Ⅱ)，素材編(2010) pp. 85-86.

［23］ 日本原子力文化財団：原子力・エネルギー図面集 2016.
http://www.jaero.or.jp/data/03syuppan/energy_zumen/energy_zumen2016.html

[24]　原子力・量子・核融合辞典 編集委員会編：原子力・量子・核融合辞典，第Ⅲ分冊，原子力化学と核燃料サイクル，丸善出版(2014).

[25]　M. I. Ojovan and W. E. Lee : An Introduction to Nuclear Waste Immobilisation, second edition, Elsevier(2014).

[26]　公益財団法人 原子力環境整備促進・資金管理センター HP：原環センターライブラリ，ポケットブック.
http://www.rwmc.or.jp/library/pocket/low-level/waste/2-a1.html

[27]　J. Davidovits : Geopolymer Chemistry and Applications, 3rd edition, Saint-Quentin : Institute Geopolymer(2011).

[28]　Ewan Maddrell : Hot isostatically pressed wasteforms for future nuclear fuel cycles, Chemical Engineering Research and Design, **91**(2013) pp. 735-741.

[29]　東京電力：福島第一原子力発電所における高濃度の放射性物質を含むたまり水の貯蔵及び処理の状況について(第 238 報)(2016 年 2 月 5 日).
https://www.nsr.go.jp/disclosure/law/FAM/00000261.html

[30]　日本原子力研究開発機構：滞留水及び処理水の放射能分析，2013 年 11 月 28 日(廃炉・汚染水対策チーム会合第 10 回事務局会議【資料 3-7】(2013 年 11 月 28 日).
http://www.meti.go.jp/earthquake/nuclear/20131128_01.html

[31]　日本原子力学会特別専門委員会：福島第一原子力発電所事故により発生する放射性廃棄物の処理・処分平成 25 年度報告書─廃棄物情報の整理と課題解決に向けた考慮事項─(2014 年 3 月).

[32]　E. Yabuuti and Y. Imanaga : Proceedings of World Mining and Metals Technology (1976) pp. 934-956.

[33]　白鳥寿一：産業公害，**21**(７)(1985) pp. 563-569.

[34]　箕浦潤：日本鉱業会誌，**101**(1985) pp. 397-402.

[35]　T. Shiratori and H. Sonta : FEMS Microbiology Reviews, **11**(1993) pp. 165-174.

[36]　A. Akcil andT. Mudder : Biotechnology Letters, **25**(2003) pp. 445-450.

[37]　M. Fujita, M. Ike, M. Kashiwa, R. Hashimoto and S. Soda : Biotechnology and Bioengineering, **80**(2002) pp. 755-761.

[38]　Y. Huang, K. Miyauchi, C. Inoue and G. Endo : J. Biotechnology and Biochemistry, **80**(３)(2016) pp. 614-618.

[39]　千田信編著：微生物資源工学，コロナ社(1996) pp. 146-161.

[40]　T. Matsunaga, H. Takeyama, T. Nakao and A. Yamazawa : J. Biotechnology, **70**(1999) pp. 33-38.

[41]　M. Saleem, H. Brim, S. Hussain, M. Arshad, M. B. Leigh and Zia-ul-hassan : Biotechnology Advances, **26**(2008) pp. 151-161.

[42]　黒田浩一：細胞表層工学による新しいバイオアドソーベント-細胞表層を利用した金属イオンの吸着・回収リサイクル-，植田充美，池道彦監修：メタルバイオテクノロジーによる環境保全と資源回収-新元素戦略の新しいキーテクノロジー-，シーエムシー出版(2009) pp. 97-103.
[43]　竹本正：バクテリアを利用したプリント基板からの貴金属溶解(監修：植田充美，池道彦)，メタルバイオテクノロジーによる環境保全と資源回収-新元素戦略の新しいキーテクノロジー-，シーエムシー出版(2009) pp. 121-129.
[44]　Y. Konishi, K. Ohno, N. Saitoh, T. Nomura, S. Nagamine, H. Hishida, Y. Takahashi and T. Uruga : J. Biotechnology, **128**(2007) pp. 648-653.
[45]　Y. Konishi, T. Tsukiyama, N. Saitoh, T. Nomura, S. Nagamine, Y. Takahashi and T. Uruga : J. Bioscience and Bioengineering., **103**(2007) pp. 568-571.
[46]　呉守明，中澤廣，晴山渉，工藤靖夫：Journal of MMIJ, **125**(2009) pp. 43-48.

付録 1：298 K における標準電極電位

電極	電池反応	E_0(volt)
$Li \mid Li^+$	$Li^+ + e = Li$	−3.045
$Pt \mid Ca \mid Ca(OH)_2 \mid OH^-$	$Ca(OH)_2 + 2e = 2OH^- + Ca$	−3.03
$K \mid K^+$	$K^+ + e = K$	−2.925
$Cs \mid Cs^+$	$Cs^+ + e = Cs$	−2.923
$Ba \mid Ba^{2+}$	$Ba^{2+} + 2e = Ba$	−2.90
$Ca \mid Ca^{2+}$	$Ca^{2+} + 2e = Ca$	−2.866
$Na \mid Na^+$	$Na^+ + e = Na$	−2.714
$Mg \mid Mg^{2+}$	$Mg^{2+} + 2e = Mg$	−2.363
$Al \mid Al^{3+}$	$Al^{3+} + 3e = Al$	−1.662
$Pt \mid H_2PO_2^-, HPO_3^{2-}, OH^-$	$HPO_3^{2-} + 2H_2O + 2e = H_2PO_2^- + 3OH^-$	−1.57
$Cr \mid Cr(OH)_3 \mid OH^-$	$Cr(OH)_3 + 3e = Cr + 3OH^-$	−1.3
$Zn \mid ZnO_2^{2-}, OH^-$	$ZnO_2^{2-} + 2H_2O + 2e = Zn + 4OH^-$	−1.216
$Pt \mid SO_3^{2-}, SO_4^{2-}, OH^-$	$SO_4^{2-} + H_2O + 2e = SO_3^{2-} + 2OH^-$	−0.93
$Pt \mid H_2 \mid OH^-$	$2H_2O + 2e = H_2 + 2OH^-$	−0.828
$Zn \mid Zn^{2+}$	$Zn^{2+} + 2e = Zn$	−0.763
$Ni \mid Ni(OH)_2 \mid OH^-$	$Ni(OH)_2 + 2e = Ni + 2OH^-$	−0.72
$Pb \mid PbCO_3 \mid CO_3^{2-}$	$PbCO_3 + 2e = Pb + CO_3^{2-}$	−0.506
$Fe \mid Fe^{2+}$	$Fe^{2+} + 2e = Fe$	−0.440
$Pt \mid Cr^{2+}, Cr^{3+}$	$Cr^{3+} + e = Cr^{2+}$	−0.407
$Cd \mid Cd^{2+}$	$Cd^{2+} + 2e = Cd$	−0.403
$Ni \mid Ni^{2+}$	$Ni^{2+} + 2e = Ni$	−0.250
$Sn \mid Sn^{2+}$	$Sn^{2+} + 2e = Sn$	−0.136
$Pb \mid Pb^{2+}$	$Pb^{2+} + 2e = Pb$	−0.126
$Fe \mid Fe^{3+}$	$Fe^{3+} + 3e = Fe$	−0.036
$Pt \mid D_2 \mid D^+$	$2D^+ + 2e = D_2$	−0.0034
$Pt \mid H_2 \mid H^+$	$2H^+ + 2e = H_2$	0
$Pt \mid H_2S \mid S, H^+$	$S + 2H^+ + e = H_2S$	+0.141

$Pt \mid Sn^{2+}, Sn^{4+}$	$Sn^{4+} + 2e = Sn^{2+}$	+0.15
$Pt \mid Cu^{+}, Cu^{2+}$	$Cu^{2+} + e = Cu^{+}$	+0.153
$Pt \mid S_2O_3^{2-}, S_4O_6^{2-}$	$S_4O_6^{2-} + 2e = 2S_2O_3^{2-}$	+0.17
$Cu \mid Cu^{2+}$	$Cu^{2+} + 2e = Cu$	+0.337
$Pt \mid I_2 \mid I^{-}$	$I_2 + 2e = 2I^{-}$	+0.536
$Pt \mid Fe(CN)_6^{4-}, Fe(CN)_3^{3-}$	$Fe(CN)_6^{3-} + e = Fe(CN)_6^{4-}$	+0.69
(※) $Pt \mid Fe^{2+}, Fe^{3+}$	$Fe^{3+} + e = Fe^{2+}$	+0.771
$Ag \mid Ag^{+}$	$Ag^{+} + e = Ag$	+0.799
$Hg \mid Hg^{2+}$	$Hg^{2+} + e = Hg$	+0.854
$Hg \mid Hg_2^{2+}, Hg^{2+}$	$2Hg^{2+} + 2e = Hg_2^{2+}$	+0.92
$Pt \mid Br_2 \mid Br^{-}$	$Br_2(l) + 2e = 2Br^{-}$	+1.065
$Pt \mid MnO_2 \mid Mn^{2+}, H^{+}$	$MnO_2 + 4H^{+} + 2e = Mn^{2+} + 2H_2O$	+1.23
$Pt \mid Cr^{3+}, Cr_2O_7^{2-}, H^{+}$	$Cr_2O_7^{2-} + 14H^{+} + 6e = 2Cr^{3-} + 7H_2O$	+1.33
$Pt \mid Cl_2 \mid Cl^{-}$	$Cl_2(g) + 2e = 2Cl^{-}$	+1.359
$Pt \mid Ce^{3+}, Ce^{4+}$	$Ce^{4+} + e = Ce^{3+}$	+1.61
$Pt \mid Co^{3+}, Co^{3+}$	$Co^{3+} + e = Co^{2+}$	+1.82
$Pt \mid SO_4^{2-}, S_2O_8^{2-}$	$S_2O_8^{2-} + 2e = 2SO_4^{2-}$	+1.98
$Pt \mid F_2 \mid F^{-}$	$F_2(g) + 2e = 2F^{-}$	+2.87

(※)**参考**：集録されていない標準単極電位でも，下記の方法により算出可能である．

	電池反応	z	E_0(volt)	zE_0(volt)
	$Fe^{3+} + 3e = Fe$	3	−0.036	−0.108
−)	$Fe^{2+} + 2e = Fe$	2	−0.440	−0.880
	$Fe^{3+} + e = Fe^{2+}$	1		−0.772

付録 2：298 K における水溶液系の標準モル熱力学量

イオン，化合物	状態	ΔG°_{298}(kJ・mol^{-1})	ΔH°_{298}(kJ・mol^{-1})	S°_{298}(J・K^{-1}・mol^{-1})
H^+	aq	0	0	0
H_2	g	0	0	130.574
O_2	g	0	0	205.028
H_2O	l	−237.178	−285.830	69.91
OH^-	aq	−157.293	−229.994	−10.75
Al^{3+}	aq	−485	−531	−321.7
$Al(OH)_3$	c	−1138	−1276	71
$Al_2O_3 \cdot H_2O$(boehmite)	c	−1825.5	−1974.8	96.86
$Al_2O_3 \cdot H_2O$(dispore)	c	−1841	−2000	70.54
$Al_2O_3 \cdot 3H_2O$(gibbsite)	c	−2287.4	−2562.7	140.21
ALO_2^-	aq	−823.4	−918.8	−21
$Al(OH)_4^-$	aq	−1297.9	−1490.3	117
Ag^+	aq	77.124	105.579	72.68
Ag_2O	c	−11.21	−31.05	121.3
$Ag_2S(\propto)$	c	−40.67	−32.59	144.01
AgCl	c	−109.805	−127.068	96.2
AgCN(c)	c	156.9	146.0	107.19
$Ag(CN)_2^-$	aq	305.4	270.3	192
$Ag(NH_3)_2^+$	aq	−17.24	−111.29	245.2
Au^+	aq	163.2	—	—
$Au(CN)_2^-$	aq	285.8	242.3	172
$AuCl_4^-$	aq	−235.1	−325.5	61
Ca^{2+}	aq	−553.54	−542.83	−53.1
$Ca(OH)_2$	c	−898.56	−986.08	83.39
CaO	c	−604.04	−635.09	39.75
CaS	c	−477.4	−482.4	56.5
Cd^{2+}	aq	−77.580	−75.90	−73.2

$Cd(OH)_2$	c	−473.6	−560.7	96
CdO	c	−228.4	−258.2	54.8
CdS	c	−156.5	−161.9	64.9
Cl_2	g	0	0	222.95
Cl^-	aq	−131.17	−167.46	55.2
Co^{2+}	aq	−54.4	−58.2	−113
$Co(OH)_2$	c	−454.4	−539.7	79
$Co(OH)_3$	c	−596.6	−730.5	84
CoO	c	−214.22	−237.94	52.97
CoS	c	−82.8	−80.8	67.4
CO_2	g	−394.38	−393.51	213.64
$H(CO)_3^-$	aq	−587.06	−691.11	94.9
H_2CO_3	aq	−623.42	−698.70	191.11
CO_3^{2-}	aq	−528.10	−676.26	−53.1
CH_3COOH	aq	−95.51	−488.45	—
Cu^+	aq	50.00	71.67	40.6
Cu^{2+}	aq	65.52	64.77	−99.6
$Cu(OH)_2$	c	−356.9	−443.9	79
CuO_2^{2-}	aq	−182.0	—	—
Cu_2O	c	−146.0	−168.6	93.14
CuO	c	−129.7	−157.3	42.64
Cu_2S	c	−86.2	−79.5	120.9
CuS	c	−53.6	−53.1	66.5
$CuSO_4$	c	−661.9	−771.36	109
$CuFeS_2$	c	−190.58	−190.4	124.98
$Cu(NH_3)_2^+$	aq	−65.3	−151.0	263.6
$Cu(NH_3)_4^{2+}$	aq	−111.29	−348.5	273.6
Cr^{2+}	aq	−175.8	—	—
Cr^{3+}	aq	−215.5	—	—
$Cr(OH)^{2+}$	aq	−431.0	−474.9	−68.6
$Cr(OH)_3$	c	−900.8	−1033.8	80.3

$HCrO_4^-$	aq	−773.6	−921.3	69.0
CrO_4^{2+}	aq	−736.8	−894.3	38.5
$Cr_2O_7^{2-}$	aq	−1319.6	−1522.9	213.8
Cr_2O_3	c	−1046.8	−1128.4	81.2
Fe^{2+}	aq	−78.87	−89.1	−137.7
Fe^{3+}	aq	−4.6	−48.5	−315.9
$Fe(OH)^{2+}$	aq	−233.9	−282.0	−97.1
$Fe(OH)_2$	c	−486.6	−569.0	88
$Fe(OH)_3$	c	−696.6	−823.0	106.7
Fe_2O_3	c	−742.2	−824.2	87.40
Fe_3O_4	c	−1015.5	−1118.4	146.4
FeS	c	−100.4	−100.0	60.29
FeS_2	c	−166.9	−178.2	52.93
Fe_7S_8	c	−748.5	−736.4	485.8
Mg^{2+}	aq	−454.8	−466.85	−138.1
$Mg(OH)_2$	c	−833.58	−924.54	63.18
MgO(periclase)	c	−569.44	−601.70	26.94
MgS	c	−341.8	−346.0	50.33
Mn^{2+}	aq	−228.0	−220.75	−73.6
$Mn(OH)_2$	c	−615.0	−695.4	99.2
MnS	c	−218.4	−214.2	78.2
MnO_4^-	aq	−449.7	−542.7	190.0
MnO_2	c	−465.18	−520.03	53.05
HCN	aq	119.7	—	—
CN^-	aq	172.4	150.6	94.1
NH_3	aq	−26.57	−80.29	111.3
NH_4^+	aq	−79.37	−132.51	113.4
Ni^{2+}	aq	−45.6	−54.0	−128.9
$Ni(OH)_2$	c	−447.3	−529.7	88
$Ni(OH)_3$	c	−541.8	−678.2	81.6
NiO	c	−211.7	−239.7	37.99

NiS	c	−79.5	−82.0	52.97
Ni_3S_2	c	−197.1	−202.9	133.9
$Ni(NH_3)_6^{2+}$	aq	−256.1	−630.1	394.6
Pb^{2+}	aq	−24.39	−1.7	10.46
$Pb(OH)_2$	c	−452.3	−515.9	—
PbO(yellow)	c	−187.90	−217.32	68.70
PbO(red)	c	−188.95	−218.99	66.5
PbS	c	−98.7	−100.4	91.2
$PbSO_4$	c	−813.20	−919.94	148.57
PbO_2	c	−217.36	−277.4	68.6
H_2S	g	−33.56	−20.63	205.69
H_2S	aq	−27.86	−39.7	121
HS^-	aq	−12.05	−17.6	62.8
S^{2-}	aq	85.8	33.1	−14.6
SO_4^{2-}	aq	−744.63	−909.27	20.1
HSO_4^-	aq	−756.01	−887.34	131.8
SO_2	aq	−300.70	−322.980	161.9
HSO_3^-	aq	−527.81	−626.22	139.7
SO_3^{2-}	aq	−486.6	−635.5	−29
Sn^{2+}(aqHCl)	aq	−27.2	−8.8	−17
Sn^{4+}(aqHCl)	aq	2.5	30.5	−117
$Sn(OH)_2$	c	−491.6	−561.1	155
$HSnO_2^-$	aq	−410	—	—
SnO	c	−256.9	−285.8	56.5
SnO_2	c	−519.7	−580.7	52.3
SnS	c	−98.3	−100	77.0
U^{3+}	aq	−520.37	−514.51	−125
U^{4+}	aq	−578.93	−613.45	−327
UO_2^+	aq	−993.88	−1034.9	50
UO_2^{2+}	aq	−988.86	−1047.4	−71
$UO_3 \cdot H_2O$	c	−1434.77	−1570.30	138

$U(OH)^{3+}$	aq	−809.41	−853.14	−125
UO_2SO_4	c	−1730.51	−1954.72	−54
Zn^{2+}	aq	−147.03	−153.89	−112.1
$Zn(OH)_2$	c	−553.58	−641.91	81.2
$HZnO_2^-$	aq	−464.0	—	—
ZnO_2^{2-}	aq	−389.2	—	—
ZnO	c	−318.32	−348.28	43.64
ZnS(sphalerite)	c	−201.29	−205.98	57.7
$ZnSO_4$	c	−874.5	−982.8	119.7
$Zn(NH_3)_6^{2+}$	aq	−307.5	—	—

g : gas, l : liquid, aq : aqueous solution, c : crystalline solid

Thermochemical calorie	1 calorie＝4.184 joules
Faraday's constant	F＝96,485 coulonb·mole^{-1}
	＝23.060 kcal·volt^{-1}·mole^{-1}
Gas constant	R＝8.3144 joules·degree^{-1}·mole^{-1}
	＝1.987 calories·degree^{-1}·mole^{-1}
	＝0.082056 liters·atm·degree^{-1}·mole^{-1}
Boltzmann's constant	$k_B = 1.38065 \times 10^{-23}$ joules·degree^{-1}
Avogadro's number	$N_A = 0.60221 \times 10^{24}$ mole^{-1}
Atmosphere	1 atm＝1.01325×10^6 dyne·cm^{-2}
	＝1.01325 bar
	＝101.325 kPa
	＝760 mmHg
Molar volume of ideal gas at N. T. P. (273 K, 1 atm)	$V_m = 22.4138 \times 10^{-2}$ m^3·mole^{-1}

付録３：温度変化に伴う水溶液系の標準生成自由エネルギー変化

出典：表1.2：矢沢彬・江口元徳：湿式製錬と廃水処理，共立出版(1975)

注：298 K(25℃)における ΔG° の数値について，付録２に与えられている数値と少し差が認められる場合がある．これは熱力学データの出典の違いおよびcgs単位⇒SI単位変換に伴うもので本質的差はない．

物質成分	ΔG° (kJ·mol^{-1})			
	25℃	100℃	200℃	300℃
	298 K	373 K	473 K	573 K
H_2(g)	0	0	0	0
H^+	0	0	0	0
O_2(g)	0	0	0	0
OH^-	−157.32	−137.74	−108.07	−70.67
H_2O(l)	−237.19	−225.27	−210.12	−195.60
Cd	0	0	0	0
Cd^{2+}	−77.74	−79.04	−80.12	−80.83
$HCdO_2^-$	−361.92	−333.76	−288.36	—
CdO	−226.40	−216.40	−202.92	−189.24
$Cd(OH)_2$	−470.53	−448.65	−419.45	−390.28
CdS	−140.12	−139.24	−137.61	−135.60
Co	0	0	0	0
Co^{2+}	−55.65	−55.31	−55.02	−55.23
$HCoO_2^-$	−347.15	−320.70	−277.65	—
CoO	−215.18	−209.45	−201.92	−194.43
$Co(OH)_2$	−456.47	−435.18	−407.19	−378.44
CoS	−88.12	−88.62	−89.24	−89.70
Cu	0	0	0	0
Cu^{2+}	64.98	64.98	64.89	64.52
$HCuO_2^-$	−256.98	−230.20	−186.69	—

CuO_2^{2-}	−181.17	−141.71	−76.15	−4.23
Cu_2O	−147.70	−142.05	−134.56	−127.07
CuO	−128.11	−121.21	−112.17	−103.09
$Cu(OH)_2$	−359.07	−338.07	−310.20	−282.42
Cu_2S	−86.73	−88.58	−91.59	−94.81
CuS	−52.89	−55.98	−52.93	−52.17
Cu_5FeS_4	−392.71	−395.89	−397.94	−400.91
$CuFeS_2$	−190.58	−190.79	−189.70	−188.03
Fe	0	0	0	0
Fe^{2+}	−84.94	−84.39	−83.85	−83.89
$HFeO_2^-$	−379.07	−352.75	−309.78	—
Fe^{3+}	−10.54	−1.34	10.92	23.01
$FeOH^{2+}$	−233.93	−221.67	−204.64	−187.19
Fe_3O_4	−1017.51	−992.03	−957.93	−924.50
Fe_2O_3	−743.58	−723.20	−696.30	−669.65
$Fe(OH)_2$	−491.87	−464.21	−444.76	−417.48
$Fe(OH)_3$	−705.55	−673.83	−630.95	−588.48
FeS	−101.34	−101.42	−101.75	−102.30
FeS_2	−160.25	−157.32	−152.30	−146.02
Ni	0	0	0	0
Ni^{2+}	−45.61	−44.10	−42.47	−41.55
$HNiO_2^-$	−349.20	−322.63	−279.37	—
NiO	−211.58	−204.60	−195.31	−186.36
$Ni(OH)_2$	−454.38	−431.41	−402.84	−374.22
NiS	−86.19	−86.44	−86.23	−85.56
Pb	0	0	0	0
Pb^{2+}	−24.31	−30.38	−36.57	−40.67
$HPbO_2^-$	−338.90	−309.74	−262.96	—
PbO	−188.78	−180.92	−170.71	−161.34
$Pb(OH)_2$	−420.91	−399.45	−368.15	−366.90

PbS	−96.06	−95.65	−94.56	−92.97
$PbSO_4$	−813.20	−786.59	−749.77	−712.95
S	0	0	0	0
S^{2-}	90.79	104.60	124.31	145.98
HS^-	12.59	21.63	38.83	62.63
HSO_4^-	−752.87	−719.73	−675.38	—
SO_4^{2-}	−741.99	−697.81	−632.20	−555.93
$H_2S(aq)$	−27.32	−25.98	−25.27	−25.56
Zn	0	0	0	0
Zn^{2+}	−147.17	−146.06	−144.64	−144.14
$HZnO_2^-$	−464.01	−436.60	−392.21	—
ZnO_2^{2-}	−389.24	−349.15	−274.34	−201.42
ZnO	−318.36	−310.91	−301.00	−291.12
$Zn(OH)_2$	−554.80	−532.62	−503.21	−473.84
ZnS(sph)	−203.43	−202.25	−199.91	−197.23

(g): gas,（l): liquid,（aq): aqueous solution,（sph): sphalerite

付録 4：Chesta を使用する電位-pH 図の作成

http://www.aqua.mtl.kyoto-u.ac.jp/chesta.html

Chesta は，Microsoft Windows 上で動作する多元系（多成分系）化学ポテンシャル図作成ソフトウェアであり，上記のウェブサイトから無料で入手できる．利用法の詳細も与えられているので，各自確認いただきたい．以下では，Zn-H_2O 系電位-pH 図の作成手順の概要を説明する．

1　熱力学データの収集

対象とする系に属する化学種を列挙し，それらの標準生成ギブズエネルギー変化を収集する．Zn-H_2O 系の場合，**表 1** のようになる．

表 1　Zn-H_2O 系化学種の標準生成ギブズエネルギー変化.

化学種	$\Delta_f G°$(298 K)(kJ・mol^{-1})
H^+	0
$H_2O(l)$	−237.129
Zn(s)	0
Zn^{2+}	−147.06
ZnO(s)	−318.30
$ZnOH^+$	−330.1
$HZnO_2^-$	−457.08
$Zn(OH)_2(s)$	−553.81
$Zn(OH)_3^-$	−694.22
$Zn(OH)_4^{2-}$	−858.52

注：表 1 で与えている数値は付録 2 および付録 3 と少し異なるが，算出される電位-pH 図に大きな影響はない．

2　使用するポテンシャル軸の決定

電位-pH 図中で使用するポテンシャル軸，すなわち，系を構成する基本単位となる化学種(標準物質)を決める．Zn-H_2O 系電位-pH 図の場合，例えば**表２**のようにできる．

表２　電位-pH 図作成に使用するポテンシャル軸．

標準化学種	ポテンシャル軸
e	E
H^+	pH
Zn^{2+}	$\log a(Zn^{2+})$
H_2O	$\log a(H_2O)$

3　半反応式の作成

系の中で電位-pH 図中に安定領域が現れる可能性がある化学種について，標準物質から生成するための半反応式を，**表３**のように書き下す．また，それらの反応の標準ギブズエネルギー変化を計算する．ただし，この電位-pH 図中で H_2O，H^+ の安定領域は示さないので，それらの生成反応式は書く必要はない．

表３　各反応式の係数と標準ギブズエネルギー変化．

化学種 X	$n_{Zn^{2+}}Zn^{2+} + n_{H+}H^+ + n_e e + n_{H_2O}H_2O = X$				$\Delta_f G°$(298 K) (kJ·mol^{-1})
	$n_{Zn^{2+}}$	n_{H+}	n_e	n_{H_2O}	
Zn(s)	1	0	2	0	147.06
Zn^{2+}	1	0	0	0	0
ZnO(s)	1	−2	0	1	65.889
$ZnOH^+$	1	−1	0	1	54.089
$HZnO_2^-$	1	−3	0	2	164.238
$Zn(OH)_2$(s)	1	−2	0	2	67.508
$Zn(OH)_3^-$	1	−3	0	3	164.227
$Zn(OH)_4^{2-}$	1	−4	0	4	237.056

4　Chesta データファイルの作成

上記の情報をもとに次の手順で Chesta データファイルを作成する．

①まず，Microsoft Excel で“データファイル作成ウィザード 3.xls”を開き，マクロを有効にする．

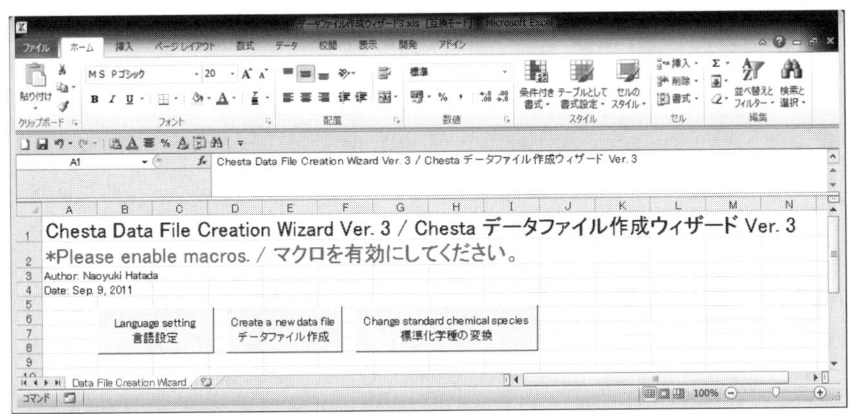

②言語選択画面が現れるので，日本語を選択する．

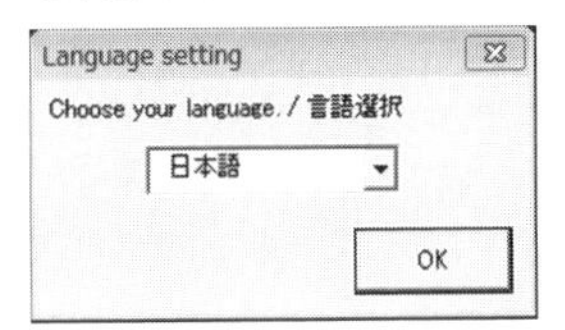

③“データファイル作成”ボタンをクリックし，現れた画面で“プールベ図（E-pH 図）”を選択して“Next”をクリックする．

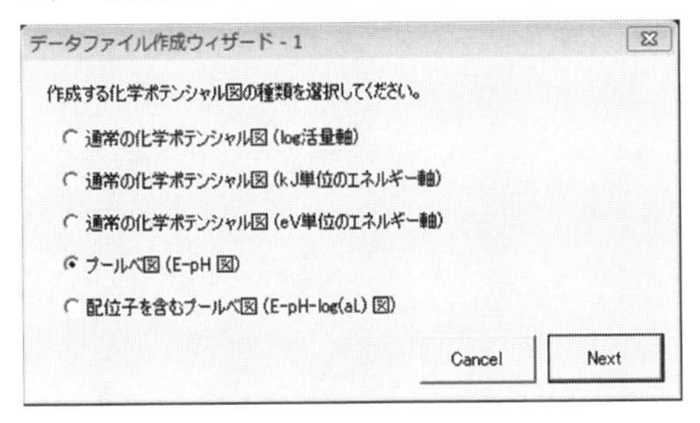

④表2をもとに，使用する軸の設定を入力し，“OK”をクリックする．

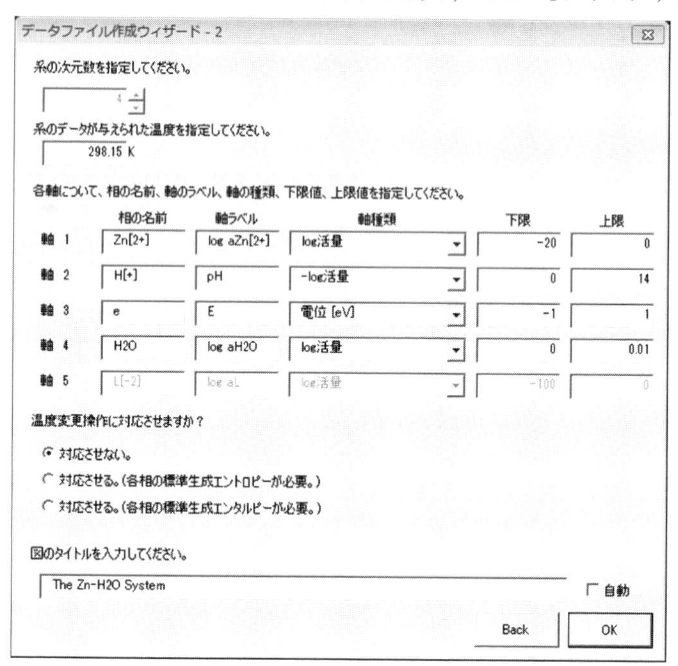

⑤新しい Excel 画面が開くので，表 3 をもとに各化学種(各半反応式)の情報を入力する．

Time	2011/9/9 16:22						
**							
*このシートの末尾に、系内にある各相のデータを追記してください。							
*編集が終わったら、CSV形式で保存してください。							
*(アステリスクで始まる行はコメント行として無視されます。)							
**							
*--							
*ここにデータファイルのバージョンや作図条件を記述します。							
*これらの設定はChestaで作図する際にも変更できます。							
*--							
*データファイルのバージョンを記述します。現行バージョンは3なので、次の行は変更する必要はありません。							
Version	3						
*データファイルの次元を指定します。							
Dimension	4						
*図のタイトルを記述します。							
DiagramName	The Zn-H2O System						
*データファイル中で与えられたデータが何 K におけるものなのかを記述します。							
T	298.15						
*座標軸のラベルを、次元数だけ順に指定します。							
AxisLabel	log aZn[2+]	pH	E	log aH2O			
*座標軸のタイプを、次元数だけ順に指定します。log(活量)軸 -> 'loga'　-log(活量)軸 -> 'pL'　エネルギー[kJ]軸 -> 'k							
AxisType	loga	pL	E	loga			
*各座標軸に対応する相の名前を順に指定します。							
CompositionLabel	Zn[2+]	H[+]	e	H2O			
*各座標軸の下限値を順に指定します。							
LowerLimit	-20	0	-1	0			
*各座標軸の上限値を順に指定します。							
UpperLimit	0	14	1	0.01			
*データファイルが温度変更に対応しているかどうかを記述します。							
*'0' -> 温度変更非対応　'1' -> 温度変更対応(エントロピー指定)　'2' -> 温度変更対応(エンタルピー指定)							
Tvariable	0						
*--							
*ここに系内にある各相の熱力学データを記述します。							
*--							
*各相のデータをそれぞれ一行で記述します。							
*まず、ある相 1 molが、各座標軸に対応する相から生成する反応式を思い浮かべます。							
*例: 2 Zn[2+] + 3 H[+] -> 相 X							
*この反応に対応する標準ギブズエネルギー変化(kJ/mol)の値も用意します。							
*そして、相の名前、反応式の左辺の各係数、標準ギブズエネルギー変化(kJ/mol)、活量シフト d(log a)(通常は0)の							
*例: Phase, 相X, 2, 3, 0, 0, -30, 0							
*	相の名前	Zn[2+]	H[+]	e	H2O	dGf*	d(log a)
Phase	Zn[2+]	1	0	0	0	0	0
*Phase	H[+]	0	1	0	0	0	0
*Phase	e	0	0	1	0	0	0
*Phase	H2O	0	0	0	1	0	0
*この下に、系内にある各相のデータを記述します。							
Phase	Zn (s)	1	0	2	0	147.06	0
Phase	ZnO (s)	1	-2	0	1	65.889	0
Phase	ZnOH[+]	1	-1	0	1	54.089	0
Phase	HZnO2[-]	1	-3	0	2	164.238	0
Phase	Zn(OH)2 (s)	1	-2	0	2	67.508	0
Phase	Zn(OH)3[-]	1	-3	0	3	164.227	0
Phase	Zn(OH)4[2-]	1	-4	0	4	237.056	0

⑥ CSV 形式で保存する．

5　Chesta による描画

①保存した CSV ファイルを Chesta で開き，“次へ”をクリックする．

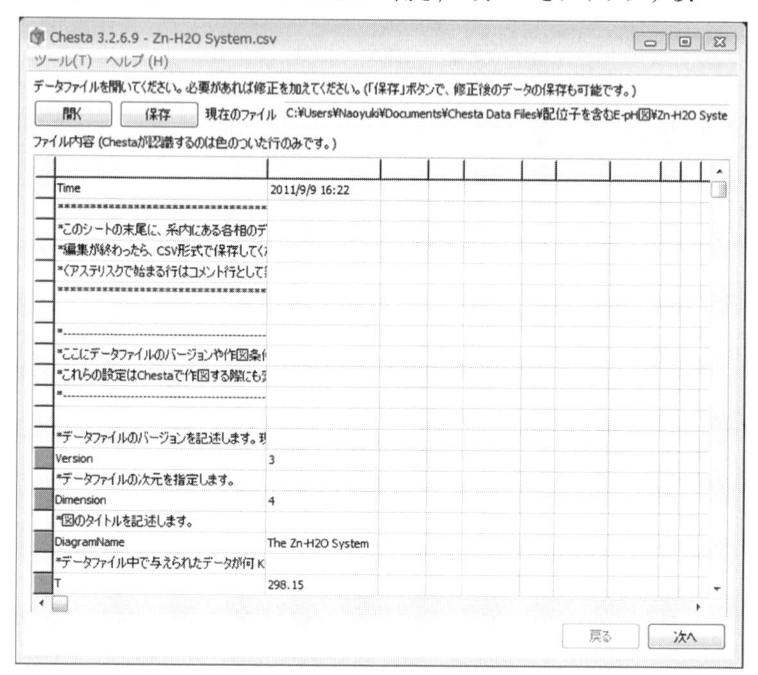

②描画設定を行う．X 軸に pH，Y 軸に E，投影軸に $\log a(\mathrm{Zn}^{2+})$ を選択する．考慮するパラメータ(＝切断軸)に $\log a(\mathrm{H_2O})$ を選択する(これを選択しないと，半反応式に $\mathrm{H_2O}$ が含まれない化学種しか描画されない)．考慮する相を選択し，“次へ”をクリックする．

座標軸	X 軸：pH
	Y 軸：E
	投影軸：$\log a(\mathrm{Zn}^{2+})$
パラメータ(切断軸)	$\log a(\mathrm{H_2O})$

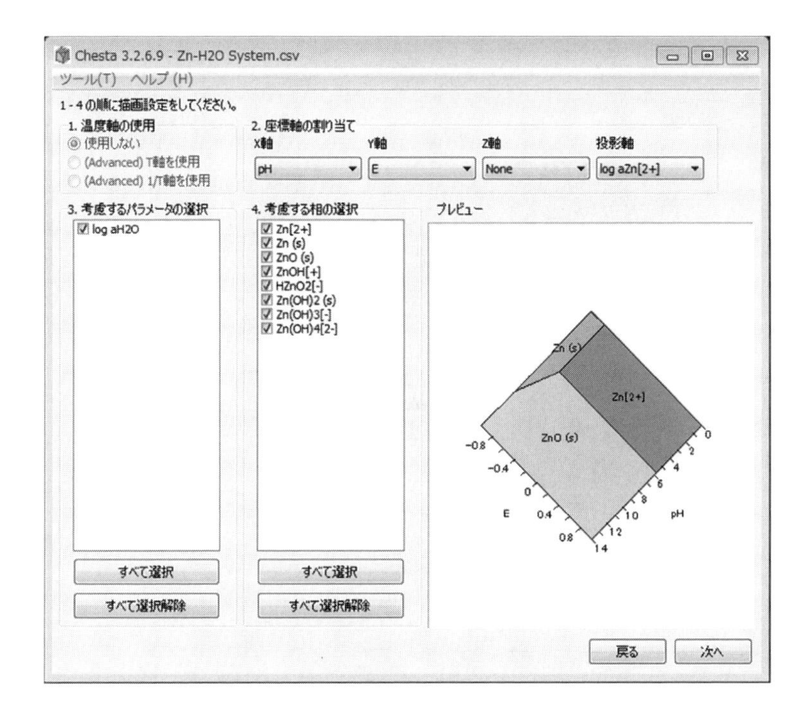
Chesta 3.2.6.9 - Zn-H2O System.csv
ツール(T)　ヘルプ (H)
1 - 4 の順に描画設定をしてください。
1. 温度軸の使用
使用しない
(Advanced) T軸を使用
(Advanced) 1/T軸を使用
2. 座標軸の割り当て
X軸
Y軸
Z軸
投影軸
pH
E
None
log aZn[2+]
3. 考慮するパラメータの選択
log aH2O
4. 考慮する相の選択
Zn[2+]
Zn (s)
ZnO (s)
ZnOH[+]
HZnO2[-]
Zn(OH)2 (s)
Zn(OH)3[-]
Zn(OH)4[2-]
プレビュー
Zn (s)
Zn[2+]
ZnO (s)
E
pH
すべて選択
すべて選択解除
戻る
次へ

③ Zn-H_2O 系電位-pH 図が表示される.

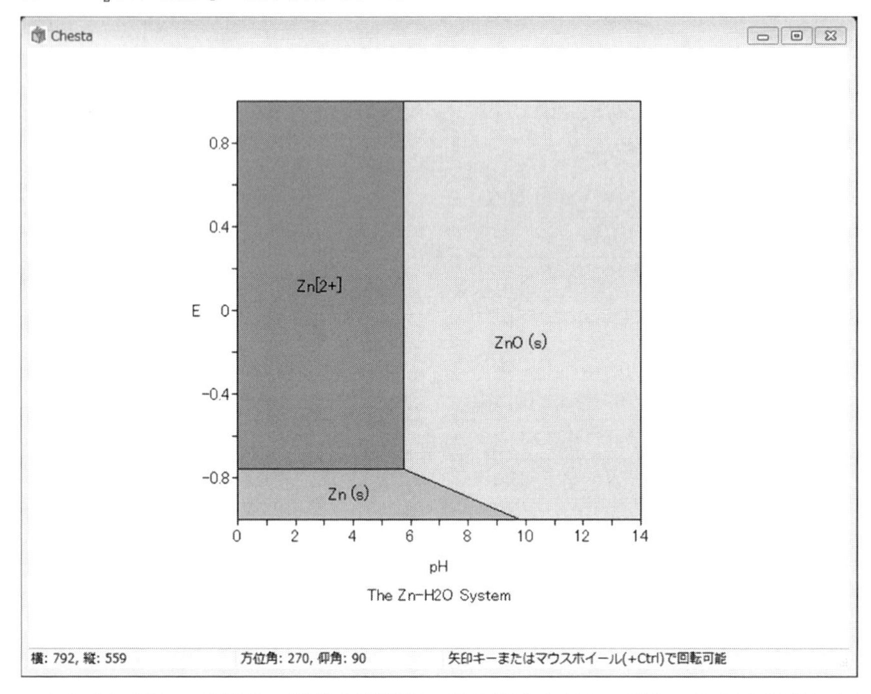

これらに続き，化学種の活量や座標軸の表示範囲などを，電位-pH 図を確認しながら変更できるようになっている.

索　引

て

と

な

に

ね

の

は

編者紹介
佐藤　修彰(さとう　のぶあき)
東北大学 多元物質科学研究所
教授

早稲田嘉夫(わせだ　よしお)
東北大学 多元物質科学研究所
東北大学名誉教授

2018年3月31日　第1版発行

検印省略

湿式プロセス
溶液・溶媒・廃水処理

編　者©	佐藤　修彰 早稲田　嘉夫
発行者	内田　学
印刷者	山岡　景仁

発行所 株式会社 内田老鶴圃 〒112-0012 東京都文京区大塚3丁目34番3号
電話 (03) 3945-6781(代)・FAX (03) 3945-6782
http://www.rokakuho.co.jp/　印刷・製本/三美印刷 K. K.

Published by UCHIDA ROKAKUHO PUBLISHING CO., LTD.
3-34-3 Otsuka, Bunkyo-ku, Tokyo 112-0012, Japan
U. R. No. 641-1

ISBN 978-4-7536-5549-6 C3042